"十四五"职业教育国家规划教材

铜合金铸件铸造技术

第 2 版

杨兵兵　李光照　李红莉　张少儒　编著

机械工业出版社

本书是作者团队从事材料成型及控制技术专业教学工作多年来的经验总结和积累。

本书是基于工作过程的理实一体化教材,以真实生产的铸件为载体,参照资讯、计划、决策、实施、检查、评估的"六步法"设计了7个学习情境。通过6个企业典型铸件生产过程的学习,使学生掌握石膏型铸造、离心铸造、熔模铸造3种特种铸造方法的基本原理、工艺过程、铜合金熔炼、铸件检验等专业知识和操作技能。内容设计注重学生知识、技能、素质的培养。

本书在第1版的基础上进行修订,修订过程中参照铸造行业现行标准,并将3D打印等新技术、新工艺引入教材,同时细化和完善了各个情境的工艺分析、工艺计划、实施过程,以更加贴近实际生产;并将课程思政元素融入教材,落实"立德树人"的根本任务。本书还增加了动画和视频等教学资源,以实现纸质教材+数字化资源的结合,体现"互联网+"新形态一体化教材理念,学习者通过扫描书中二维码即可观看相应资源。

本书为高等职业院校材料成型及控制技术专业国家级精品课程及精品资源共享课程、国家资源库标准化课程、陕西省精品在线开放课程"铜合金铸件铸造技术"的配套教材,也可供中等职业学校、成人教育学校的师生及从事特种铸造的技术人员参考。

图书在版编目(CIP)数据

铜合金铸件铸造技术/杨兵兵等编著. —2版. —北京:机械工业出版社,2021.10(2025.1重印)

"十二五"职业教育国家规划教材

ISBN 978-7-111-69353-6

Ⅰ.①铜… Ⅱ.①杨… Ⅲ.①铜合金-铸件-铸造-职业教育-教材 Ⅳ.①TG291

中国版本图书馆CIP数据核字(2021)第205116号

机械工业出版社(北京市百万庄大街22号 邮政编码100037)
策划编辑:于奇慧 责任编辑:于奇慧
责任校对:肖 琳 王 延 封面设计:马若濛
责任印制:单爱军
北京虎彩文化传播有限公司印刷
2025年1月第2版 · 第3次印刷
184mm×260mm · 16印张 · 396千字
标准书号:ISBN 978-7-111-69353-6
定价:48.00元

电话服务   网络服务
客服电话:010-88361066   机 工 官 网:www.cmpbook.com
         010-88379833   机 工 官 博:weibo.com/cmp1952
         010-68326294   金 书 网:www.golden-book.com
封底无防伪标均为盗版   机工教育服务网:www.cmpedu.com

关于"十四五"职业教育
国家规划教材的出版说明

为贯彻落实《中共中央关于认真学习宣传贯彻党的二十大精神的决定》《习近平新时代中国特色社会主义思想进课程教材指南》《职业院校教材管理办法》等文件精神，机械工业出版社与教材编写团队一道，认真执行思政内容进教材、进课堂、进头脑要求，尊重教育规律，遵循学科特点，对教材内容进行了更新，着力落实以下要求：

1. 提升教材铸魂育人功能，培育、践行社会主义核心价值观，教育引导学生树立共产主义远大理想和中国特色社会主义共同理想，坚定"四个自信"，厚植爱国主义情怀，把爱国情、强国志、报国行自觉融入建设社会主义现代化强国、实现中华民族伟大复兴的奋斗之中。同时，弘扬中华优秀传统文化，深入开展宪法法治教育。

2. 注重科学思维方法训练和科学伦理教育，培养学生探索未知、追求真理、勇攀科学高峰的责任感和使命感；强化学生工程伦理教育，培养学生精益求精的大国工匠精神，激发学生科技报国的家国情怀和使命担当。加快构建中国特色哲学社会科学学科体系、学术体系、话语体系。帮助学生了解相关专业和行业领域的国家战略、法律法规和相关政策，引导学生深入社会实践、关注现实问题，培育学生经世济民、诚信服务、德法兼修的职业素养。

3. 教育引导学生深刻理解并自觉实践各行业的职业精神、职业规范，增强职业责任感，培养遵纪守法、爱岗敬业、无私奉献、诚实守信、公道办事、开拓创新的职业品格和行为习惯。

在此基础上，及时更新教材知识内容，体现产业发展的新技术、新工艺、新规范、新标准。加强教材数字化建设，丰富配套资源，形成可听、可视、可练、可互动的融媒体教材。

教材建设需要各方的共同努力，也欢迎相关教材使用院校的师生及时反馈意见和建议，我们将认真组织力量进行研究，在后续重印及再版时吸纳改进，不断推动高质量教材出版。

机械工业出版社

前　　言

本书为高等职业院校材料成型及控制技术相关专业的核心课程配套教材，同时为国家级精品课程及精品资源共享课程、国家资源库标准化课程、陕西省精品在线开放课程"铜合金铸件铸造技术"的配套教材。

本书以实际生产中的典型铸件为载体，以"六步法"展开教学，强调学生为主体、教师为主导，实现了基于工作过程情境化的教学模式，凸显了职业教育课程的特色。本书每个情境以真实铸件为载体，从任务提出、任务分析、必备理论知识、工艺计划、项目实施、检验及评估等环节展开，在完成铸件生产的过程中实现教学目标。内容设计注重学生知识、技能、素质的培养，同时将课程思政的元素融入教材，落实"立德树人"根本任务。

本书配套有动画和视频等教学资源，以实现纸质教材+数字化资源的完美结合，体现"互联网+"新形态一体化教材理念。通过扫描书中二维码可观看相应资源，随扫随学，激发学生自主学习，实现高效教学。

参加本书修订工作的有陕西工业职业技术学院杨兵兵、李光照、李红莉和陕西金鼎铸造有限公司张少儒。绪论、情境2、情境5、情境7由杨兵兵编著，情境1、情境6由李光照编著，情境3由李红莉编著，情境4由张少儒编著。全书由杨兵兵负责统稿，西安工业大学连炜教授主审。

在本书编写过程中，陕西工业职业技术学院多名教师在数字化资源建设及教材修订方面提供了有益的帮助和建议，陕西工业职业技术学院材料成型专业学生在视频录制过程中也给予了支持和帮助，在此对他们致以诚挚的谢意，同时向多年来使用本书的同行与读者表示真挚的感谢。

由于编者水平有限，书中难免存在不妥之处，恳请读者批评指正。

编　者

数字化资源清单

序号	名称	二维码	序号	名称	二维码
绪论					
动画 0-1	金属型铸造机结构及工作过程		视频 0-1	铸造历史与中国铸造行业现状	
动画 0-2	热室压铸机工作原理		视频 0-2	古代青铜器欣赏	
动画 0-3	冷室压铸机工作原理		视频 0-3	铸造方法的分类	
动画 0-4	低压铸造模具结构及工作原理		视频 0-4	砂型铸造工艺过程	
动画 0-5	挤压铸造工艺过程		视频 0-5	认知特种铸造方法	
动画 0-6	液体金属冲压工艺原理		视频 0-6	课程介绍	
情境 1　铜合金铸件铸造方法选择					
动画 1-1	离心铸造工作原理		视频 1-1	石膏型铸造	
动画 1-2	熔模铸造主要工艺过程		视频 1-2	离心铸造	

（续）

序号	名称	二维码	序号	名称	二维码
视频 1-3	熔模铸造		视频 1-6	铸造方法的选择	
视频 1-4	铜合金铸造性能		视频 1-7	方案研讨	
视频 1-5	任务分析				
情境 2　铜合金铸件石膏型铸造					
动画 2-1	熔模石膏型铸造工艺		视频 2-2	耐火填料	
动画 2-2	发泡石膏浆料搅拌原理		视频 2-3	细化晶粒的方法	
动画 2-3	覆盖剂作用原理		视频 2-4	石膏型铸型制备	
动画 2-4	精炼剂作用原理		视频 2-5	中频感应电炉熔炼设备调试	
动画 2-5	脱氧剂作用原理		视频 2-6	ZCuSn10Zn2 铜合金熔炼	
视频 2-1	石膏		视频 2-7	叶轮石膏型浇注及后处理	

（续）

序号	名称	二维码	序号	名称	二维码
视频 2-8	中频感应电炉熔炼生产安全管理		视频 2-10	浇注工安全操作规程	
视频 2-9	熔炼工安全操作规程				
情境 3　铜合金铸件立式离心铸造					
动画 3-1	立式离心铸造液态合金自由表面形状		动画 3-5	淋落和坍流缺陷	
动画 3-2	金属液在离心铸型内凝固方式		视频 3-1	立式离心铸造设备调试	
动画 3-3	离心铸造定量浇注金属液		视频 3-2	法兰盘离心铸造铜合金熔炼	
动画 3-4	离心铸造金属液浇入铸型的方式		视频 3-3	立式离心铸造生产	
情境 4　铜合金铸件卧式离心铸造					
动画 4-1	离心锤固定离心铸型端盖		视频 4-2	卧式离心铸造设备调试	
视频 4-1	离心铸造用铸型		视频 4-3	铜合金熔炼（铜套）	

（续）

序号	名称	二维码	序号	名称	二维码
视频 4-4	离心浇注（铜套）				

情境 5　铜合金铸件水玻璃型壳熔模铸造

序号	名称	二维码	序号	名称	二维码
动画 5-1	加热槽熔化蜡基模料工作原理		视频 5-3	石蜡-硬脂酸模料	
动画 5-2	气压法压注熔模		视频 5-4	熔模压制（吊锤）	
动画 5-3	水玻璃工艺制壳		视频 5-5	模组组装（吊锤）	
动画 5-4	流杯黏度计测定涂料黏度		视频 5-6	水玻璃面层涂料配制	
动画 5-5	流态化撒砂		视频 5-7	水玻璃背层涂料配制	
视频 5-1	熔模铸造工艺过程		视频 5-8	涂料、撒砂（水玻璃面层）	
视频 5-2	模料常用原材料		视频 5-9	干燥、硬化（水玻璃面层）	

（续）

序号	名称	二维码	序号	名称	二维码
视频 5-10	脱蜡（水玻璃型壳）		视频 5-12	ZCuZn38 铜合金熔炼	
视频 5-11	焙烧（水玻璃型壳）		视频 5-13	ZCuZn38 铜合金浇注	
情境 6　铜合金铸件硅溶胶型壳熔模铸造					
动画 6-1	压型结构展示		视频 6-5	管接头熔模压制	
动画 6-2	硅溶胶制壳工艺过程		视频 6-6	管接头模组组焊	
视频 6-1	机械加工压型特点与结构		视频 6-7	硅溶胶面层涂料配制	
视频 6-2	机械加工压型结构设计		视频 6-8	硅溶胶面层型壳制备	
视频 6-3	硅溶胶黏结剂		视频 6-9	硅溶胶背层型壳制备	
视频 6-4	涂料配制（硅溶胶）		视频 6-10	脱蜡（硅溶胶型壳）	

（续）

序号	名称	二维码	序号	名称	二维码
		情境7　铜合金铸件复合型壳熔模铸造			
视频 7-1	硅酸乙酯水解原理		视频 7-5	模组制备（卡环）	
视频 7-2	硅酸乙酯水解计算		视频 7-6	硅酸乙酯面层型壳制备	
视频 7-3	硅酸乙酯水解液配制		视频 7-7	水玻璃背层型壳制备（卡环）	
视频 7-4	硅酸乙酯-水玻璃复合型壳制壳		视频 7-8	铜合金熔炼、浇注（卡环）	

目　　录

绪　　论

知识目标	能力目标	素质目标	重点、难点
1. 熟悉特种铸造的概念，了解特种铸造方法的分类 2. 掌握特种铸造方法的基本特点 3. 了解本课程的性质及任务	能够根据特种铸造的概念、基本特点等理论知识，对各种铸造方法的特点进行比较	1. 社会责任感、爱国情感、国家认同感、中华民族自豪感 2. 热爱劳动、爱岗敬业、精益求精的工匠精神 3. 职业生涯规划意识 4. 较强的语言、文字表达能力和沟通能力	重点： 1. 铜合金的分类 2. 铜合金常用的铸造方法及分类 3. 砂型铸造与特种铸造的比较 难点： 1. 砂型铸造与特种铸造工艺的本质区别 2. 本课程的性质及任务

1. 铜合金的分类及其应用

（1）铜合金的分类　铜合金是以纯铜为基体加入一种或几种其他元素所构成的合金。一般铜合金的分类方法有以下三种：

1）按合金系划分。铜合金按合金系划分，可分为非合金铜和合金铜。非合金铜包括纯铜、银铜、脱氧铜、无氧铜等。合金铜分为黄铜、青铜和白铜。

2）按功能划分。铜合金按功能划分，有导电导热用铜合金、结构用铜合金、耐蚀铜合金、耐磨铜合金、易切削铜合金、弹性铜合金、阻尼铜合金、艺术铜合金等。

3）按材料成形方法划分。铜合金按材料成形方法划分，可分为铸造铜合金和变形铜合金。事实上，许多铜合金既可以用于铸造，又可以用于变形加工。通常变形铜合金可以用于铸造，而许多铸造铜合金却不能进行锻造、挤压、深冲和拉拔等变形加工。铸造铜合金和变形铜合金又可以细分为铸造用纯铜、黄铜、青铜和白铜。

视频：铸造历史与中国铸造行业现状

（2）铜合金的应用　由于铜合金具有优良的导电性、耐蚀性、耐磨性、导热性、可加工性和美观的色彩，使其在电力输送、电子工业、交通工业、轻工业、建筑业和一些高科技领域获得了广泛应用，例如导电线路、集成电路、船舶螺旋桨、汽车制动摩擦片、空调热交换管及建筑装修等领域中均有铜合金的应用。

视频：古代青铜器欣赏

2. 常见铸造方法

铸造是将金属熔炼成符合一定要求的液体并浇注进铸型里，经冷却凝固、清整处理后得到有预定形状、尺寸和性能的铸件的工艺过程。铸造毛坯因已近乎成形，因此可免于机械加工或只进行少量加工，降低了成本，并在一定程度上减少了制作时间。铸造是现代装备制造工业的基础工艺之一。根据铸造工艺的特点及使用发展情况，一般可以将铸造方法分为砂型铸造和特种铸造两类。

视频：铸造方法的分类

（1）砂型铸造　铸造生产中用得最普遍的方法是砂型铸造，它具有适应性广、生产准备比较简单等优点。但用此法生产的铸件，其尺寸精度和表面质量及内部质量远不能满足机械零件的要求，而且生产过程较复杂，实现机械化、自动化生产又投资巨大，在生产一些特殊零件和特殊技术要求的铸件时，技术经济指标较低，因此，砂型铸造在机械制造行业中的应用受到了一定的限制。

视频：砂型铸造工艺过程

（2）特种铸造　除砂型铸造以外，通过改变铸型材料、浇注方法、液态合金充填铸型的形式或铸件凝固条件等因素，形成了多种有别于砂型铸造的其他铸造方法。将有别于砂型铸造工艺的其他铸造方法，统称为特种铸造。机械制造行业中常见的特种铸造方法有：

1）熔模铸造。它是采用可熔性模型和高性能型壳（铸型）来铸造较高尺寸精度和较低表面粗糙度值的无切削或少切削铸件的方法。

2）金属型铸造。它是采用金属铸型提高铸件冷却速度，实现一型多铸，获得致密结晶组织的铸件的方法。

3）压力铸造。它是通过改变液态合金的充型和结晶凝固条件，使液态合金在高压、高速条件下充填铸型，并在高压下成形和结晶，从而获得精密铸件的方法。

4）消失模铸造。它是将与铸件尺寸形状相似的发泡塑料模型粘接组合成模型族，刷涂耐火涂层并烘干后，埋在干石英砂中振动造型，然后在一定条件下浇注液体金属，使模型汽化并使金属液占据模型位置，待金属液凝固冷却后形成所需铸件的方法。

5）离心铸造。它是通过改变液态合金的充填铸型和凝固条件，利用离心力的作用来铸造环、管、筒、套等特殊铸件的方法。

6）陶瓷型铸造。它是通过改变铸型材料，选用优质耐火材料和黏结剂，用特殊的灌浆成形方法，获得尺寸精确、表面光滑的型腔，从而获得厚大精密铸件的铸造方法。

7）低压铸造。它是介于重力铸造（指金属液在地球重力作用下注入铸型的工艺）与压力铸造之间的一种铸造方法。该工艺通过改变充型及凝固条件，将液态合金在低压、低速条件下由下而上平稳地充填铸型，在低压作用下由上而下顺序结晶凝固，从而获得组织致密的优质铸件。

8）真空吸铸。它是通过对结晶器（铸型）内造成负压而吸入液态合金，并使液态合金在真空中结晶凝固而获得铸件的方法。此法改变了液态合金的充型和凝固条件，减少了液态合金的吸气和氧化，适于用来铸造棒、筒、套类优质铸件。

9）连续铸造。它是通过快冷的结晶器，在连续浇注、凝固、冷却的条件下铸造管和铸锭的一种高效生产方法。

10）挤压和液态冲压铸造。它是铸造与锻压加工的综合加工方法。

除以上几种主要的特种铸造方法外，随着科学技术的发展，新的特种铸造方法还在不断产生。如20世纪末出现的快速铸造，它是快速成形技术和铸造结合的产物。而快速成形技术则是计算机技术、CAD、CAE、高能束技术、微滴技术和材料科学等多领域高科技技术的集成。快速铸造可使铸件被快速生产出来，以满足科研或生产的需要。今后，新的特种铸造方法仍将随着技术的发展不断涌现出来。

（3）特种铸造与砂型铸造工艺比较

1）基本特点。与普通砂型铸造相比，特种铸造的基本特点可概括为以下几点：

① 铸型的材料和造型工艺与砂型铸造有本质的不同。如金属型、压铸型、连续铸造用的结晶器、石膏型、石墨型的材料都不同于砂型的材料。而熔模型壳和陶瓷型的材料中虽有颗粒状的耐火材料，但不是砂型所用的一般天然硅砂，而是经人们特殊

处理和加工后的颗粒耐火材料，并且其造型方法和造型原理与砂型也截然不同。

铸型条件的不同，使铸件的成形条件也发生了质的变化，因而特种铸造方法所生产的铸件派生出许多特有的特点。如熔模铸件、陶瓷型铸件、石膏型铸件、金属型铸件、压铸件，表现出比砂型铸件更高的尺寸精度、表面轮廓和花纹清晰度，以及更低的表面粗糙度值。

② 金属液充型和凝固冷却条件与砂型铸造有本质的不同。如熔模型壳的高温浇注、压力铸造时金属液在高压作用下的充型、离心铸造时金属液在旋转铸型中的充填、挤压铸造时金属液在铸型合拢过程中的挤压充型等，这些特殊的金属液充型情况都会对随后的成形过程和铸件形状的特征产生显著的影响。如离心铸造特别适用于筒、套、管类铸件的成形；压力铸造和挤压铸造特别适用于薄壁铸件的生产；连续铸造的铸件一般截面不变、长度很大。

金属型中金属液凝固速度较快的特点，离心铸件在离心力作用下的凝固特点，压力铸造、低压铸造、差压铸造时金属在压力作用下的凝固特点等，都可使铸件内部组织的致密度和相应的力学性能得到很大的提高，而挤压铸件、离心铸管的力学性能甚至可以与锻件相媲美。

以上两方面为特种铸造的基本特点。对于每一种特种铸造方法，它可能只具有某一方面的特点，也可能同时具有两方面的特点。如压力铸造、采用金属型或熔模型壳的低压铸造、采用石膏型的差压铸造、离心铸造等均具有两方面的特点；而陶瓷型铸造、消失模铸造等只是改变了铸型的制造工艺或材料，金属液充填过程仍是在重力作用下完成的。

2）特种铸造的优缺点。与砂型铸造相比，特种铸造工艺的优点可归纳为以下几方面：

① 铸件的尺寸精度较高，表面质量较好。如压铸件的尺寸公差等级可达 DCTG3 ~ DCTG6[⊖]，表面粗糙度值一般为 $Ra0.2 ~ 3.2\mu m$。

② 铸件的力学性能和内部质量普遍提高。如铝硅合金的金属型铸件，抗拉强度可提高 20%，断后伸长率可增大 25%，冲击吸收能量可增加一倍。

③ 可生产一些技术要求高且难以加工制造的合金零件；对于一些结构特殊的铸件，具有较好的技术经济效果。

④ 使铸造生产达到不用砂或少用砂的目的，降低了材料消耗，改善了劳动条件，使生产过程易实现机械化、自动化。

当然，特种铸造也有本身的缺点，有些铸造方法的适用情况有一定的局限性，如金属型铸造、压力铸造、挤压铸造、低压铸造、石膏型铸造较适于低熔点非铁合金铸件的生产。多数特种铸造方法的实现需要有一定的专用设备，如压铸机、离心铸造机、连续铸造机、低压铸造机等；有的需用专门的工艺装备，如金属型、压铸型、结晶器等。因而造成新铸件投产前的初期投入较大，生产前准备周期长，工艺调试麻烦。所以，特种铸造方法较多地用于大量和批量生产。

3）特种铸造工艺比较。表0-1中列出了几种常用特种铸造工艺过程特点及其适用范围等，供参考。

⊖　根据现行国家标准 GB/T 6414—2017，铸件的尺寸公差等级符号，由 CT 改为 DCTG。

表0-1　几种常用特种铸造工艺过程特点及其适用范围

铸造方法	工艺过程特点	工艺过程复杂程度	适用于生产的铸件							铸件出品率(%)	毛坯利用率(%)	生产准备
			铸件常用合金	铸件重量	最小壁厚、孔径/mm	表面粗糙度 Ra/μm	尺寸公差等级	形状特征	批量			
熔模铸造	制熔模→制壳→脱蜡 制壳→焙烧型壳→浇注　1. 熔去模样,得到型腔　2. 型腔表面由粉状耐火材料和高温黏结剂形成　3. 热型浇注	复杂	各种铸造合金	数克至百千克	最小壁厚约0.5,最小孔径0.5	0.63~12.5	DCTG4~DCTG7	复杂铸件	小批、中批、大批	30~60	90	复杂
陶瓷型铸造	模样和砂箱放在模板上→喷烧陶瓷型工作表面→焙烧陶瓷型 灌陶瓷浆→取模→浇注　铸型表面由粉状耐火材料和高温黏结剂形成	较复杂	模具钢、碳钢、合金钢	数百克至数吨	2	3.2~12.5	DCTG5~DCTG7	中等复杂程度铸件	单件、小批	40~60	90	较复杂
金属型铸造	采用金属型,重力浇注。铸型的冷却作用大,无退让性,无透气性	简单	钢铁、铝、镁、铜合金	数十克至数百千克	铝、铜2,铝、镁3,铸铁2.5	3.2~12.5	DCTG6~DCTG9	中等复杂程度铸件	中批、大批、大量	40~60	70	较复杂
石膏型铸造	工艺过程同陶瓷型铸造,不同的是型内灌石膏浆	较复杂	铝合金、锌合金、铜合金、金、银	数克至数十克	0.5	0.8~12.5	DCTG4~DCTG7	复杂铸件	单件、小批	30~60	90	复杂或较复杂

（续）

铸造方法	工艺过程特点	工艺过程复杂程度	适用于生产的铸件							铸件出品率(%)	毛坯利用率(%)	生产准备
			铸件常用合金	铸件重量	最小壁厚、孔径/mm	表面粗糙度 Ra/μm	尺寸公差等级	形状特征	批量			
压力铸造	金属液在高压作用下，以高的线速度充填铸型，在压力作用下凝固	简单	锡合金、锌合金、铝合金、镁合金、黄铜	数克至十几千克	最小壁厚0.3，最小孔径0.7，最小螺距0.75	1.6~6.3	DCTG4~DCTG8	复杂铸件	大批	60~90	90	复杂
离心铸造	金属液浇注到旋转铸型中，并在旋转的条件下凝固成形	一般	铸钢、铸铁、铝合金、铜合金等	数克至数十吨	根据铸型变化最小孔径8	根据铸型变化	根据铸型变化	特别适用于管形铸件，也可用于中等复杂程度铸件	中批、大批	套、筒、管形铸件75~95，成形铸件根据铸型变化	套、筒、管形铸件70~100，成形铸件根据铸型变化	复杂或中等复杂
低压铸造	金属液在较低压力作用下由下向上地充填铸型，并在压力作用下凝固成形	简单、一般	钢铁、铝、镁、铜合金件	小、中、大件	根据铸型变化	根据铸型变化	根据铸型变化	特别适用于管形铸件，也可用于中等复杂程度铸件	小批、中批、大批	60~80	70~80	中等复杂

（续）

铸造方法	工艺过程特点	工艺过程复杂程度	铸件常用合金	铸件重量	适用于生产的铸件					铸件出品率(%)	毛坯利用率(%)	生产准备
					最小壁厚、孔径/mm	表面粗糙度 $Ra/\mu m$	尺寸公差等级	形状特征	批量			
连续铸造	金属液连续地进入水冷铸型（结晶器）的一端，从铸型另一端连续地取出铸件	简单	钢铁、铝、镁、铜、镍合金	—	3~5	—	—	外形简单、截面相同的长铸件	大批、大量	94~97	90~100	复杂
消失模铸造	制EPS模→组装浇口→干砂振动造型→真空成形非真空浇注	简单一般	铝合金、铸铁、铜	数十克至数吨	铝合金2~3，铸铁4~5，铸钢5~6	3.2~6.3	DCTG6~DCTG9	各种形状铸件	单件、小批、大批	40~75	70~80	较复杂
挤压铸造	把金属液倒入开启的铸型中，两半型合拢时使金属液挤压并充填型腔，进而凝固成形	一般	钢铁、铝、铜、锌、镁合金	几十克至几十多千克	2	6.3~12.5	DCTG5	外形简单的铸件	中批、大批	80~90	70~80	复杂
真空吸铸	在型腔内建立真空，将金属液由下而上地吸入型内，并在真空或加压条件下凝固成形	简单一般	铜、铝合金、其他合金	—	成形零件根据铸型变化	成形零件根据铸型变化	成形零件根据铸型变化	圆管形、圆柱形、直径小于120mm的铸件	小批、中批、大批、大量	柱形铸件80~90，成形铸件根据铸型变化	柱形铸件70~80，成形铸件根据铸型变化	复杂或中等

3. 铜合金铸件铸造方法

能够进行铜合金铸件生产的铸造方法有砂型铸造、熔模铸造、离心铸造、石膏型铸造、真空吸铸、连续铸造、压力铸造等，但由于砂型铸造作为一种最基础、最重要的铸造方法，已专门进行了系统的学习，因此本书只针对实际生产中应用较广泛的石膏型铸造、离心铸造、熔模铸造三种铸造方法进行重点学习。

(1) 石膏型铸造　石膏型铸造是采用石膏为材料来制造铸型，并使金属在此铸型内成形的铸造方法。石膏型的制造过程是，将石膏浆灌注入带有模板的型框内，待石膏浆固化后取出模样，将石膏型干燥、焙烧，从而制得铸型。

石膏型铸造从 20 世纪初期开始使用，最初用于金属义齿的铸造，20 世纪 20 年代开始用于首饰的加工，1940 年开始生产工业制品。目前该铸造方法较多地应用于塑料产品制模、首饰制作，以及汽车、电器、通信及制造业的零件生产，如叶轮、波导管等。

(2) 离心铸造　离心铸造是将液态金属浇注入旋转铸型中，使液态金属在离心力的作用下充填铸型并凝固成形的一种工艺方法。离心铸造方法最初主要应用于生产无缝钢管、铁管，我国在 20 世纪 30 年代也开始用这种方法生产铁管。现在离心铸造已经广泛应用于套、管、筒类铜合金铸件。

(3) 熔模铸造　熔模铸造通常是在可熔模样的表面覆盖多层耐火材料，待其干燥硬化后，通过加热将其中模样熔去，从而获得具有与模样形状相应空腔的型壳，再经过焙烧，然后在型壳温度很高的情况下进行浇注，从而获得铸件的一种方法。早在 3000 年前熔模铸造方法就已经获得了应用，我国已出土的铸件有 2500 年前的熔模铸造青铜器尊和盘。现代熔模铸造是在金属义齿铸造基础上，于 20 世纪 40 年代的第二次世界大战期间发展起来的。随着工业的发展，其应用范围在不断扩大。目前除了航空和兵器工业外，在机械制造、电子、石油、化工、核能、交通运输、纺织、医疗器械、泵、阀等制造业领域也得到了广泛应用。在艺术品制造领域，熔模铸造的应用也非常广泛。

4. 本课程的性质和任务

本课程是材料成型及控制技术专业（铸造方向）综合学习领域五门专业核心课程之一，是在"工学结合"人才培养模式下，以培养学生综合职业能力为目标，并基于工作过程系统化的理论实践一体化课程，具有很强的专业性、综合性。本课程是在一般学习领域课程结束，学生具有一定行业通用能力，具备一定的机械制造、应用软件绘图、金属材料与热处理等基础知识之后，培养专业特定能力的课程，为学生的后续综合实践和上岗实习奠定良好的基础。

本课程针对铜合金铸造生产中应用较为广泛的石膏型铸造、离心铸造、熔模铸造作为重点内容进行叙述。它的任务是使学生以砂型铸造铸件成形的规律为基础，继续对石膏型铸造、离心铸造、熔模铸造等铸造方法的实质、工作原理、工艺特点、生产工艺及设备、合金熔炼及浇注等专业知识进行系统学习。

视频：课程
介绍

本课程通过 6 个典型铜合金铸件的生产实训，使学生初步掌握石膏型铸造、离心铸造、熔模铸造操作技能，在此基础上进一步掌握每一种铸造方法的实质，了解每种铸造工艺的全过程和每一工序的作用，充分理解每种铸造方法中起决定性作用的工艺因素，学会从铸造方法中起决定性作用的工艺因素出发，分析和理解铸件的成形特点，正确地为各种类型的铜合金铸件选择合理的铸造方法，制订出相应的工艺方案，并对铸件成形过程中出现的问题进行研究，提出合理的解决途径。本课程培养学生具备从事铜合金铸件生产岗位（群）所必需的职业综合能力，并使其具有良好的职业道德、责任意识、竞争意识、创新意识、团队协作和敬业精神等职业素质。

 思 考 题

1. 常用的特种铸造方法有哪些？
2. 特种铸造方法的基本特点是什么？对铸件生产有哪些影响？
3. 特种铸造能否取代普通砂型铸造？为什么？
4. 铜合金铸件常用的特种铸造方法有哪些？其特点是什么？

铜合金铸件铸造方法选择

知识目标	能力目标	素质目标	重点、难点
1. 石膏型铸造的特点及其应用范围 2. 离心铸造的特点及其应用范围 3. 熔模铸造的特点及其应用范围 4. 铸件结构工艺性 5. 铸造工艺方法选择依据	能够对中等复杂铸件进行铸造工艺分析，并根据分析结果选择合理的铸造方法	1. 家国情怀、专业自豪感、民族自信心和使命担当 2. 质量意识、环保意识、安全意识 3. 辩证思维方式，创新精神，以及分析和解决实际问题的能力 4. 较强的语言、文字表达能力	重点： 1. 石膏型铸造的工艺特点及其应用范围 2. 离心铸造的工艺特点及其应用范围 3. 熔模铸造的工艺特点及其应用范围 4. 常见工件铸造工艺的选择方法 难点： 常见工件铸造工艺的选择方法

1.1 铜合金铸件工艺分析

1.1.1 任务提出

如图 1-1~图 1-6 所示分别是铜合金叶轮、铜环、铜套、吊锤、管接头和卡环模型图，这 6 种铸件均为常见的具有代表性的铸件，其生产技术要求（材料、尺寸、表面质量和生产批量）见表 1-1。

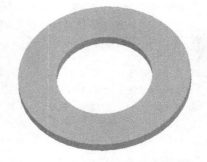

图 1-1　铜合金叶轮模型图　　　　　　　　　　图 1-2　铜环模型图

本情境要求对不同的铸件选择合适的生产工艺，因此，在进行任务实施前，必须首先了解不同铸造方法的特点、铜合金的熔炼特点及铜合金铸件铸造方法的选择依据。

图 1-3 铜套模型图

图 1-4 吊锤模型图

图 1-5 管接头模型图

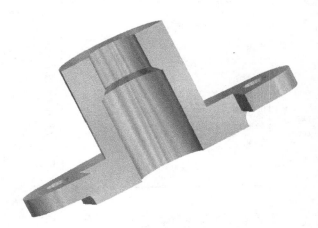

图 1-6 卡环模型图

表 1-1 铜合金铸件生产技术要求

铸件	叶 轮	铜 环	铜 套	吊 锤	管接头	卡 环
材料	ZCuSn10Zn2	ZCuSn5Pb5Zn5	ZCuSn5Pb5Zn5	ZCuZn38	ZCuZn40Mn2	ZCuZn16Si4
尺寸	$\phi160mm\times30mm$	外径 $\phi360mm$ 内孔 $\phi200mm$ 厚度 20mm	外径 $\phi400mm$ 内孔 $\phi320mm$ 长度 750mm	160mm×$\phi80mm$	$\phi150mm\times153mm$	120mm×55mm
表面质量与尺寸精度	表面粗糙度要求较高;尺寸精度要求一般	精度较高,要求产品少切削或无切削即可使用	外表面粗糙度值较高,内表面不高	主要工作面表面粗糙度值为 $Ra3.2\mu m$	全部尺寸公差等级均为DCTG4~DCTG6	全部尺寸均为标准公差,表面粗糙度值最高为 $Ra1.6\mu m$,垂直度公差 0.01mm
生产批量	单件/小批量	大批量	大批量	大批量	大批量	大批量

1.1.2 任务分析

根据石膏型铸造、离心铸造、熔模铸造的工艺特点进行总结分析,归纳出三种铸造方法选择的依据如下：

1）石膏型铸造可以生产结构复杂、尺寸较大、精度要求高的铸件。石膏型本身散热效果差，在铸造时冷却速度慢，因此可以用于生产薄壁复杂件。但石膏型铸造进行大批量生产时，效率低。

2）离心铸造由于采用离心力形成内腔，因此在铸件结构上所受影响较大，多数情况下只能生产中空回转件。铸造时有离心力的作用，因此铸模型腔复制性好，组织致密。另外，由于离心铸造初期投资大，所以不适于小批量生产，但在铸造过程中生产率高，适于大批量生产。它不需要浇注系统，因此金属液利用率高。大批量生产筒、管、复合金属套等回转类零件时适于优先采用离心铸造，可以提高生产率、降低成本。

3）熔模铸造可以一次成形尺寸不是很大、结构复杂的铸件，同时适于高精度要求铸件的生产。但是由于在进行熔模铸造生产前需要购置完整的熔模铸造生产系统，因此，对于小批量铸件生产，其初期投资较高，经济效益差。同时由于其生产工序复杂，影响因素多，因此对于生产精度要求不高的铸件最好采用其他铸造方法，否则生产成本过高。由于铸件的冷却速度慢，力学性能降低，因此不适用于力学性能要求高的铸件生产。

1.2　必备理论知识

1.2.1　各种铸造方法的特点

视频：石膏型铸造

1. 石膏型铸造

(1) 石膏型铸造的特点

1）石膏浆料的流动性很好，且在真空下灌注成形，其充型性优良，复模性优异，模型精确、光洁。该工艺不像一般熔模精密铸造受涂挂工艺的限制，可灌注大型复杂铸件用型。

2）石膏型的透气性极差，铸件易形成气孔、浇不到等缺陷，应注意合理设置浇注及排气系统。

3）石膏型的热导率很低，充型时金属液流动保持时间长，适宜生产薄壁复杂件。但铸型激冷作用差，当铸件壁厚差异大时，厚大处容易出现缩孔、缩松等缺陷。

(2) 应用范围　石膏型精密铸造适于生产尺寸精确、表面光洁的精密铸件，特别适宜生产大型复杂薄壁铝合金铸件，也可用于锌、铜、金、银等合金铸件的生产。铸件的最大尺寸达 1000mm×2000mm，质量为 0.03～908kg，壁厚为 0.8～1.5mm（局部 0.5mm）。石膏型精密铸造已被广泛应用于航空、航天、兵器、电子、船舶、仪器、计算机等行业的零件制造上。

(3) 生产条件

1）原材料价格较低，只需要常用的 α 石膏及纯度较高、粒度较细的硅石粉料。

2）生产条件要求较为简单，只需要必备砂箱、模样、台秤、搅拌工具、熔炼设备以及后处理设备。

3）与离心铸造和熔模铸造相比，初期投资较少，设备要求较为简单。

2. 离心铸造

（1）离心铸造的特点　和其他铸造工艺方法相比，利用旋转产生离心力的离心铸造有其独特的优点，主要包括以下几方面：

1）不用砂芯即可铸出中空筒形和环形铸件及不同直径和长度的铸管，生产率高，生产成本低。

2）有些铸件不需任何浇冒口，提高了金属液的利用率。以离心球墨铸铁管为例，1t铸管仅消耗1040kg铁液，即出品率超过了96%（包括废品的损失在内）。

3）金属液在离心力作用下凝固，组织细密。较轻的渣、氧化物等夹杂物在离心力作用下将浮出金属液本体，留在内表面，可用机械加工方法除掉，从而能确保发动机缸套等铸件的高性能要求。

4）调整金属型的冷却速度，在确定的铸件壁厚范围内能获得从外壁到内壁定向凝固的组织。

5）可浇注不同金属的双金属铸件，例如轧辊、面粉磨辊等，使零件外硬内韧，具有更好的使用性能。图1-7所示为使用离心铸造方法在零件上再敷一层材料，从而获得的双金属铸件。

除了上述优点外，离心铸造也具有其工艺本身无法克服的局限性，主要包括以下几方面：

1）真正的离心铸造工艺仅适用于中空的轴对称铸件，而这类铸件的品种并不是很多。

2）离心铸造要使用复杂的离心铸造机，一般其价格比较昂贵，故离心铸造的投资要比其他铸造方法大。

3）由于离心力的作用，容易使某些金属液在凝固过程中产生密度偏析。如球墨铸铁管离心铸造在浇注时，若碳当量过高就会造成石墨向内偏析。

4）靠离心力形成的内表面比较粗糙，往往不能直接应用。

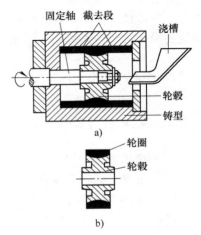

图1-7　离心铸造双金属铸件
a）铸型　b）双金属铸件

（2）应用范围　从上述离心铸造的优点及局限性可以看出，离心铸造适用于特定的、大批量生产的铸件。

目前在我国离心铸造已成为一种应用较广泛的铸造方法，特别是在生产一些管、筒类铸件（如铸铁管、铜套、缸套、双金属钢背铜套）等方面，离心铸造是一种主要的方法。此外，在耐热钢辊道、一些特殊的无缝钢管的毛坯、造纸机干燥滚筒的生产等方面，离心铸造法很有成效。几乎一切铸造合金都可用离心铸造法生产铸件，离心铸件的最小内径为8mm，最大外径可达3m，铸件最大长度达8m，铸件的质量范围可从零点几千克至十多吨。

（3）生产条件　生产条件相对于石膏型铸造来说相对复杂，主要表现为离心铸造机结构复杂，相对于石膏型造型设备成本高，因此需要的初期投资比石膏型铸造要高，同时还需要相应的离心铸造金属型铸型。

3. 熔模铸造

（1）熔模铸造的特点

1）铸件尺寸精度高，一般其公差等级可达 DCTG4～DCTG7。表面粗糙度值最小可达 $Ra0.63～1.25\mu m$，故可使铸件达到少切削甚至无切削的要求。这是由于采用了精确的熔模制得了无分型面的整体型壳的结果。由于熔模铸造的这个优点，铸件可以减少甚至不经机械加工即可作为产品，这对提高金属的利用率、减少加工工时具有重要意义。

视频：熔模铸造

2）可以铸造各种合金铸件。熔模铸造可用来制造碳钢、合金钢、球墨铸铁、铜合金、铝合金、镁合金、钛合金、高温合金、贵重金属的铸件。一些难以锻造、焊接或切削加工的精密铸件，采用熔模铸造法生产具有很高的经济效益。

3）可以铸造形状复杂的铸件。铸件上铸出孔的最小直径可达 0.5mm，铸件的最小壁厚可达 0.3mm，最小铸件质量可达 1g，最重的熔模铸件有达 80kg 以上的记录。在生产中，还可将一些原来由几个零件组合而成的部件设计成整体零件，直接由熔模铸造铸出，既可缩小零件体积，减小零件质量，又节省了加工工时，降低了金属材料的消耗。图 1-8 所示为手把由机械加工组合件改成熔模铸件的实例。

动画：熔模铸造主要工艺过程

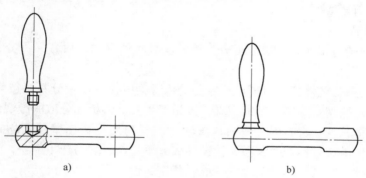

a)　　　　　　　　　　　　　　　b)

图 1-8　机械加工组合手把改成熔模铸件
a）机械加工手把　b）熔模铸造手把

4）生产批量不受限制，可以从单件生产到大量生产。

5）铸件尺寸不能太大，质量也有限制。目前由于受熔模和型壳的强度以及耐火涂料的涂覆工艺所限，铸件质量尚有一定的限制，不宜过大、过厚，以免影响铸件精度。目前大多生产 5kg 以下的铸件。

6）工艺过程复杂，工序繁多，生产周期较长，因而使生产过程的控制难度加大，必须严格控制各种原材料及各项工艺操作才能稳定生产。

7）铸件冷却速度慢，故铸件晶粒粗大。除特殊产品，如定向结晶件、单晶叶片外，一般铸件的力学性能都有所降低，碳钢件表面还易脱碳。

（2）应用范围　熔模铸造方法适用于形状复杂、难以用其他方法加工成形的精密铸件的生产，如航空发动机叶片、叶轮，复杂的薄壁框架，雷达天线，还有很多散热薄片、柱、销轴的框体、齿套等。

（3）生产条件　熔模铸造工艺过程较为复杂，工艺步骤繁多，进行熔模铸造生产时必须具备一套完整的熔模铸造生产工艺设备。在生产工艺过程中，个别工位生产环境比较恶劣，例如采用氯化铵固化剂时的固化工序。因此其生产条件较为复杂，初期投资相对较大。

1.2.2　铜合金铸造的工艺特点

1. 常用铸造铜及铜合金

铸造铜及铜合金，按其化学成分可分为纯铜、青铜、黄铜和白铜 4 类，按其功能又可分为一般用途和特殊用途 2 类。

（1）铸造纯铜

1）分类。铸造纯铜可分为阴极铜、无氧铜和脱氧铜。

2）铸造工艺性能。

①纯铜的熔点高，熔化时极易吸氧，因此熔炼时应采用良好的保护措施，并在浇注前进行脱氧处理。

②纯铜的流动性好，凝固区间小，但凝固时收缩率大（全收缩为 10.7%，凝固收缩为 3.8%，体积收缩为 6.9%，线收缩为 2.32%），因此要求有尺寸足够的冒口进行补缩。

③纯铜可以用各种方法进行铸造，如砂型铸造、离心铸造、熔模铸造、石膏型铸造等，但不适宜采用压力铸造。

（2）铸造青铜

1）分类。铸造青铜按化学成分可分为锡青铜和无锡青铜，后者又可分为铝青铜、铅青铜等。

视频：铜合
金铸造性能

2）铸造工艺性能。目前广泛应用的锡青铜中锡的质量分数一般为 3%～11%，结晶范围宽，呈糊状分布，补缩困难，容易产生枝晶偏析和分散的微观缩孔。该合金具有较小的体积收缩率，因此只要放置较小的冒口即可铸出壁厚不均且形状复杂的铸件。但是，由于容易产生偏析，使铸件成分不均匀，容易产生缩松，故不易得到组织致密的铸件，降低了铸件的力学性能和气密封性。

（3）铸造白铜　铸造白铜是以镍为主要合金元素的铜合金。

铸造白铜具有优良的耐蚀性和较高的强度、良好的铸造工艺性，广泛用于耐蚀结构和制品的制造。

（4）铸造黄铜　黄铜是以锌为主要合金元素的 Cu-Zn 二元合金，通称为黄铜或普通黄铜。在此基础上再添加其他合金元素组成的多元合金称为特殊黄铜，常用的有铝黄铜、锰黄铜、铅黄铜和硅黄铜等。

锌在铜中的溶解度在平衡状态下约为 37%，而在生产冷却条件下约为 30%。随含锌量的增高，依次形成 α、β、γ 相等。

普通黄铜虽有一定的强度、硬度和良好的铸造工艺性能，但耐磨性、耐蚀性较差，尤其是对流动海水、蒸汽和无机酸的耐蚀性较差。

2. 常用铜合金铸造方法

铸造铜合金能以各种形式铸造，包括砂型（黏土砂型、水泥砂型和化学硬化砂型）铸造、金属型铸造、壳型铸造、石膏型铸造、离心铸造、连续铸造及压铸等，其中以砂型铸造、离心铸造、熔模铸造、石膏型铸造工艺较为普遍。

3. 熔炼

铜合金的熔炼是获得优质铸件的关键，必须严格控制合金的化学成分，防止或尽可能减少合金的氧化和吸气，严格控制熔炼和浇注温度，快速熔化，减少合金的损耗，提高工艺出品率。

大型铸件用合金的熔化常选用燃油炉、燃气反射炉；中小型铸件则用燃油地坑炉、工频感应炉、中频感应炉，也可用焦炭地坑炉或电弧炉。

视频：任务分析

1.3　铸造方法选择

视频：铸造方法的选择

1.3.1　叶轮铸件铸造方法选择

图 1-9 所示为叶轮零件图，铸件为圆盘形，轮廓尺寸为 $\phi160mm \times 30mm$，其表面粗糙度值要求较低，尺寸精度一般，生产批量小，要求铸铜牌号为铸造锡青铜 ZCuSn10Zn2。该铜合金的浇注温度为 $1100 \sim 1150℃$，适用的铸造方法有离心铸造、石膏型铸造、熔模铸造等。

视频：方案研讨

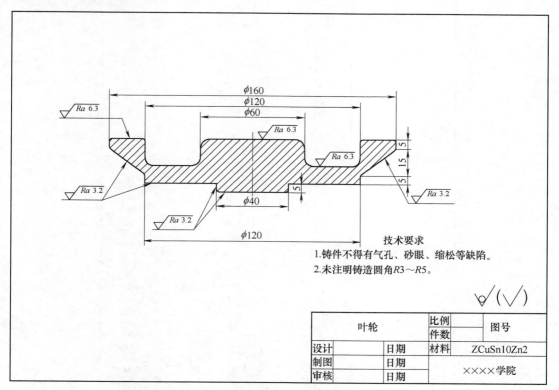

图 1-9　叶轮零件图

由于离心铸造常适用于中空回转件的大批量生产，而该产品生产批量较小，同时熔模铸造需要专用压型来制备蜡模，为了小批量产品的生产而设计压型势必导致成本的大幅度提升，同时无法发挥熔模铸造大批量生产的优点，因此该产品不适于离心铸造和熔模铸造。

采用石膏型铸造时，容易发挥石膏型造型工艺条件简单，单件小批量铸件的生产成本较低，以及石膏型铸造生产产品尺寸精确、表面光洁的特点，同时由于石膏型铸造时液态金属冷却慢，可以有效克服锡青铜冷却范围宽、合金液浇注时呈糊状、流动性差及补缩性差的缺点。因此叶轮零件可优先选用石膏型铸造。

1.3.2　铜环铸件铸造方法选择

如图 1-10 所示，铜环外径尺寸为 $\phi360mm$，内径尺寸为 $\phi200mm$，厚度为 20mm，要求大批量生产且产品无切削或者少切削即可使用。要求铸造合金牌号为 ZCuSn5Pb5Zn5，可选用的铸造方法有离心铸造、石膏型铸造、熔模铸造等。由于铜合金的凝固范围大于 110℃，因此在凝固时具有糊状凝固特征，补缩困难，容易产生微观缩孔和晶内偏析，难以保证铸件的致密性。

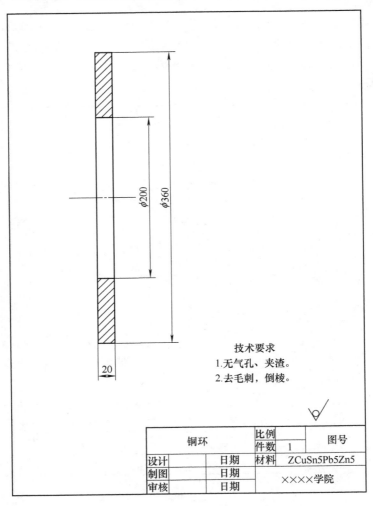

图 1-10　铜环零件图

根据离心铸造的特点，可以判断铜环应使用离心铸造来生产，这是由于铜环为中空回转件，同时生产批量较大，使用离心铸造可以提高生产率，降低生产成本，而且使用离心铸造生产的产品可以实现无切削或者少切削直接使用。

如果采用石膏型铸造，则无法保证生产率；由于生产批量较大，大量的石膏模废弃也会使生产成本提高。如果采用熔模铸造，其浇注系统、冒口等部件体积较大，金属液利用率较低，后处理工艺复杂，因此会降低生产率，提高生产成本。

1.3.3　铜套铸件铸造方法选择

如图 1-11 所示，铜套为套类零件，外径尺寸为 $\phi400mm$，内径尺寸为 $\phi320mm$，长度为 750mm。铸件体积不大，结构简单，为中空的轴对称零件。该零件结构简单，但对表面粗糙度值要求较低，要求组织致密，不得存在各种铜合金常见的表面缺陷；对内表面的表面质量要求不高；要求生产率高，生产成本低。要求铸铜牌号为铸造锡青铜 ZCuSn5Pb5Zn5，适用的铸造方法有离心铸造、石膏型铸造、金属型铸造等。由于铜合金的凝固范围大于 110℃，因此在凝固时具有糊状凝固特征，补缩困难，容易产生微观缩孔和晶内偏析，难以保证铸件的致密性。

根据铜套零件的结构特点，结合离心铸造的特点和应用范围，可以选择离心铸造来生

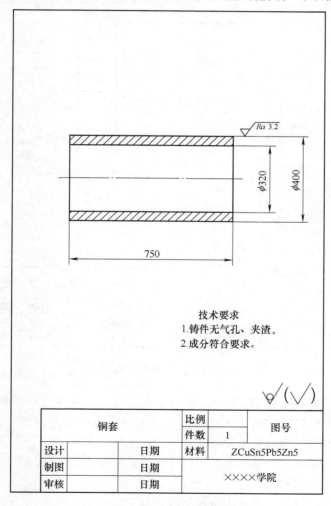

图 1-11　铜套零件图

产该铸件。这是由于铜环为中空回转件，生产批量较大，使用离心铸造可以提高生产率，降低生产成本，且使用离心铸造生产的产品可以实现无切削或者少切削直接使用。在采用离心铸造生产时，由于离心力的作用，金属液内的气泡等会上浮到内表面上，铸件内部组织致密，虽然铸件内表面较粗糙，但外表面在离心力的作用下由模具成形，其表面粗糙度值较小。

1.3.4 吊锤铸件铸造方法选择

图 1-12 所示为吊锤零件图。铸件为长棒状，轮廓尺寸为 160mm×φ80mm；吊锤结构简单，为蘑菇状，上端边缘具有明显凸起，后端带有长柄；铸件体积不大，表面粗糙度要求不高；生产批量大，少切削或者无切削。

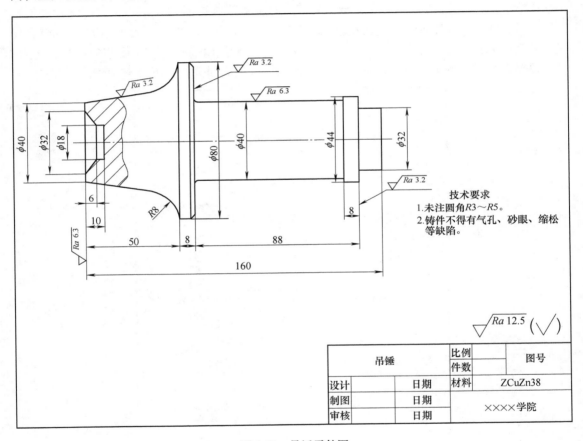

图 1-12 吊锤零件图

要求材质为铸造黄铜合金 ZCuZn38，该合金的浇注温度为 980~1060℃，适用的铸造方法有砂型铸造、石膏型铸造、熔模铸造等。由于铜合金的凝固范围较窄，约为 50℃，凝固时体积收缩大，容易产生大的集中性缩孔。

由于铸件生产批量大、结构为实心回转件、表面质量要求不高，因此可以排除石膏型铸造和离心铸造两种铸造方法。

采用熔模铸造可以有效发挥其大批量生产、基本无切削的优点，另外，其表面质量要求不高，考虑到其生产成本及造型难易程度，可以选用水玻璃型壳。

1.3.5 管接头铸件铸造方法选择

如图 1-13 所示，管接头铸件的轮廓尺寸为 $\phi150mm\times153mm$，铸件结构相对复杂，整个铸件中没有工艺肋结构，有孔槽结构。铸件上端面为方台，两端面中心内孔周围均需加工凹槽，以保证配合精度（采用机械切削加工）。铸件下端的法兰盘和上端方台上各分布有 4 个直径为 $\phi10mm$ 的通孔，所有的通孔均可直接铸出。该铸件全部尺寸均为标准公差。

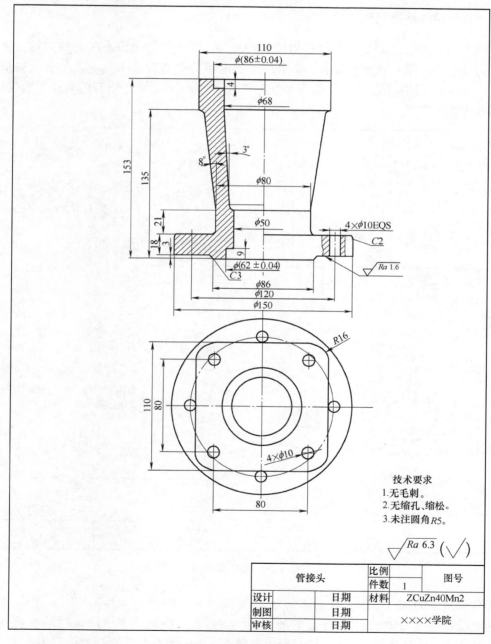

图 1-13　管接头零件图

铸件材料为 ZCuZn40Mn2，该铜合金的液相点为 881℃，壁厚小于 30mm 时的浇注温度为 1020～1060℃，适用的铸造方法有砂型铸造、石膏型铸造、熔模铸造等。该铜合金凝固特征为：凝固范围较窄，约为 50℃，凝固时体积收缩大，容易产生大的集中性缩孔。

由于铸件生产批量大，结构为非空心回转体，因此不适于石膏型铸造和离心铸造，而熔模铸造只适用于结构复杂、表面精度要求较高零件的大批量生产。本铸件要求最小表面粗糙度值为 $Ra1.6\mu m$，因此宜采用表面粗糙度值较小的硅溶胶型壳进行生产。

1.3.6 卡环铸件铸造方法选择

如图 1-14 所示，卡环的整个铸件结构相对复杂，整个铸件中没有工艺肋结构，有孔槽结构。铸件中心孔因为有配合要求，要求加工表面粗糙度值为 $Ra1.6\mu m$，与底面的垂直度公差为 0.01mm，下端面法兰两侧孔为 2 个直径为 $\phi10mm$ 的通孔，所有的通孔均直接铸出。要求能够批量生产。

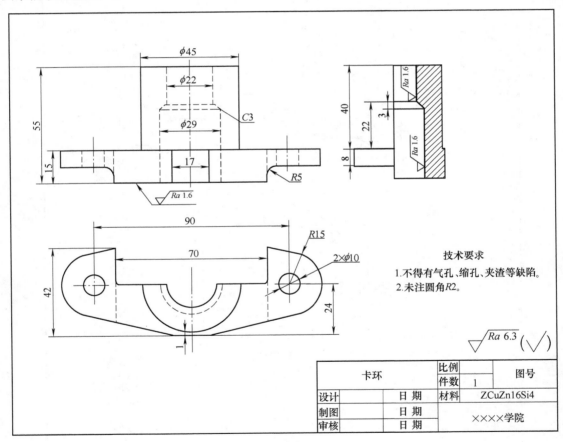

图 1-14 卡环零件图

铸件材料为 ZCuZn16Si4，化学成分为 $w_{Cu} = 79.0\% \sim 81.0\%$、$w_{Si} = 2.5\% \sim 4.5\%$、其余为 Zn，线收缩率为 1.65%。该铜合金的液相点为 917℃，壁厚小于 30mm 时的浇注温度为 1040～1080℃。该铜合金凝固特征为：凝固范围较窄，约为 50℃，凝固时体积收缩大，容易产生大的集中性缩孔。可选用的铸造方法有压铸、砂型铸造、熔模铸造、金属型铸造、离心铸造、连续铸造等。

由于铸件结构复杂，技术要求较高，并且要求大批量生产，其中通孔等位置要求直接铸出，因此适于采用熔模铸造。采用石膏型铸造，由于其生产批量较大，大量的废弃石膏型会导致成本上升，同时石膏型造型速度慢，会降低生产率，因此一般不采用。又由于其结构为非中空回转结构，所以不宜选用离心铸造。

1.4 评估与讨论

1）对比、分析本小组与其他小组选择的6个铸件铸造方法有什么不同。

2）评估与研讨最终选择的叶轮、铜环、铜套等6个铸件的铸造工艺在铸件生产中存在的优缺点，培养学生辩证思维方式以及解决实际问题的能力。

3）以收藏于宝鸡青铜器博物馆的国家一级文物"和尊"为载体，探究具有数千年悠久历史的中国青铜器文化，以及泥范铸造、雕砂铸造、失蜡法铸造三种青铜器生产工艺，引导学生自觉传承和弘扬中国优秀传统文化和传统工艺，激发学生的家国情怀、专业自豪感、民族自信心和使命担当。

 思 考 题

1. 分析铜合金铸件铸造生产的特点及应注意的事项。

2. 常用的特种铸造工艺方法有哪些？各种铸造工艺的特点是什么？

3. 分析常见的铸造方法应具备的生产条件。

4. 针对不同结构、大小、批量、技术要求的铜合金铸件，选择工艺方法的依据是什么？

5. 从结构、大小、批量、技术要求等方面分析所给6个典型铸件的特点。

铜合金铸件石膏型铸造

知识目标	能力目标	素质目标	重点、难点
1. 石膏浆料的成分 2. 石膏浆料的配制 3. 石膏型造型工艺 4. 石膏型焙烧、浇注工艺	1. 能根据铸件材料和特性配制石膏浆料 2. 能根据铸件的形状和精度特征设计石膏型铸造工艺 3. 能制备石膏型 4. 能使用制备的石膏型浇注具有一定精度的铸件	1. 集体意识、责任意识和团队合作精神 2. 质量意识、环保意识、成本意识 3. 尊重劳动、热爱劳动、较强的实践能力，精益求精的工匠精神	重点： 1. 石膏浆料的配制 2. 石膏型的制备 难点： 1. 浆料的配制 2. 合金熔炼

2.1 铜合金叶轮铸造工艺分析

2.1.1 任务提出

本情境以加工生产铜合金叶轮为载体，进行知识学习、技能提高。铜合金叶轮零件图如图 2-1 所示。如情境 1 所述，铜合金叶轮的生产批量小，尺寸精度要求不高，但铸件表面粗糙度要求很高，因此采用石膏型铸造较为合理。

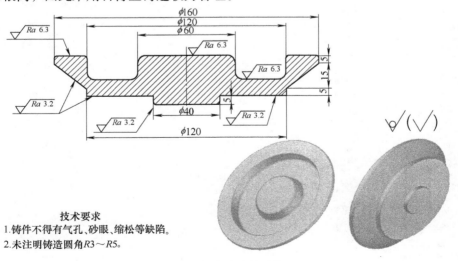

技术要求
1.铸件不得有气孔、砂眼、缩松等缺陷。
2.未注明铸造圆角R3～R5。

图 2-1　铜合金叶轮零件图

2.1.2　铸造工艺分析

　　石膏型精密铸造是20世纪70年代发展起来的一种精密铸造技术。综合国内外现有石膏型精密铸造工艺，可分为起（取）模石膏型铸造工艺和熔模石膏型铸造工艺两种。下面分别介绍起模石膏型铸造工艺和熔模石膏型铸造工艺。

1. 起模石膏型铸造工艺

　　如图 2-2 所示为起模石膏型铸造工艺过程。起模石膏型铸造工艺过程是使用石膏代替砂型铸造中的型砂，通过液态石膏灌浆后硬化复制产品形状从而形成型腔的一种工艺过程。起模石膏型使用的模样可以由木材、石膏、金属或者环氧树脂制成，在造型后只能起出模样来形成型腔，因此被称为起模石膏型。使用这种工艺方法制备的铸件具有尺寸精度稍低、形状不太复杂、但表面粗糙度值小的工艺特点。

　　石膏型铸造从20世纪初期开始使用，最初用于金属义齿的铸造，20世纪20年代开始用于首饰的加工，1940年开始生产工业制品。当时主要采用起模石膏型，但是由于起模法在制备铸型时需要考虑石膏型造型后模样的取出，需要设计分型面，因此后来逐步发展出了熔模石膏型铸造工艺。

2. 熔模石膏型铸造工艺

　　图 2-3 所示为熔模石膏型铸造工艺过程。本质上它是一种以石膏为浆料的实体熔模铸造法。熔模石膏型铸造的过程是：将熔模组装并固定在专供灌浆用的砂箱平板上，在真空下将石膏浆料灌入，待浆料凝结后经干燥即可脱除熔模，再经烘干、熔

动画：熔模
石膏型铸
造工艺

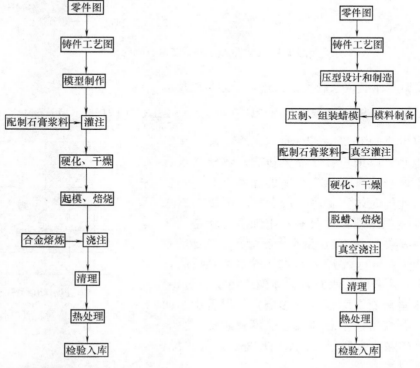

图 2-2　起模石膏型铸造工艺过程　　　　　图 2-3　熔模石膏型铸造工艺过程

烧成为石膏型，最后在真空下浇注获得铸件。

　　熔模石膏型铸造生产线相对复杂，需要完整的蜡模制造及蜡处理系统，同时在生产之前还需要设计、制造压型模具，初期投资高，适合于大批量生产，而起模石膏型铸造工艺简单，生产准备少，只需要在生产前做好模样和石膏材料等准备工作。因此铜合金叶轮铸件适于采用起模石膏型铸造工艺生产。

2.2　必备理论知识

2.2.1　常见石膏型造型材料

1. 石膏

视频：石膏

　　天然石膏为 $CaSO_4 \cdot 2H_2O$，又称二水石膏。二水石膏有七种变体，其变化如图 2-4 所示。其中硬石膏不能配成石膏浆料，故不能用于石膏型铸造中；二水石膏含水量过多，所制石膏型强度低，也不能用于石膏型铸造。石膏型常用的石膏为半水石膏，半水石膏有 α 型和 β 型两种，它们的微观结构基本相似，但在宏观性能上却有较大的差异。α 型半水石膏具有致密、完整而粗大的晶粒，故比表面积小。β 型半水石膏因多孔，表面不规律，似海绵状，其比表面积大，致使两种半水石膏比表面积差别悬殊。在配成两种相同流动性的石膏浆料时，α 型半水石膏更适合作为石膏铸型用的材料。

$$
二水石膏 \begin{cases} 在加压蒸\\ 汽条件下 \end{cases} \xrightarrow{125\sim150℃} α型半水石膏 \xrightarrow{200\sim230℃} α型硬石膏Ⅲ \xrightarrow{400℃} 硬石膏Ⅱ
$$

在干燥空气条件下 $\xrightarrow{120\sim180℃}$ β型半水石膏 $\xrightarrow{200\sim360℃}$ β型硬石膏Ⅲ $\xrightarrow{400℃}$ 硬石膏Ⅱ $\xrightarrow{1180℃}$ 硬石膏Ⅰ

图 2-4　工业生产条件下二水石膏的相变

　　半水石膏与水制成浆料后，会进行下述凝结反应

$$CaSO_4 \cdot 1/2H_2O + 3/2H_2O = CaSO_4 \cdot 2H_2O + (17166 \pm 84)J/mol \tag{2-1}$$

　　此反应生成的 $CaSO_4 \cdot 2H_2O$（二水石膏）在水中溶解度很小，以细长针状晶体析出；随着二水石膏晶体的不断析出和长大，浆料的黏性上升，失去流动性，与此同时体积膨胀。最后相互搭接的二水石膏使石膏表现出硬化并具有一定强度的状态。这一过程可持续数十小时。α 型半水石膏在此全部反应过程中的膨胀量可达 0.4%~0.6%。全部凝结后的石膏组织为含有水分的二水石膏晶体网络组织。图 2-5 所示是加水量对石膏型强度的影响，可以看出，加水量越多，石膏型的干态和湿态强度就越低。影响石膏型强度的除石膏型种类、水固比外，还有水温、搅拌时间等因素。

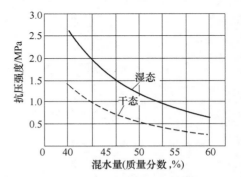

图 2-5　加水量对石膏型强度的影响

　　石膏浆的胶凝速度随混水量的增加而放慢，随加入水的温度（<50℃）提高而加快，随

后减慢。

石膏型成形后，由于其中还有水分，而且强度的潜力还没充分发挥，所以要对半水石膏进行加热干燥和脱水。在不同的加热温度范围区间，石膏会发生图 2-4 中的变化。

石膏的分解开始温度还与所接触的金属有关。如铜、铁与石膏高温接触时，能使石膏有一定程度的还原，并生成 CaO 和金属氧化物。铜可使石膏热分解开始温度降至 1220~1240℃，而纯铁和铸铁则使石膏热分解开始温度降至 900℃和 1020~1030℃。因此石膏型可浇注铜合金，但不能用来浇注铸铁和钢。锡、锌、镁、铝在高温时与石膏接触后发生放热反应，可使石膏进一步还原，产生硫化钙和金属氧化物。由于被降低的石膏分解开始温度远高于这些金属的浇注温度，故石膏型仍可浇注这些金属的合金。

视频：耐火填料

2. 填料

为使石膏型具有良好的强度，减小其收缩和裂纹倾向，需要在石膏中加入填料。填料应有合适的熔点和耐火度、良好的化学稳定性、合适的线膨胀系数等性能，且应发气量少，吸湿性小。常用作填料的材料及其性能见表 2-1。

表 2-1　石膏型用填料及性能

名称	熔点/℃	密度/(g/cm³)	线膨胀系数/K⁻¹	加入填料后石膏混合料强度①/MPa		
				7h 后	烘干 90℃,4h 后	焙烧 700℃,1h 后
硅砂	1713	2.65	12.5×10^{-6}	0.5	1.3	0.2
石英玻璃	1700~1800	2.1~2.2	0.5×10^{-6}			
硅线石	1800	3.25	$(3.1 \sim 3.4) \times 10^{-6}$	1.5	2.8	0.65
莫来石	1810	3.08~3.25	5.3×10^{-6}	2.3	3.4	0.80
铝矾土	约 1800	3.2~3.4	5.0×10^{-6}	2.6	4.6	0.85
刚玉	2045	3.95~4.02	8.04×10^{-6}	2.0	3.5	0.65
氧化锆	2690	5.73	$(7.2 \sim 10) \times 10^{-6}$			
锆石	2430	4.7~4.9	5.1×10^{-6}			

①　石膏混合料中石膏与填料的质量比为 40∶60。

3. 改性剂

改性剂是指能显著改变石膏胶凝膨胀和随后干燥收缩性能的物质，如硫酸钾、氯化钡、氧化钙、水泥、石棉等，一般用量较少。改性剂一般都可使石膏的胶凝膨胀量降低。制备石膏浆时，用水量的增加和加入水温度的升高都可降低石膏的胶凝膨胀率。一般希望把石膏型型腔尺寸变化控制在±5%的范围内。

4. 缓凝剂和促凝剂

碳酸钠、柠檬酸钠、硼砂、骨胶、硅溶胶、淀粉、酒精等都能延缓石膏浆料的胶凝速度，称为缓凝剂。而温水、氧化镁、食盐、硫酸钾、硫酸钠、硫酸铝则能起促进胶凝的作用，称为促凝剂。其中硫酸盐可成为石膏（$CaSO_4$）的形核剂。它们的用量应控制在不损害铸型强度和型腔尺寸精度的范围内。使用食盐、硫酸盐时应注意，它们在干燥石膏型时会迁移到铸型表面，使表面粉化或产生硬点，破坏铸型表面质量，需注意控制。在配制浆料选用水时，应注意水的硬度，因硬水中含有这些盐类，也会影响石膏浆的胶凝速度。

5. 增强剂

为提高石膏型的强度，可在浆料中加入质量分数为 1%～2%、直径为几十微米、长度为 1～3mm 的玻璃纤维、陶瓷纤维或碳纤维等耐火纤维材料。它们还可抑制石膏在胶凝、干燥时的膨胀和收缩，而且对石膏的胶凝时间也有影响，在制备发泡石膏时会阻碍气泡的生成。

6. 透气剂

为提高石膏型的透气性，可在石膏浆中加入长纤维滑石（石膏型需在 800℃保温数小时）、木素粉（石膏型加热时碳化缩小或汽化）。也可在石膏浆中加酒石酸、金属镁粉、碳酸钙等，它们能在石膏型成形过程中产生气体，形成气泡，使石膏型的透气性提高。硅藻土也可提高石膏型的透气性。压蒸石膏型和发泡石膏型也是一种提高石膏型透气性的措施。

7. 提高铸型导热性的材料

石膏的热导率很低，只有 $0.22W/(m \cdot K)$，会降低铸件的力学性能。为改善石膏型的导热性，可在石膏中加入铁粉。当石膏型的成分组成（质量分数）为石膏 95%+铁粉 5%时，其热导率可提高 1 倍多，达 $0.46W/(m \cdot K)$。石膏型中混合硅砂，也可提高其热导率。

8. 发泡剂和消泡剂

在石膏浆料中加入表面活性剂（发泡剂），如烷基磺酸钠，可使石膏浆内充满气泡，浆料体积增大 50%～150%，改善石膏型的透气性，但铸型的强度降低。为增强铸型的强度、消除气泡的削弱作用，可在浆料中加入消泡剂正辛醇。

表 2-2 列出了一些石膏型材料的成分组成，供参考。

表 2-2　石膏型材料的成分组成举例（质量分数,%）

序号	α石膏	硅石粉、砂	方石英砂	莫来石粉、砂	铝矾土粉、砂	上店土粉	红砖粉	硅藻土	硫酸钾	水（外加）
1	30	粉 50 砂 20	—	—	—	—	—	—	—	35～45
2	30	粉 70	—	—	—	—	—	—	—	42～55
3	33.5	粉 29 砂 35.5	—	—	—	—	—	2	0.15～0.30	30～50
4	55	45	—	—	—	—	—	—	—	55
5	30	砂 20	—	—	—	50	—	—	—	31～43
6	30	35	—	35	—	—	—	—	—	60
7	30	35	35	—	—	—	—	—	—	40
8	30	20	—	50	—	—	—	—	—	40
9	30	—	—	70	—	—	—	—	—	45
10[①]	30	—	—	45	—	—	25	—	—	35

注：在上述配方中，可根据对铸型性能的要求加入少量缓凝剂、促凝剂、增强剂、消泡剂。铸造镁合金时，可加入 1%（质量分数）的硼酸，防止镁氧化。

① 该配方只适用于起模石膏型。

2.2.2　常见熔炼炉

1. 对熔炼设备的基本要求

非铁合金熔炼过程中的突出问题是元素容易氧化和合金容易吸气。为获得含气量低和夹杂物少、化学成分均匀而合格的高质量合金液，从而能优质、高产、低消耗地生产铝、铜等非铁合金铸件，对铝、铜等合金熔炼设备的要求如下：

1）应有利于金属炉料的快速熔化和升温，熔炼时间短，元素烧损和吸气小，合金液纯净。

2）燃料、电能消耗低，热效率和生产率高，坩埚、炉衬寿命长。

3）操作简便，炉温便于调节和控制，劳动卫生条件好。

2. 熔炼炉的分类和选用

非铁合金熔炼炉可分为燃料炉和电炉两大类。燃料炉用煤、焦炭、煤气、天然气、燃油等作为燃料。燃料炉又有坩埚炉和反射炉两种。电炉通常是按电能转变为热能的方法不同来分类的，可分为电阻炉、感应炉和电弧炉等。电阻炉又可细分为坩埚电阻炉、反射电阻炉；感应炉可分为有心炉和无心炉两种，而按频率高低还可细分为工频、中频和高频三种；电弧炉可分为非自耗炉和自耗炉两种。

非铁合金熔炼炉的种类很多，其分类见表 2-3。

表 2-3　非铁合金熔炼炉的分类

类　型		分　类	用　途
电炉	电阻炉	坩埚电阻炉	铜合金、铝合金、镁合金、低熔点轴承合金
		反射电阻炉	
	感应炉	有心工频感应炉	铜、铝、锌及其合金
		无心工频感应炉	铜、铝、镁及其合金
		中频感应炉	
		高频感应炉	铁、镍基高温合金
	电弧炉	自耗电弧炉	铁、镍基高温合金
		非自耗电弧炉	钛、锆及其合金
燃料炉（固、液、气）	坩埚炉	固定式、可倾式	铜、铝、镁及其合金
	反射炉	固定式、可倾式	铜、铝合金

（1）电阻熔炼炉　常用的电阻熔炼炉可以分为坩埚电阻炉和反射电阻炉两类，可以熔炼低熔点的非铁金属及其合金。由于实际生产中普遍采用坩埚电阻炉，所以下面只介绍该炉型。

坩埚电阻炉主要用于熔炼铜、铝、锌、铅、锡、镉及巴氏合金等低熔点的非铁金属和合金。

坩埚电阻炉是利用电流通过电加热元件时的发热来熔化金属的，炉的容量一般为 30～400kg。电加热元件有金属（镍铬合金或铁铬铝合金）和非金属（碳化硅或二氧化硅）两种。

坩埚电阻炉主要由电炉本体和控制柜（包括控温仪表）组成。坩埚电阻炉又分为回转式和固定式两种。图2-6所示为固定式坩埚电阻炉。因为坩埚和炉体回转会造成电阻丝的移动、变形甚至断裂，从而降低了电阻丝的使用寿命，所以一般为固定式的。浇注中、小型铸件时，可用手提浇包直接自坩埚中舀取金属液；浇注较大的铸件时，可吊出铸铁坩埚进行浇注。

这种电炉的结构紧凑，电气配套设备简单、价廉。与工频感应熔炼炉相比，设备投资少，更适用于很小容量的非铁金属及其合金的熔炼。这种电炉的最大缺点是熔炼时间长，如熔炼150~200kg铝液时，第一炉需要5~5.5h，耗电较多，生产率低。从发展趋势来看，较大容量的坩埚电阻炉将被工频感应炉所代替。

(2) 感应熔炼炉 从感应炉的加热、熔炼原理来看，它很少限制被熔金属的种类或形状，没有类似燃料炉所存在的排烟问题，因此有助于防止公害，并具有熔炼质量好，金属损失少，功率控制方便，易于实现机械化、自动化和劳动条件好等一系列优点，已在冶金工业、机械工业以及其他许多工业部门中得到广泛的应用。

从结构上来看，感应熔炼炉分为有心感应炉和无心感应炉两类。无心感应炉分为直接使用工业频率（50Hz）的工频无心炉和配备变频装置的更高频率的中高频无心感应炉。也就是说，感应炉可以分为工频无心感应炉、中高频（无心）感应炉和有心感应炉3种。下面重点介绍中频感应炉。

中频感应炉主要用于钢铁、非铁金属及其合金的熔炼。这种电炉主要由电炉本体、电气配套设备等组成。

中频感应炉电炉本体的基本结构如图2-7所示。炉体主要由炉架、感应线圈、倾炉机构、炉衬等部分组成。在电气配套设备上采用中频发电机组或晶闸管变频器作为电源。电炉所需要的补偿电容器相当多，所以一般都配有独立的补偿电容器架，另外还有中频熔炼控制柜或控制台等。对于较大的电炉，电气配套设备也较多。为了提高电气配套设备的利用率，常采用一套电气设备配用两个炉体的布局方式。

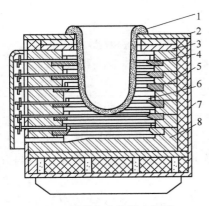

图2-6 固定式坩埚电阻炉

1—坩埚 2—坩埚托板 3—耐热铸铁板 4—石棉板
5—电阻丝托砖 6—电阻 7—炉壳 8—耐火砖丝

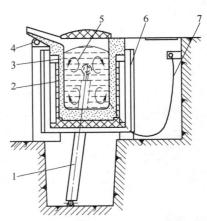

图2-7 中频感应炉电炉本体的基本结构

1—倾炉液压缸 2—感应线圈 3—坩埚 4—传动轴
5—熔融金属的搅拌方向 6—炉架 7—电源线

中频电源设备在很长一段时间内几乎都采用中频发电机组。随着晶闸管技术的发展，出现了用晶闸管变频器的中频电源设备。由于晶闸管变频器具有很多优点，所以除了一些要求电源频率严格固定的特殊情况外，中频发电机组有可能被晶闸管变频器代替。

中频感应炉具有加热快、金属消耗少、使用灵活方便的特点，另外也不像工频感应炉需要那么多电容器。如果将来中频电源设备能得到进一步的发展，其价格会进一步降低，有可能在相当大的范围内取代工频感应炉。

中频感应炉的技术发展前景是：实现电炉功率因数的自动调节；实现坩埚损坏前的预先报警；改进坩埚材料和制造工艺，以延长其使用寿命并提高电炉的功率因数；实现金属熔液的自动称重；实现电炉输出功率调节、熔液温度控制、熔液成分控制和熔液搅拌力控制等的综合计算机控制。

2.2.3　锡青铜合金熔炼的特点

锡青铜和铅青铜含有一定量低熔点的合金元素 Sn、Zn、Pb、P 及少量高熔点的合金元素 Ni。除 P 需制成 Cu-P 中间合金外，其他合金元素以纯金属直接加入。

锡青铜熔炼加料时，通常是在木炭或其他熔剂保护下首先熔化高熔点的 Cu 和 Ni，Cu-P 预脱氧后再加其他低熔点的合金元素，目的在于防止合金元素氧化，如生成 SnO。回炉料通常是在纯铜熔化并脱氧后加入，但也可以先加入炉内，然后加纯铜。回炉料熔点较低，约 1000℃ 开始熔化，升温至 1150℃ 左右即可添加其他合金元素，这样就缩短了熔炼时间，减少了合金的吸气量。

另有一种工艺流程，其加料顺序与上述不同，即先加 Zn，然后加 Cu 和 Ni。通过低熔点的 Zn 首先熔化后渗入纯铜表面，使纯铜合金化，从而显著降低熔化温度并提高熔化速度。另外，熔炼过程中逐渐挥发的 Zn 蒸气有助于防止合金液的吸气和氧化。如果温度控制得当，Zn 的烧损并不会显著增加。

锡青铜有较强的吸气性，在熔炼温度下，气体（氢）在熔体中有相当大的饱和溶解分压，为减少吸氢，锡青铜宜在弱氧化性和氧化性气氛中、在覆盖剂保护下进行快速熔炼。当炉焰不易控制为氧化性或炉料中含屑料、边角碎料，特别是含油污较多时，为了有效地除氢，应采用氧化熔炼法，即往合金液中通压缩空气，或添加氧化性熔剂，增加合金液中氧的浓度，以达到除气的目的。脱氧处理后，为了进一步除去合金液中的气体，宜采用除气处理，常用的方法有熔剂精炼或吹干燥氮气除气。常见锡青铜的熔炼工艺见表 2-4。

表 2-4　常见锡青铜的熔炼工艺

合　金	炉型	熔炼工艺要点	备　注
ZCuSn3Zn8Pb6Ni1 ZCuSn5Pb5Zn5 ZCuSn10Zn2 ZCuSn10Pb5	坩埚电阻炉 感应电阻炉	先熔化铜，后加回炉料： 1. 坩埚预热 2. 加覆盖剂、铜屑、电解铜、电解镍（或 Cu-Ni） 3. 弱氧化气氛升温熔化，过热至 1200～1250℃	预脱氧用 2/3Cu-1/3P 除气可用六氯乙烷（0.2%～0.4%）或吹干燥氮气

（续）

合　　金	炉型	熔炼工艺要点	备　　注
ZCuSn3Zn8Pb6Ni1 ZCuSn5Pb5Zn5 ZCuSn10Zn2 ZCuSn10Pb5	坩埚电阻炉 感应电阻炉	4. Cu-P 预脱氧 5. 加回炉料 6. 加 Zn、Pb、Sn,搅拌 7. 调整温度,加剩余的 Cu-P 8. 除气 9. 炉前检验,出炉浇注	预脱氧用 2/3Cu-1/3P 　除气可用六氯乙烷（0.2%～0.4%）或吹干燥氮气
		先熔化回炉料: 1. 坩埚预热 2. 加覆盖剂、铜屑、电解铜、电解镍（或 Cu-Ni） 3. 弱氧化气氛升温熔化,过热至 1200～1250℃ 4. Cu-P 预脱氧 5. 加 Zn、Pb、Sn,搅拌 6. 调整温度,加剩余的 Cu-P 7. 除气 8. 炉前检验,出炉浇注	若回炉料中含 P 较高,则不需要进行预脱氧
ZCuSn5Pb5Zn5 ZCuSn10Zn2 ZCuSn10Pb5	坩埚电阻炉	先熔化锌: 1. 坩埚预热 2. 加覆盖剂、铜屑、电解铜、电解镍（或 Cu-Ni） 3. 弱氧化气氛升温熔化,过热至 1100～1150℃ 4. 加回炉料、Pb、Sn,搅拌 5. 升温至 1180～1200℃,加 Cu-P 6. 扒渣、除气 7. 炉前检验,出炉浇注	
ZCuSn10P1	坩埚电阻炉	1. 坩埚预热 2. 加覆盖剂、电解铜 3. 升温熔化,过热至 1150℃,加合金 1/5Cu-4/5P 脱氧 4. 加回炉料,搅拌 5. 加剩余的 Cu-P 脱氧,加锡 6. 炉前检验,出炉浇注	锡磷青铜吸气性很强,宜采用氧化性熔炼
ZCuSn3Zn8Pb6Ni1 ZCuSn5Pb5Zn5 ZCuSn10Zn2 ZCuSn5Pb5Zn5	电弧炉	1. 加木炭,送电预热炉膛 2. 分批加电解铜熔化 3. 温度至 1150℃时加 Cu-P 脱氧 4. 加 Zn、Pb、Sn,搅拌 5. 除气 6. 炉前检验,出炉浇注	

2.3 铜合金叶轮铸造工艺计划

2.3.1 石膏型造型材料选择

本情境所选择的石膏型配方为 α 石膏 30%（质量分数）和硅石粉 70%（质量分数）。

2.3.2 石膏型造型过程

1. 石膏浆料的配制

一般有两种用来制型的石膏浆料：非发泡浆料和发泡浆料。配制非发泡浆料时，可用图 2-8 所示石膏浆料搅拌桶。它是锥形桶，其上、下直径比为 3：2，搅拌用螺旋桨的位置如图 2-8 所示。螺旋桨的转速为 200~500r/min。

先把能溶于水的配料溶于水中，如有耐火纤维，也可一起加入，并搅匀，倒入搅拌桶中，将混匀的干料倒入水中，静置浸湿约 30s。然后用螺旋桨搅拌，持续 3~5min，直至浆料无沉淀和气泡，呈奶油状为止。

也可将浆料桶放入真空室中，进行真空搅拌，使气泡从浆中溢出，真空度为 4~6kPa。

配制发泡浆料时，采用图 2-9 所示的橡胶圆盘搅拌器，搅拌含有发泡剂的石膏浆。为吸入空气，搅拌器的放置情况应如图 2-10a 所示，圆盘转速为 2000r/min，持续约 1min。为打碎浆料中的气泡，应把圆盘浸入浆料中（图 2-10b）搅拌，圆盘的转速为 1000r/min。最终气泡增量达 70% 以上，气泡尺寸约为 0.25mm。

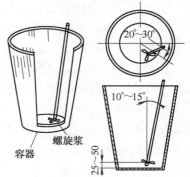

图 2-8 石膏浆料搅拌桶

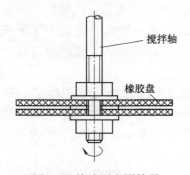

图 2-9 橡胶圆盘搅拌器

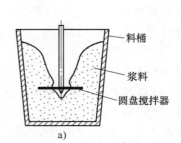

图 2-10 发泡石膏浆的搅拌
a）吸入空气 b）打碎气泡

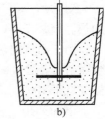

动画：发泡
石膏浆料
搅拌原理

根据本情境选用的石膏浆料种类，选择浆料的配制方法为非发泡浆料法。

2. 铸型的灌浆和起模

（1）模样的准备 需先在模样和模板表面涂抹分型剂。如型框为活脱式的，则在型框内表面上也应涂抹分型剂。金属、环氧树脂和木制模样的分型剂为石蜡或硬脂酸的煤油溶液；石膏模样的分型剂为肥皂水；石膏型之间的分型剂为凡士林、润滑脂；硅橡胶模样的分型剂为矿物油。石蜡、硬脂酸的煤油溶液是把石蜡或硬脂酸切成小块，放入温度为60~80℃、质量与其相等或更多的煤油中溶解，冷却后使用。

灌浆前将模样和型框放在模板或假型上。

如制熔模石膏型，则应将模组表面清洗干净，并固定在置于底盘上的砂箱中。

(2) 灌浆和起模　将浆料平稳地倒入型框（砂箱）的底部，防止浆料冲击模样或熔模，并防止浆料裹气。为防止型腔工作表面出现气泡，可用毛笔轻轻刷抹模样或熔模表面，驱赶气泡。灌浆时，可轻轻振动底板或底盘，以使浆料能很好地充填模样与型框（砂箱）间的空间。也可在真空条件下灌浆，此时在真空室内搅拌完的浆料可通过管道直接流入置于下面空室中的型框或砂箱中。灌浆室中的真空度为3~5kPa。

由于本铸件精度较低，故选用的灌浆方法为普通的浇注法。

浆料在型框（砂箱）内胶凝固化，其温度逐渐升高，一般当温度升到最高点时，即可开始起模，大概需时20~30min。

如为起模石膏型，最简单的方法是向铸型与底板（假型）间和铸型与模样间的缝隙吹0.2~0.5MPa的压缩空气，这样可容易地从型中取出模样。也可用简单的工具起模。对于外形复杂的模样，则可把模样分成几块，一块一块地从型中取出，这样可减少分型面并减小起模斜度。但模样制造工作量增大，而且铸件尺寸精度受影响。

熔模石膏型凝固后，在起模前至少应停放1~2h，以使石膏型充分膨胀，但不宜放置过久，因过分干燥的石膏型在起模时容易开裂。常用热空气或蒸汽起模，起模的温度稍高于100℃，过高的温度会使铸型失水过多，而使模料渗入型内。由于石膏型传热太慢，故起模时间较长，需2h左右。起模后的熔模石膏型应在空气中放置24h以上。

对于本情境，起模方法选用振动起模法。

3. 石膏型的干燥和焙烧

为使石膏型在浇注前成为强度较高的无水石膏型，必须对起模后石膏型进行干燥和焙烧。石膏型的干燥和焙烧最好在强制循环排风式的电气干燥炉内进行，也可采用燃气或微波为热源。石膏型在升温过程中先脱去过剩水，而后随着温度的升高进行如图2-4所示的反应。对非熔模石膏型而言，一般石膏型的最高加热温度为200~300℃。而熔模石膏型的最高加热温度需700℃，以烧去残留模料。

由于石膏的热导率低，石膏型在干燥、焙烧时的升温速度应较小，以免因型内温度的不均匀而引起各处收缩速度相差太大，致使石膏型出现裂纹和翘曲变形。向加热炉中装铸型时，炉温应低于100℃，铸型与铸型间和铸型与炉壁间的距离应大于20mm，以利于炉气对流。

下面列出了一些石膏型焙烧时的升温制度。

1）普通起模石膏型：100℃（保温3h）→150℃（保温5h）→250℃（保温20h）。

2）压蒸起模石膏型：150℃（保温5h）→250℃（保温15h），或100℃（保温5h）→300℃（保温8h）。

3）发泡起模石膏型：100℃（保温5h）→150℃（保温5h）→200℃（保温15h）。

4）熔模石膏型（厚度<50mm）：80~100℃（保温8h）→150℃（保温5h）→300℃（保温2h）→700℃（保温2h）。

5）熔模石膏型（厚度≥50mm）：80~100℃（保温8h）→150℃（保温5h）→250℃（保温

2h）→350℃（保温 2h）→450℃（保温 1h）→550℃（保温 1h）→500℃（保温 2h）。

对于本情境选用的普通起模石膏型，其焙烧工艺为：100℃（保温 3h）→150℃（保温 5h）→250℃（保温 20h）。

焙烧完毕的石膏型应随炉冷却至铸型在浇注时的温度，保温 1~2h，准备浇注。

干燥、焙烧应一次完成，不得中途停顿或反复加热，使铸型型腔尺寸保持稳定。

检查石膏型是否干燥、焙烧终了，最简便的办法是在石膏型壁厚中心插热电偶，观察该处温度是否与炉温一致。

2.3.3 铜合金熔炼及浇注

1. 熔炼炉的选择

根据实际情况，本情境选用 150kg 中频感应电炉。

2. 铜合金配料

（1）配料计算前需要掌握的资料

1）铜合金牌号、主要化学成分范围。ZCuSn10Zn2 青铜的主要化学成分见表 2-5。

表 2-5　ZCuSn10Zn2 青铜的主要化学成分

合金牌号	主要化学成分（质量分数,%）				所属标准
	Sn	Zn	Cu	杂质	
ZCuSn10Zn2	9.0~11.0	1.0~3.0	余量	≤1.5	GB/T 1176—2013

2）所用新料、回炉料的成分。

①新料成分。ZCuSn10Zn2 合金熔炼时，需要的金属材料有铜锭、锌锭、锡锭。它们的牌号和成分见表 2-6~表 2-8。

表 2-6　铜　锭

牌号	Cu+Ag（≥）	化学成分（质量分数,%）										
		杂质（≤）										
		As	Sb	Bi	Fe	Pb	Sn	Ni	Zn	S	P	杂质总和
Cu-1	99.95	0.002	0.002	0.001	0.004	0.003	0.002	0.002	0.003	0.004	0.001	0.05
Cu-2	99.90	0.002	0.002	0.001	0.005	0.005	0.002	0.002	0.004	0.004	0.001	0.10

表 2-7　锌　锭

牌号	Zn（≥）	化学成分（质量分数,%）						
		杂质（≤）						
		Pb	Fe	Cd	Cu	Sn	Al	杂质总和
Zn99.995	99.995	0.003	0.001	0.002	0.001	0.001	0.001	0.005
Zn99.99	99.99	0.005	0.003	0.003	0.002	0.001	0.002	0.010
Zn99.95	99.95	0.030	0.02	0.01	0.002	0.001	0.01	0.050
Zn99.5	99.5	0.45	0.05	0.01	—	—	—	0.50
Zn98.5	98.5	1.4	0.05	0.01	—	—	—	1.5

表2-8 锡 锭

牌号			Sn99.90		Sn99.95		Sn99.99
级别			A	AA	A	AA	A
化学成分（质量分数，%）	锡含量（≥）		99.90	99.90	99.95	99.95	99.99
	杂质（≤）	As	0.0080	0.0080	0.0030	0.0030	0.0005
		Fe	0.0070	0.0070	0.0040	0.0040	0.0020
		Cu	0.0080	0.0080	0.0040	0.0040	0.0005
		Pb	0.0250	0.0100	0.0200	0.0100	0.0035
		Bi	0.0200	0.0200	0.0060	0.0060	0.0025
		Sb	0.0200	0.0200	0.0140	0.0140	0.0015
		Cd	0.0008	0.0008	0.0005	0.0005	0.0003
		Zn	0.0010	0.0010	0.0008	0.0008	0.0003
		Al	0.0010	0.0010	0.0008	0.0008	0.0005
		S	0.0010	0.0010	0.0010	0.0010	—
		Ag	0.0050	0.0050	0.0005	0.0005	0.0005
		Ni+Co	0.0050	0.0050	0.0050	0.0050	0.0006

② 回炉料成分。在熔炼过程中加入的回炉料为同牌号合金回炉料，在计算过程中认定其成分与标准成分相同。

3）熔炼损耗及元素烧损。锡青铜熔炼的损耗率与熔炼条件的关系见表2-9。

表2-9 锡青铜熔炼的损耗率与熔炼条件的关系

炉 型	炉焰气氛和覆盖	熔炼损耗率（%）	
		大批量	小批量
坩埚炉	未覆盖	2.6	4.4
	还原性	2.1	2.5
	氧化性	2~3	—
	卤化物覆盖	3.4	—
反射炉	未覆盖	4.2	6.7
	中性	3.4	—
	氧化性	3.4	—
	卤化物覆盖	4.3	—
电弧炉	未覆盖	1.4	—
	氧化性	2.3	—
	卤化物覆盖	3.2	—

熔炼损耗主要包括烟尘损耗和造渣损耗。前者包括附在炉料表面上的物质，如油类、水分和其他有机物的蒸发，以及易挥发合金元素和杂质（如 P、S、As、Cd、Zn、Be 等）的蒸发损耗；后者主要是合金元素的氧化和造渣。

熔炼损耗与熔炼条件有关，即与炉型、炉焰性质、熔化温度和时间、炉料组成及所采用的熔炼工艺（加料顺序、熔剂使用等）有关。

一般来说，含挥发合金元素多的黄铜比青铜损耗大，批量小的比批量大的损耗大，屑料比块料损耗大。

熔炼时，合金元素的烧损同样受熔炼条件的影响，特别是与炉型、炉焰气氛、熔化量、熔化温度和时间、加料顺序、熔剂种类及炉料的组成有关，通常根据生产实测确定。表 2-10 中给出了铜合金中合金元素的烧损率，可供参考。

表 2-10　铜合金中合金元素的烧损率

合金元素	Cu	Zn	Sn	Al	Si	Mn	Ni	Pb	Cr	Be	P
烧损率（%）	0.5~1.5	5~10	1~4	4~10	3~5	4~15	1~2	1~3	5~10	6~20	20~40

4）每一炉的投料量。根据所选用的炉型确定每炉的投料量，以便于合金备料。

（2）推荐的配料成分　一般情况下，可取合金牌号的名义成分配制合金。黄铜中易烧损的元素，如 Zn、Al、Mn 等，宜取标准成分的上限；不易烧损的元素，如 Cu、Sn、Ni、Fe 等，可取中限或下限。青铜中易烧损的元素，如 P、Be、Mn、Al、Ti、Zn、Zr 和 Cr 等，可取标准成分的上限；不易烧损的元素，如 Cu、Ni、Fe、Sn 和 Pb 等，可取中限或下限。

但是，由于合金熔炼条件或使用要求不同，有时要求合金成分在一特定范围内（即给定锌当量或铝当量范围），以期得到所需的力学和物理、化学性能。

（3）配料计算　计算程序是首先算出 100kg 合金所需炉料，再与投料量的倍数相乘，即得出该炉所需的炉料。配料计算的步骤如下：

1）选定合金最佳的配料成分。

2）确定各元素的烧损率。

3）计算各元素的烧损量。

4）确定炉料组成，包括新料、回炉料和中间合金的种类和添加量。

5）求出减去回炉料各成分含量后尚需补加的各成分用量。

6）求出回炉料各成分的质量。

7）求出各中间合金的用量。

8）求出尚需补加的新料用量。

9）核算主要杂质含量是否符合要求。

10）填写配料单。

具体计算过程见表 2-11。

表 2-11　熔炼 100kg ZCuSn10Zn2 的炉料计算

合金元素	采用新料						采用回炉料和中间合金	
	推荐量		烧损量		炉料中应有含量		20kg 回炉料中各成分含量	尚需补加的新料
	（质量分数,%）	kg	（质量分数,%）	kg	（质量分数,%）	kg	kg	kg
Cu	87	87	1	0.87	86.60	87.87	20×87% = 17.4	87.87−17.4 = 70.47
Sn	10	10	3	0.3	10.15	10.3	20×10% = 2	10.3−2 = 8.3
Zn	3	3	10	0.3	3.25	3.3	20×3% = 0.6	3.3−0.6 = 2.7
总计	100	100	—	1.47	100	101.47	20	81.47

据上述计算填写铜合金叶轮材料配料表，见表 2-12。

表 2-12 铜合金叶轮材料配料表

铸件名称	铜合金叶轮			
铸件特点	叶轮整体结构为圆盘状，轮廓尺寸为 ϕ160mm×30mm，边缘具有明显锥度，上表面有圆环状凹槽，下表面有台状突起，总体铸件体积不大，结构简单 要求铸铜牌号：铸造铜合金 ZCuSn10Zn2，为普通锡青铜。抗拉强度 R_m>240MPa，断后伸长率 A>12%，布氏硬度>685HBW			
合金成分控制 （质量分数，%）	Sn9.0~11.0，Zn1.0~3.0，Cu 余量			
配料				

炉料总量/kg	各炉料量/kg				备 注
	电解铜	锌锭	锡锭	同牌号回炉料	
200	140.94	5.4	16.6	40	

3. 熔剂及其消耗

铜及铜合金熔炼时所用的熔剂，按其使用目的不同，可分为覆盖剂、精炼剂、氧化剂、脱氧剂及晶粒细化剂。

（1）**覆盖剂** 覆盖剂的主要作用是使合金液与炉气隔绝，防止合金元素氧化、蒸发，防止熔体吸气和散热过多。覆盖剂应具有适当的黏度和表面张力，密度应比合金液小，易于上浮，能形成与合金液分离的保护层，还要求覆盖剂有较低的熔点，化学性能稳定。常用的覆盖剂有木炭和玻璃两种。

木炭是铜和铜合金应用最普遍的覆盖剂，具有防止合金元素氧化、脱氧和保温的作用。但对于高镍含量的铜合金，特别是白铜，不应使用木炭，因为在高温下碳能溶于镍中，凝固时呈石墨片状析出，有损于合金性能。

玻璃的性能稳定，与铜合金不发生化学反应，不吸收空气和炉气中的水分和气体，有良好的覆盖作用，但因熔点较高（1000~1100℃），黏度又大，故不宜单独使用。通常在玻璃中添加一些碱性物质，如苏打、石灰石，以及硼砂、氟石或冰晶石等，形成熔点低和流动性好的复盐，以利于合金液与熔渣分离，从而降低金属的损耗。

（2）**精炼剂** 铜合金在熔炼过程中会不可避免地产生一些酸性或中性氧化物，如 Al_2O_3（铝青铜、铝黄铜）、SnO_2（锡青铜、铅锡青铜）、SiO_2（硅青铜、硅黄铜）、Cr_2O_3（铬青铜）、MnO_2（高锰铝青铜、锰黄铜）等。这些氧化物用脱氧方法难以还原，而较为有效的方法是在铜合金液中加入碱性熔剂，其作用后产生低熔点复盐，再扩散上浮至液面，凝集成渣后排出。

精炼剂的种类有很多，一般由碱和碱土金属或碳酸盐的混合物组成。其中，最常用的熔剂成分有冰晶石、苏打、碳酸钙、食盐、氟化钠、氟石、硼砂、氧化钙及氟硅酸钠等。

（3）**氧化剂** 氧化剂也可以被认为是一种精炼剂，主要作用是增加合金液中的含氧量，以达到除氢的目的。

对于吸氢性较强的纯铜、锡青铜、锡磷青铜和铅青铜等合金，在熔化时或因炉内气氛难以控制为氧化性，或因炉料潮湿、带锈时，宜采用氧化剂。

氧化剂通常是由氧化物和造渣剂组成的。对于氧化剂的要求是：在熔炼温度下能分解或溶入合金液中，并且容易被氢原子还原；组成氧化物的金属元素在进入合金液后对合金性能不产生有害影响；造渣剂应易于吸附反应生成物和排除反应生成的水蒸气。

（4）脱氧剂 铜和铜合金在氧化气氛中熔炼时，或者为了除氢而添加氧化剂时，会使铜液中的氧浓度显著增高，并以 Cu_2O 的形式溶入铜液中。Cu_2O 能引起"氢脆"并显著降低合金的力学性能，因此，必须对铜液进行脱氧处理。

动画：脱氧剂作用原理

脱氧处理即添加一种或几种比铜与氧的亲和力更大的元素将 Cu_2O 中的 Cu 还原出来，并使所生成的脱氧产物上浮而被排出。

金属元素与氧的亲和力的大小顺序（由大至小）为：Ca、Be、Mg、Li、Al、V、Ti、Na、Mn、Zr、Zn、Sn、Fe、Ni、Sb、Pb、Cu。

从理论上说，在 Cu 之前的金属元素都可以作为铜的脱氧剂，但考虑到脱氧产物的性质和元素自身特点，实际上能作为铜脱氧剂的元素是有限的，主要有 P、Mn、Mg、Li、Be、Si。

（5）晶粒细化剂 晶粒细化是改善铜和铜合金铸件性能的重要手段，常用的方法是添加晶粒细化剂。另外还有机械振动、超声波振动、压力结晶及快速冷却等。

晶粒细化剂的选择应满足以下基本要求：

视频：细化晶粒的方法

1）有与合金成分组元，最好是与合金主要成分形成化合物的能力，并通过包晶反应形成大量的化合物质点。

2）加入的晶核或形成的化合物质点的熔点应高于合金的熔点。

3）在合金结晶之前能以游离分散的质点形式均匀地分布在熔体中。

4）加入量要少或者不影响合金的成分。

大多数铸造黄铜和铝青铜中含有一定数量的具有细化晶粒作用的铁。铁在铜中的溶解度很小，大部分以 γ-Fe 树枝晶（在纯铜中）或以富铁化合物（在特殊黄铜中）或以 κ 相（铝青铜中的 CuFeAl 化合物）形式析出，成为结晶核心而使合金细化。

为了进一步改进和提高铸造铜及铜合金（特别是不含 Fe 的铜合金）的力学性能、耐磨性和耐蚀性，可以进行晶粒细化处理。

在熔炼过程中，各种添加剂的添加顺序和用量为：覆盖剂通常先加入炉内，或在加电解铜后加入，加入量约为炉料重量的 0.5%~2%，足以覆盖整个熔池液面；氧化剂也先加入炉内，加入量约为炉料重量的 1%~2%；精炼剂在合金全部熔化后加入，加入量约为炉料重量的 0.2%~1%，当炉料含杂质量较高时，加入量适当增加。

4. 铜合金熔炼

在熔炼铸造锡青铜合金 ZCuSn10Zn2 时，采用的是先熔炼锌的方法，具体工艺如下：

1）加木炭，坩埚炉预热，预热温度为 500℃。

2）加入原料，底部加锌，然后加入电解铜、回炉料和覆盖剂。

3）升温熔化，并加热至 1100~1150℃。

4）加回炉料、锡，搅拌。

5）升温至 1180~1200℃，加入重量为炉料重量 0.1%~0.3% 的磷铜和 1% 的脱氧造渣剂。

6）扒渣，除气。

7）炉前检验，检验温度、含气量、弯曲和断口等。

8）出炉浇注，浇注温度为 1100~1150℃。

5. 炉前检验

出炉浇注前，应严格按照工艺规程的要求测定出炉温度、弯角、断口、化学成分和含气量。

（1）温度测量 使用经校验合格的热电偶或光学高温计测量。用光学高温计测量时，应扒开金属液面上的浮渣。

（2）炉前弯角检验 炉前弯角检验是熔炼铸造铜合金时常用的质量检验方法，对高强度黄铜和铝青铜更有重要意义。根据弯角的大小可以评价合金的锌当量和铝当量及其力学性能的大小。

炉前弯角试验的过程为：在金属型中浇注出 10mm×120mm 的试样，在型中冷却 2~3min 后即投入水中冷却（暗红色），不可淬水过早；然后将试样一端夹在台虎钳上，用锤打击至击断。

（3）断口检验 断口检验也是生产中检验合金熔炼质量的一种简便方法，用以评估合金熔炼和精炼的效果，有无夹渣、气孔，组织是否细密，同时根据断口的颜色和形貌特征评估合金的力学性能。

（4）炉前分析 对于大型熔炉熔炼的合金和重要用途的铸件（如螺旋桨等），需进行炉前分析，主要化学成分合格后才能浇注。对于小型熔炉熔炼的合金和次要用途的铸件，可每班选一炉进行主要化学成分分析。

（5）含气量试验

① 常压下的含气量检验。用预热的取样勺自坩埚（或其他炉子）底部盛取合金液并浇入 ϕ50mm×60mm 的干燥铁模内，撇去表面的氧化膜和渣子，凝固后观察其表面收缩情况，收缩明显、表面凹下者为合格；收缩不明显或凸出者为不合格。

② 真空室中含气量检验。将浇注的试样置于真空度为 40~50Pa 的真空室中冷却并凝固，观察其表面收缩情况，收缩明显、表面凹下或稍凸出但不破者为合格；收缩不明显、表面凸出或破裂者为不合格。

6. 浇注

金属液的浇注温度和石膏型的温度应合理配合，以获得优良的铸件质量。石膏型的温度可控制在 150~300℃之间，铜合金的浇注温度一般控制在 1100℃左右，对于大型薄壁铸件，浇注温度可适当提高。具体温度见表 2-13。

表 2-13 ZCuSn10Zn2 的浇注温度

合 金	熔化温度/℃	浇注温度/℃	
		壁厚<30mm	壁厚>30mm
ZCuSn10Zn2	1200~1250	1150~1200	1100~1150

2.4 项目实施

1. 石膏型造型

（1）石膏浆料的配制 根据所选择的石膏浆料的配方，按照比例称取石膏粉，并按照非发泡法配制石膏浆料。先将给定量的水加入容器中，然后倒入混匀的 α 石膏和硅石粉，静置浸湿约 30s，然后用螺旋桨搅拌，持续 3~5min，直至浆料无沉淀和气泡、呈奶油状为止。

视频：石膏型铸型制备

（2）石膏型的造型　将涂过分型剂的模样和型框放置在模板和假型上，灌浆的具体过程参见 2.3.2 节中"铸型的灌浆和起模"相关内容。灌浆过程及最终获得的石膏型如图 2-11~图 2-13 所示。

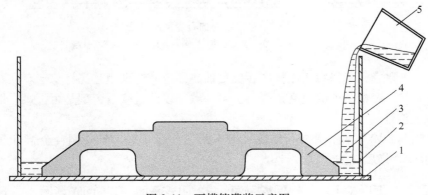

图 2-11　下模箱灌浆示意图
1—模板　2—型框　3—石膏浆料　4—模样　5—搅拌桶

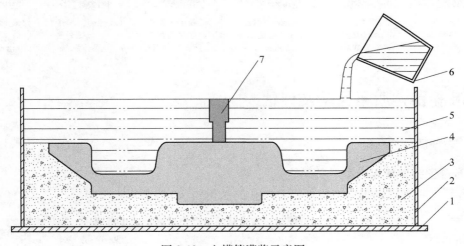

图 2-12　上模箱灌浆示意图
1—模板　2—型框　3—下型石膏型　4—模样　5—石膏浆料　6—搅拌桶　7—浇口模

浆料在型框内胶凝固化放热，其温度逐渐升高，一般当温度升高到最高点时便可以起模，整个固化时间大概需要 20~30min。

当石膏型固化好以后，可以使用起模工具起模。起模与石膏完全固化之间最少应间隔 1~2h，以便于石膏型充分膨胀，但不宜放置过久，以免过分干燥在起模时开裂。

（3）石膏型后处理　对于普通起模石膏型，升温过程为：100℃（保温 3h）→150℃（保温 5h）→250℃（保温 20h）。

焙烧完毕后的石膏型应随炉冷却至铸型在浇注时的温度，保温 20~30h，准备浇注。干

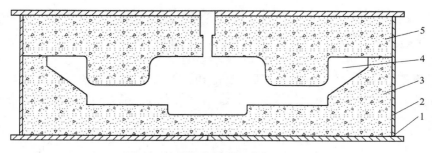

图 2-13 最终获得的石膏型示意图

1—模板 2—型框 3—下型石膏型 4—型腔 5—上型石膏型

燥与焙烧应一次完成，不得中途停顿或者反复加热，应使铸型型腔保持稳定。在石膏型壁厚中心部插热电偶，观察该处的温度是否与炉温一致，以此检查石膏型是否干燥、焙烧终了。

2. 熔炼及浇注

根据配料表 2-12 下料，并进行熔炼（熔炼工艺参见 2.3.3 节"铜合金熔炼及浇注"相关内容），检验合格后浇注。

视频：中频感应电炉熔炼设备调试　　视频：ZCuSn10Zn2铜合金熔炼　　视频：叶轮石膏型浇注及后处理　　视频：中频感应电炉熔炼生产安全管理　　视频：熔炼工安全操作规程　　视频：浇注工安全操作规程

2.5　叶轮铸件质量检验及评估

2.5.1　铸件质量检验

1. 石膏型铸件常见缺陷及其防止

石膏型铸件常见缺陷的产生原因及防止方法见表 2-14。

表 2-14　石膏型铸件常见缺陷的产生原因及防止方法

缺陷名称		产生原因	防止方法
铸件尺寸超差	模样	模样尺寸精度不够	模样尺寸精度应高于铸件尺寸精度，以便获得高精度的铸型
	石膏型（芯）	1. 石膏混合料的组成不合格，导致收缩率不合格 2. 石膏型（芯）成形时所用浆料不均匀 3. 石膏型（芯）烘干焙烧时炉温升高过快或者炉温不均匀	1. 选用合适的配方并严格控制配料比例 2. 选用的浆料悬浮性要好，浆料应充分搅拌 3. 选择合理的升温速率并控制炉温的均匀性
	浇注工艺	浇注温度或型体预热温度匹配不合理，导致铸件收缩率改变	选择合理的型体预热温度

（续）

缺陷名称	产 生 原 因	防 止 方 法
铸件表面粗糙	1. 模样表面质量不高 2. 石膏型（芯）表面质量不够 3. 浇注工艺不合理 4. 石膏型导热慢，生成的粗大晶体使表面粗糙	1. 设计的模样表面质量应高于铸件产品 2. 采用能富集在石膏型表面的添加剂，将较大的孔隙填平，避免金属渗入型芯 3. 搅拌浆料时注意消除气泡并严格控制含水量 4. 为保证铸件有低的表面粗糙度值，在铸件能充满的前提下，石膏型（芯）的温度不宜高于300℃，金属液的浇注温度也应尽可能低些 5. 对合金进行变质处理，并采用能够细化晶粒的填料
气孔，浇不到	1. 石膏型（芯）的透气性极差 2. 浇注时石膏型（芯）发气	1. 选择发气量小的石膏混合料 2. 严格控制熔炼工艺，提高精炼除气效果，使金属液中的气体含量尽量低 3. 采用真空（负压）浇注
晶粒粗大，缩孔，缩陷	石膏型采用热型浇注，且石膏型本身导热率低	1. 采用变质处理，以细化晶粒 2. 采用石墨等填料，以增大石膏型的热导率 3. 合理设计浇注系统 4. 采用调差和差压铸造法，以增强金属液的补缩能力

2. 铸件检验

检验内容包括尺寸精度和表面质量检验等。尺寸精度检验根据工件设计图样进行；表面质量检验主要通过目测检验其表面是否存在麻点、缩松、气孔及飞翅等缺陷。这些检验是铸件评分的主要标准。

（1）尺寸检验　尺寸检验通过量取实际尺寸并与零件图比较来进行，常见测量工具有游标卡尺和千分尺，它们的精度分别为 0.1mm 和 0.01mm。千分尺的外形及其读数方法如图 2-14 所示。

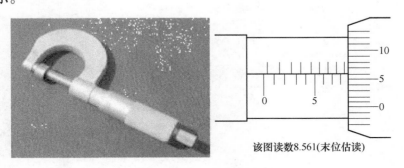

该图读数8.561(末位估读)

图 2-14　千分尺及其读数方法

（2）表面缺陷检验　铸件常见的表面缺陷有缩孔、缩松、麻点、飞翅等。这些缺陷一般可以通过目测、手检和硬度检验来进行。必要时也可进行渗透检验。

（3）内部缩孔、缩松检验　铸件常见的内部缺陷有夹渣、缩孔、缩松、浇不到和冷隔。这些缺陷可以通过超声波和射线进行检验。

（4）文明生产检验　生产结束后，清理场地，检查工具、设备是否遗失或者损坏，并将其整齐摆放于指定位置。如有损坏，请向指导教师说明原因。

2.5.2　评估与讨论

1）根据叶轮铸件检验结果，分析缺陷产生的原因，研讨并制订防止方法，以提升学生分析和解决工程实际问题的能力，培养学生的质量意识、责任意识，以及精益求精的工匠精神。

2）对叶轮铸件石膏型铸造生产工艺进行全面研讨，评价其生产工艺的优缺点。

3）针对叶轮铸件生产过程中各个小组学生出勤、参与、组织、配合等情况进行自评和互评，以此强化学生敬业精神、参与意识、责任意识、集体意识和团队合作精神。

 思考题

1. 请说明石膏型铸造中，石膏浆料的成分如何确定。
2. 石膏型制备工艺过程及注意事项是什么？
3. 石膏型铸造时，常用的浇注方法有哪些？优缺点是什么？
4. 如果要熔炼 20kg 的 ZCuSn10Zn2，请选择原材料及各种材料的用量，以使合金达到成分要求。
5. 铜合金熔炼和浇注过程的注意事项是什么？

铜合金铸件立式离心铸造

知识目标	能力目标	素质目标	重点、难点
1. 熟悉离心铸造的分类及特点 2. 了解立式离心铸造的原理 3. 掌握离心铸造铸型的选用原则 4. 铜合金立式离心铸造工艺的制订 5. 掌握立式离心铸造机的结构	1. 能够选用相应的公式计算离心铸造的转速 2. 在教师指导下，能够完成铜环的离心铸造浇注 3. 合理地设计铜环离心铸造工艺	1. 良好的行为习惯和自我管理能力，遵规守纪 2. 爱岗敬业、勇于探索、勤于实践、精益求精的工匠精神 3. 环保意识、安全意识、社会责任感	重点： 1. 立式离心铸造工艺 2. 立式离心铸造原理和设备 难点： 离心铸造转速选择

3.1 铜环离心铸造工艺分析

3.1.1 任务提出

1. 铸件特点分析

图 3-1 所示铜环铸件是一种常见的机械零件。由铜环零件图可看出，轮廓尺寸为 $\phi360mm \times 20mm$，内孔尺寸为 $\phi200mm$，材质为铸造锡青铜 ZCuSn5Pb5Zn5。铜环结构简单，厚度均匀，整体为圆环形，表面粗糙度和尺寸精度要求不高，生产批量大，故要求生产率高、成本低，并且要求实现少切削或者无切削加工。

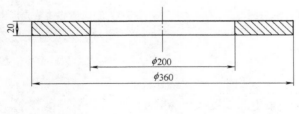

技术要求
1. 无气孔、夹渣。
2. 去毛刺、倒棱。

图 3-1 铜环零件图

2. 铸造合金特点分析

本铸件所用的铜合金为 ZCuSn5Pb5Zn5，该合金的浇注温度为 1100~1150℃，适用的铸造方法有砂型铸造、石膏型铸造、金属型铸造。该铜合金的凝固范围大于110℃，因此在凝固时具有糊状凝固特征，补缩困难，容易产生微观缩孔和晶内偏析，难以保证铸件的致密性。为提高该种合金的铸件质量，应根据铸件的重量、形状和用途选择合适的铸造工艺。

3.1.2 铸造工艺分析

1. 离心铸造的实质及分类

（1）离心铸造的实质 离心铸造是将液态金属浇入旋转的铸型中，使液态金属在离心力作用下充填铸型并凝固成形的铸造方法。离心铸造属于特种铸造，其特点在于，铸件的成形、凝固是在旋转的铸型中，在离心力的作用下进行的。

（2）离心铸造的分类 为实现离心铸造工艺，必须采用离心铸造机，以创造铸型旋转的条件。实际生产中可对离心铸造进行如下分类：

1）根据铸型旋转轴在空间的位置不同进行分类。根据铸型旋转轴在空间的位置不同，离心铸造机可分为立式离心铸造机和卧式离心铸造机两种，相应的工艺也称为立式离心铸造和卧式离心铸造。

① 立式离心铸造。立式离心铸造时，铸型绕垂直轴旋转，如图3-2和图3-3所示。此工艺主要用来生产高度小于直径的圆环形铸件（图3-2），有时也用来生产异形铸件（图3-3）。

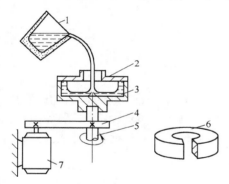

图3-2 立式离心铸造圆环示意图
1—浇包 2—铸型 3—金属液 4—带和带轮
5—轴 6—铸件 7—电动机

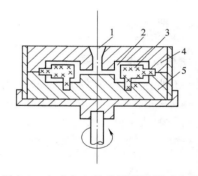

图3-3 立式离心铸造异形铸件示意图
1—浇道 2—型腔 3—型芯 4—上型 5—下型

② 卧式离心铸造。卧式离心铸造时，铸型绕水平轴旋转，如图3-4所示，主要用来生产长度大于直径的套筒、管类铸件。

有时在生产薄壁、细长的管状铸件时，铸型的旋转轴与水平线呈3°~5°的夹角，这是为了使金属液能很好地均匀分布于整个铸型长度上，这也属于卧式离心铸造范围。

2）根据铸件成形时的条件不同进行分类。按铸件成形时的条件不同，离心铸造分为以下几类：

① 真离心铸造。回转形铸件的轴线与铸型旋转轴

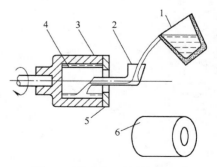

图3-4 卧式离心铸造示意图
1—浇包 2—浇注槽 3—铸型
4—金属液 5—端盖 6—铸件

重合，铸件内表面借离心力形成（图 3-2、图 3-4）。

②半离心铸造。回转形铸件的轴线与铸型旋转轴重合，铸件各表面全部由铸型壁形成（图 3-5）。

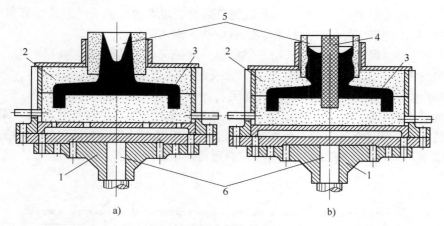

图 3-5 半离心铸造

a）无内孔的铸件 b）内孔由型芯形成

1—机台 2—铸型 3—铸件 4—型芯 5—浇杯 6—主轴

③ 加压离心铸造。铸件形状不规则时，成形时绕铸型轴线旋转，铸件轮廓均由铸型壁形成（图 3-3）。

根据以上分析，铜环离心铸造选用立式离心铸造。

2. 铸型分析

表 3-1 是几种常用铸型的比较。

表 3-1 几种常用铸型的比较

比较项目	铸型种类		
	砂　型	金　属　型	石　墨　型
初始成本	低	高	中
使用效果	允许使用各种砂箱	高的重复性，每小时可生产 60 件	好
劳力消耗	多	少	少
灵活性	高	无	高
铸型寿命	一次	2000～30000	5～100
冷却速度	低，铸铁件无需退火	高	高
应用	厚壁管、辊子、各种铸件	适合于各种断面的铸件	适于不复杂铸件

（1）金属型 金属型在成批、大量生产时具有一系列特点（可重复使用，成本低，冷却速度快，铸件质量高，内腔不喷涂料、不衬砂层等），应用较广（世界上 80% 以上的铸管生产都用此方法）。

离心铸造可使用寿命高的金属型，也可以使用一次性的铸型，如砂型、组芯造型、石膏型及熔模铸造型壳等一次性铸型。

（2）砂型 离心铸造中使用的砂型、组芯造型、石膏型及熔模铸造型壳都和普通铸造时所用的制造方法相同，但使用时要注意几点：

1）由于离心力的作用，砂型应有更高的紧实度，以防止冲砂；砂芯应注意使用芯铁增加强度。

2）不能使用无箱造型。即使是无箱或组芯造型，也要放在铰接的砂箱或套箱中浇注。

3）砂型和砂芯表面最好应用涂料，以防止被冲刷或粘砂。

4）设计时要确保旋转平衡，任何不平衡引起的振动都会导致铸件壁厚不均。包括砂箱在内的铸型的平衡，若做不到满意的程度，必要时可降低旋转速度。

5）要使用专用底板，以便和离心机固定。

对于批量小的筒形件，使用衬有砂子的金属型。此时金属型的作用和砂箱一样，仅增加了能旋转的功能。图 3-6 所示为在卧式离心机上浇注圆筒的砂型。为确保铸型平衡，使用加工过的金属型。此时的造型如图 3-7 所示，造型时使用中间胎模。

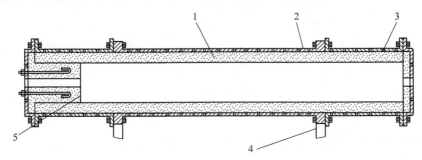

图 3-6   卧式离心铸造用砂型
1—砂衬   2—金属型   3—出气孔   4—离心机托辊   5—堵头

（3）石墨型   石墨型的材料包括石墨和炭棒，主要是石墨。石墨比炭棒具有更高的导热能力。在铸造厂为降低成本，多使用废电极制作铸型，因为专制石墨型的成本很高。选用石墨棒或电极，经机械加工成形可使其成本大幅下降。石墨型正常的寿命为 50～100 件，也有少数情况下超过 100 件。石墨型的耐热性能优良，其损坏原因是强度和硬度低，在取出凝固后的铸件时引起的磨损是影响其寿命的主要因素。另外，如果操作者提取铸件不小心时，可能会严重损坏铸型甚至使铸型报废，所以工艺规程应规定必要的操作注意事项。

根据以上分析，铜环离心铸造选用水冷金属型。

由整个任务分析可知，铜环加工采用立式离心铸造，铸型采用水冷金属型。

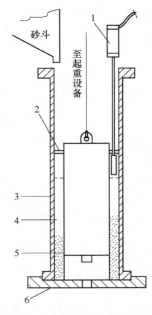

图 3-7   金属型衬砂造型方法
1—风冲   2—对中块   3—金属型
4—砂衬   5—胎模   6—底板

3.2　必备理论知识

3.2.1　离心铸造的原理

离心铸造过程中，离心力的作用决定了离心铸造的特点。只有正确地理解离心力的作用，才能掌握离心铸造的实质和工艺特点。下面介绍离心力对金属液充型、铸件内表面形状的形成、金属液的凝固和结晶，以及去除气孔和夹杂的作用。

1. 离心力场和离心压力

（1）离心力场　离心铸造时，液态合金做圆周运动，在旋转的液态合金中取一任意质点 M，若其质量为 m，其旋转半径为 r，旋转角速度为 ω，则该质点会产生离心力 $m\omega^2 r$。离心力的作用线通过旋转中心，指向离开中心的方向，它有使液态合金质点做离开中心的径向运动的作用。如果把旋转的液态合金所占的体积看作一个空间，在这一空间中，每一个质点都受到 $m\omega^2 r$ 的离心力，这样便可把这种空间称为离心力场，如图 3-8 所示。这种力场与地球表面上的地心引力场有很多相似之处，地心引力场内每一质点都受到重力，其大小为 mg，方向指向地球中心；而在离心力场内每一个质点都受到离心力作用，其大小为 $m\omega^2 r$，方向为离开旋转中心的方向，重力 mg 中的 g 为重力加速度，离心力 $m\omega^2 r$ 中的 $\omega^2 r$ 为离心加速度。

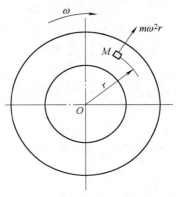

图 3-8　离心力场示意图

如果在离心力场内取单位体积的液态合金，其单位体积的质量为密度 ρ，则由此物质所产生的离心力为 $\rho\omega^2 r$，它与单位体积液态合金处于地心引力场中的重力 ρg 相似。在地心引力场中称 ρg 为重度 γ，即 $\gamma = \rho g$。故可把离心力场中的单位体积液态合金所产生的离心力称为"有效重度" γ'，即 $\gamma' = \rho\omega^2 r$。为分析问题方便起见，把有效重度与重度之比称为重力系数（重力倍数）G，即

$$G = \frac{\gamma'}{\gamma} = \frac{\rho\omega^2 r}{\rho g} = \frac{\omega^2 r}{g} = \frac{1}{g}\left(\frac{\pi n}{30}\right)^2 r = 0.112\left(\frac{n}{10}\right)^2 r \qquad (3\text{-}1)$$

式中　n——铸型的转速（r/min）；

r——合金液中任意一点的旋转半径（cm）。

在离心铸造时，重力系数 G 可以从几到几十，也就是说，合金液"加重"了几倍或几十倍。G 对铸件中的夹杂和气体的去除以及合金的凝固等都有很大的影响。一般情况下，在合金液的自由表面上，其有效重度为 $(2 \sim 10) \times 10^6 \text{N/m}^3$。

（2）离心压力　在重力场中，由于液体重力的作用，在静止液体的不同高度上，液体质点上便会受到（或表现出）一定的压力。同样，离心铸造时，旋转的液体在离心力的作用下，在其内部各点上也会产生压力，此种压力称为离心压力。这种离心压力对铸型、铸件凝固都有作用。下面对离心压力的计算公式进行推导。

如图 3-9 所示，截取卧式离心铸造时金属液的横断面，液体金属的外径为 R，自由表面的半径为 r_0（不考虑重力场的影响），它的旋转角速度为 ω，在此断面的半径 r 处，取一微小单

元，其厚度为 dr，外边的边长为 $rd\alpha$，内边的边长为 $(r-dr)d\alpha$，计算该单元的面积时，可取其平均宽度 $[r-(dr/2)]d\alpha$。此单元在轴向上的长度为 dz，所以这一微小单元的体积为 $[r-(dr/2)]d\alpha drdz$。如金属液的密度为 ρ，则该单元体积金属的质量为 $m=\rho[r-(dr/2)]d\alpha drdz$，其质量中心应处于旋转半径为 $[r-(dr/2)]$ 的弧上，因此该微小单元金属产生的离心力为 $\rho[r-(dr/2)]^2 d\alpha drdz\omega^2$。此离心力作用在微小单元的外径为 r 处的金属液面上，该面的面积为 $rd\alpha dz$，所以由微小单元金属离心力引起的离心压力 dp 为

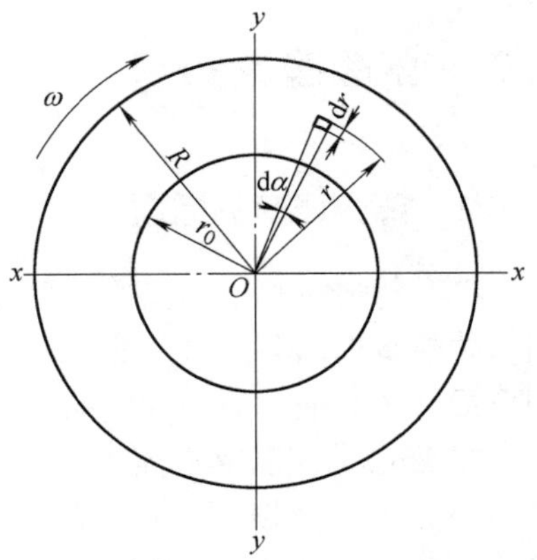

图 3-9　卧式离心铸造时
离心压力的确定

$$dp = \rho[r-(dr/2)]^2 d\alpha drdz\omega^2/(rd\alpha dz)$$
$$= \rho\omega^2[r-(dr/2)]^2 dr/r \tag{3-2}$$

式（3-2）中的 $dr \ll r$，故可把小括号内的 $dr/2$ 忽略不计，则式（3-2）简化为

$$dp = \rho\omega^2 rdr \tag{3-3}$$

将式（3-3）由自由表面 $r=r_0$ 处向半径为 r 处积分，得

$$\int_{p_{r_0}}^{p_r} dp = \rho\omega^2 \int_{r_0}^{r} rdr \tag{3-4}$$

式中，p_r 和 p_{r_0} 分别为半径为 r 处和自由表面上的离心压力，而 $p_{r_0}=0$，所以

$$p_r = \rho\omega^2(r^2 - r_0^2)/2 \tag{3-5}$$

式（3-5）即为旋转金属液中旋转半径为 r 处的金属液中的离心压力计算公式。如果计算液体金属外径 R 处（即铸型内壁上）的离心压力，只需将 R 替代式（3-5）中的 r 即可

$$p_R = \rho\omega^2(R^2 - r_0^2)/2 \tag{3-6}$$

立式离心铸造时，离心压力的计算公式仍与式（3-5）、式（3-6）一样，仅需注意 r_0 值随铸件高度而变化，并非定值。因此在绕垂直轴旋转的金属液中的同一回转面上，离心压力值是随高度而变化的，在上部，压力值较小（因 r_0 值较大），在下部，压力值较大。通过计算上、下两点的压力差，可发现此值刚好等于上、下两点的重力场压力差，即

$$p_1 - p_2 = \rho gh \tag{3-7}$$

式中　p_1——同一回转面上上部某点处的离心压力；

p_2——同一回转面上下部某点处的离心压力；

h——上、下两点间的高度差。

由式（3-7）也可知道，立式离心铸造时，自由表面之所以为抛物线回转面，就是由于重力场和离心力场联合作用的结果。

2. 立式离心铸造液态合金自由表面形状

在重力场中，向铸型中浇注金属液，其自由表面总呈水平状态，如果不考虑凝固收缩的因素，铸型中与空气接触的铸件上表面也应该是平面。

离心铸造时，通常不用型芯铸出中空的回转体铸件，其内表面是在离心力的作用下形成的，液态金属的自由表面形状决定了铸件内表面的形状，所以很有必要研究离心铸造时液态合金自由表面的形状。

图 3-10 所示为立式离心铸造时液态合金径向断面上的自由表面形状示意图。

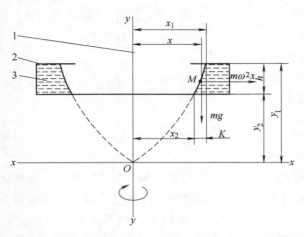

图 3-10　立式离心铸造时液态合金径向断面上的自由表面形状示意图
1—旋转轴　2—铸型　3—液态合金

动画：立式
离心铸造液
态合金自
由表面形状

在旋转的铸型中，浇注到铸型中的液态合金经过一定时间后就获得了与铸型相同的角速度而处于相对静止状态。由于自由表面上的每一点都与大气接触，各点所受的压力都为一个大气压，因此自由表面为等压面。根据流体静力学原理，处于静止液体等压面上的液体质点应满足下述条件

$$F_x \mathrm{d}x + F_y \mathrm{d}y + F_z \mathrm{d}z = 0 \tag{3-8}$$

式中　F_x、F_y、F_z——分别表示自由表面上的质点 M 在 x、y、z 轴上所受力的投影；

$\mathrm{d}x$、$\mathrm{d}y$、$\mathrm{d}z$——质点 M 在 x、y、z 轴上微小位移的投影。

由图 3-10 可知，自由表面上的质点 M 受离心力 $F_x = m\omega^2 x$ 和重力 $F_y = mg$ 作用，因自由表面为回转面，故可以不考虑 z 轴上的分力，所以此时的微分方程为

$$m\omega^2 x \mathrm{d}x - mg\mathrm{d}y = 0 \tag{3-9}$$

积分后得

$$y = \frac{\omega^2}{2g}x^2 + C \tag{3-10}$$

当坐标原点在曲线顶点时，$C = 0$，因此得

$$y = \frac{\omega^2}{2g}x^2 \tag{3-11}$$

由式（3-11）可以看出，液态合金的自由表面形状为一旋转抛物面，所获得的铸件上部壁薄，下部壁厚。当铸件高度越小，内径越大，转速越高时，铸件上下部壁厚差越小；反之，壁厚差越大。所以立式离心铸造多用来浇注高度不大于内孔直径的铸件。

3. 离心力场中金属液内异相质点的径向移动

进入铸型中的金属液常常不是均匀的液体，金属液中常会夹有固态的夹杂物、不能与金属液共溶的渣液和气态的气泡。对不能相互共溶的多组元合金而言，不同的组元机械地混合在一起，很不均匀。铸型中金属液在凝固过程中也会析出固态的晶粒和气态的气泡，这些夹杂、气泡、渣液、晶粒等都可被称为异相质点。这些异相质点被金属液的主体所包围，由于它们的密度与金属液主体部分的密度不一样，在重力场中，它们就会上浮或下沉，一般重力

场情况下，异相质点的上浮或下沉的速度 v_z 可用斯托克斯公式表示，即

$$v_z = d^2(\rho_1 - \rho_2)g/18\eta \tag{3-12}$$

式中　d——异相质点的直径（m）；

　　　ρ_1、ρ_2——异相质点和金属液主体的密度（kg/m³）；

　　　η——金属液的动力黏度（Pa·s）；

　　　g——重力加速度（m/s²）。

如 $\rho_1 > \rho_2$，v_z 为正值，它是异相质点的下沉速度；如 $\rho_1 < \rho_2$，v_z 为负值，则它是异相质点的上浮速度。

离心铸造时所形成的离心力场中，与重力场中的情况相似，密度比金属液主体密度小的异相质点会向自由表面作径向移动；而密度比金属液密度大的异相质点则向金属液的外表面移动，其移动速度 v_l 也可用斯托克斯公式计算。但需注意的是，在重力场中，异相质点的上浮、下沉是由于重力的作用而发生的，在斯托克斯公式中以 g 表示；而在离心力场中，异相质点的"内浮"和"外沉"是由于离心力的作用而产生的，故可得离心力场中异相质点的内浮、外沉速度 v_l 的斯托克斯公式为

$$v_l = d^2(\rho_1 - \rho_2)\omega^2 r/18\eta \tag{3-13}$$

将式（3-13）除以式（3-12），得

$$v_l/v_z = \omega^2 r/g = G \tag{3-14}$$

由式（3-14）可知，离心铸造时，异相质点在金属液中的沉、浮速度比在重力铸造时大 G 倍。因此，那些密度比金属液低的夹杂物、渣液、气泡等将易于从旋转的金属液中内浮至自由表面，所以离心铸件中的夹杂物、气孔缺陷比重力铸件中少得多。而且由于离心铸件的凝固顺序主要由铸件外壁向铸件内表面进行，因为旋转铸型外壁上的散热很强，而铸件内表面只与对流较弱的空气接触，只能带走一部分热量，并且不易辐射散热，所以这种离心铸件的凝固顺序更利于夹杂、渣液、气孔等有害异相质点自铸件内部排出或逸出。

对在凝固时析出的晶粒而言，在大多数场合，它们的密度大于金属液的密度，因此离心铸造时，在金属液凝固时析出的晶粒移向铸件外壁的趋势比重力铸造时大得多；同理，金属液中较冷的金属液集团也较易向铸件外壁集中。再结合前面已经谈到的离心铸造时的金属散热主要通过铸型壁进行的特点，所以离心铸件由外向内的定向凝固特点非常突出，使晶体由外向内生长的速度加剧，缩小了结晶前沿的固液相共存区，很容易在钢铸件、铝合金铸件中形成柱状晶，顺序凝固的金属层容易得到补缩，离心铸件内不易形成缩孔、缩松等缺陷，因此离心铸件的组织致密度较大。

离心铸件的较大组织致密度还与离心力场中金属液具有较大的有效重度（即离心力）有关，因为有效重度大还可促使金属液具有更大的流动能力，通过凝固晶粒间的细小缝隙，对在晶粒网间的小缩松进行补缩。当金属液在细小补缩缝隙中流动时（图3-11），其旋转半径 r 随着向外补缩流动而增大，离心力也越来越大，克服晶粒间缝隙阻力进行流动的能力也越来越大，移动速度加快，为随后进入晶间缝隙的金属液

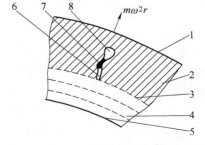

图 3-11　离心铸件缩松补缩过程示意图

1—铸件外表面　2—凝固层　3—结晶前沿

4—金属液　5—自由表面　6—补缩缝隙

7—补缩金属液　8—缩松处

流动创造了更好的条件，这也是离心铸件内缩松少、组织致密的重要原因。

但离心铸造时，异相质点径向移动的加剧也会给铸件质量带来不利影响，它会增强铸件的重度偏析，如铅青铜离心铸件上常出现的铅易在铸件外层中聚集的偏析现象，而在铸钢、铸铁的离心铸件横断面上，易出现碳、硫等元素在铸件内层含量较高的偏析现象。

如果金属凝固时析出的晶粒的密度比金属液的密度小，析出的晶粒会以较大的速度向自由表面移动，使金属液从自由表面开始出现凝固，而在已出现凝固层的铸件内表面的外侧铸件体积中，还有液态的金属，这部分金属液凝固时由于体积收缩而形成的空间便无法得到金属液的补缩，从而在铸件内部形成缩孔、缩松。有时，若已凝固的离心铸件内表面下的金属液凝固收缩形成的空间较大，已凝固的内表面层如同悬空的圆环，在里层金属液上"滚动"，受本身离心力的作用或其他如冲击的外力影响，此内表面凝固层会开裂，最后在离心铸件的内表面上出现纵横交叉、宽度不一、深浅不同的裂纹。情况严重时，甚至会使铸件内表面出现高低不一、与铸件连在一起的碎块，如同黄河凌汛时形成的冰冻河面。如离心铸造球墨铸铁管的内表面，尤其是砂型离心铸造球墨铸铁管的内表面极易出现上述现象。

离心铸造时，铸件内表面的提前凝固也与自外表面的定向凝固速度太小、在内表面上的散热速度太大（如大直径的铸件的自由表面和铸型两端都有空气对流的孔）有关。这种既有自铸件外壁向内的凝固顺序，又有自铸件内表面向外的凝固顺序的现象称为双向凝固。离心铸造时不希望出现双向凝固，而防止离心铸件重度偏析及双向凝固的有效工艺措施为：降低浇注温度和加强对铸型的冷却（即加速铸件的凝固）。

3.2.2　离心铸造合金液凝固的特点

离心力对合金液的凝固有着重要的影响，使得离心铸件的晶粒细化，组织比较致密，力学性能明显提高。离心力对铸件质量有利的影响可归纳为以下三个方面。

动画：金属液在离心铸型内凝固方式

1. 离心力有利于液态合金的顺序凝固

离心力的作用使液态合金中的对流作用加剧，并把析出的晶粒（重度比液态合金大）带向铸件的外壁，而自由表面则聚集着较轻的合金液，这样使铸件的凝固由外壁向内层顺序进行。所以在铸造空心铸件时，若铸型转速选择适当，则合金液有足够大的有效重度，使合金液的凝固按照一定的方向进行，确保自由表面最后凝固。因此，离心铸件内一般不会有缩松和缩孔等缺陷，合金收缩最终表现为自由表面半径 r_0 的扩大。

但对于先析出的晶粒，当其重度小于液态合金时（例如过共晶铝硅合金），其结果常常相反。这类合金在离心铸造中先析出的固相集中于自由表面，结晶凝固是由内、外两面同时进行的。夹在两凝固层中的合金液在离心力作用下向外圆集中，因而在内表层下有可能产生缩孔和缩松。转速越高，这种现象越显著。对于这类合金，应尽可能采用较低的浇注温度、浇注速度和铸型转速。

2. 离心力能增强液态合金的补缩作用

在离心力场中液态合金具有较大的有效重度及较大的活动能力，有可能克服凝固晶粒间的毛细管阻力，对显微缩松进行补缩，从而可获得致密的铸件。

3. 离心铸型横断面上液态合金的相对运动有利于晶粒细化

液态合金浇注到旋转的铸型以后，由于惯性的作用，液态合金不能以相同的转速随铸型旋转，而落后于铸型。越是靠近自由表面的液态合金层（内层），其转速越小，从自由表面至型壁间各层液态合金的速度差就越大，结果使得内、外层液态合金间产生相对滑动。尤其是用金属型浇注时，在浇注过程中就有结晶发生，那么在结晶生长面上相对滑动的液态合金就阻碍了枝状晶的发展，从而使晶粒细化。浇注后经过一段时间，液态合金得到与铸型相同的转速，此时内、外层的相对滑动消失，细化晶粒的作用就停止。

但在铸型转速较高、离心力较大时，液态合金的相对运动较小，因而晶粒细化作用很小。若在可能的情况下使铸型转速适当低一些，冷却速度大一些，将对晶粒细化有利。

由以上分析可知，离心铸件的结晶组织，除取决于合金的性质以外，还取决于铸型的转速和冷却速度。适当地调整转速和冷却速度，可以改善铸件的结晶组织。对容易产生重度偏析的合金如铅青铜等，在采用离心浇注时，必须采用低的铸型转速并加强冷却，才能避免产生重度偏析。

3.3　铜环离心铸造工艺计划

要生产如图 3-1 所示的铸件，根据铸件图制订以下铸造工艺计划。

3.3.1　铜合金的配料

1. 熔炼炉的选择

根据实际情况，本情境选用 100kg 中频感应电炉进行熔炼。

2. 合金牌号、主要化学成分范围和杂质限量

ZCuSn5Pb5Zn5 青铜的主要化学成分见表 3-2。

表 3-2　ZCuSn5Pb5Zn5 青铜的主要化学成分

合金牌号	主要化学成分范围（质量分数,%）					
	Sn	Zn	Pb	Ni	P	Cu
ZCuSn5Pb5Zn5	4.0~6.0	4.0~6.0	4.0~6.0	—	—	余量

ZCuSn5Pb5Zn5 青铜的杂质限量见表 3-3。

表 3-3　ZCuSn5Pb5Zn5 青铜的杂质限量

合金牌号	杂质限量（质量分数,%）								
	Fe	Al	Sb	Si	P	S	Ni	其他	总和
ZCuSn5Pb5Zn5	0.3	0.01	0.25	0.01	0.05	0.10	0.25		1.0

3. 所用新料、回炉料及中间合金

ZCuSn5Pb5Zn5 合金熔炼时需要的金属材料有铜锭、锌锭、锡锭、同牌号回炉料。

每一炉的投料量应根据所选用的炉型确定，以便于合金备料。

青铜中易烧损的元素，如 P、Be、Mn、Al、Ti、Zn、Zr 和 Cr 等，可取标准成分的上限；不易烧损的元素，如 Cu、Ni、Fe、Sn 和 Pb 等，可取标准成分的中限或下限。

4. 配料计算

首先算出 100kg 合金所需炉料，再与投料量的倍数相乘，即得出该炉所需的炉料。

需要做的有：选定合金最佳的配料成分；确定各元素的烧损率；计算各元素的烧损量；

确定炉料组成，包括新料、回炉料和中间合金的种类和添加量；求出减去回炉料各成分含量后尚需补加的各成分用量；求出回炉料各成分的用量；求出各中间合金的用量；求出尚需补加的新料用量；核算主要杂质含量是否符合要求；填写配料单。

熔炼 100kg ZCuSn5Pb5Zn5 合金（回炉料 20kg）的炉料计算过程见表 3-4。

表 3-4　熔炼 100kgZCuSn5Pb5Zn5 合金的炉料计算

铸件名称	铜 环							
铸件特点	铸件为圆环形，其轮廓尺寸为 ϕ360mm×20mm，内孔为 ϕ200mm，毛坯重 12.66kg，平均壁厚 20mm；应用于钢铁、冶金、汽车、发电机、制罐、矿山机械等领域 要求铸铜牌号：铸造锡青铜 ZCuSn5Pb5Zn5							
合金成分控制 w_i（%）	Sn4.0~6.0，Pb4.0~6.0，Zn4.0~6.0，杂质总和≤1.0，Cu81~87							
配　料								
合金元素	目标含量		烧损量		炉料中应含量		同牌号回炉料		应加元素量/kg
	（质量分数，%）	kg	（质量分数，%）	kg	（质量分数，%）	kg	（质量分数，%）	kg	
Sn	5	5	1.5	0.08	5.00	5.08	5	1.00	5.08-1.00=4.08
Pb	5	5	2	0.10	5.02	5.10	5	1.00	5.10-1.00=4.10
Zn	5	5	5	0.25	5.16	5.25	5	1.00	5.25-1.00=4.25
Cu	85	85	1.5	1.23	84.82	86.23	85	17.00	86.23-17.00=69.23
合计	100	100	10	1.66	100	101.66	100	20	81.66

3.3.2　铜合金熔炼

1. 金属液在铸型内的流动及凝固

1）金属液定向凝固，形成柱状晶。

2）由于离心力的作用，使金属液渗入结晶金属的枝晶空穴中，从而可获得致密的组织。

3）金属液与枝晶的相对滑动，阻碍了枝晶发展，从而可细化晶粒。

4）密度不一的质点在离心力的作用下有的向型壁移动（重质点），有的则向内表面浮动。这有利于离心铸件减少渣孔、气泡等缺陷，使组织致密、性能好，但同时也使铸件易产生密度偏析。

5）离心铸造时，金属液以层状形式轴向前进，在凝固后径向断面大多以近似于同心圆环的形式分层，其组织也有差异，从而容易产生层状偏析。

2. 离心铸造对熔炼系统的要求

1）熔炼系统要具有大的容量，以满足规模生产的要求。

2）熔炼工作时间长，要保证生产的连续性。

3）熔炼设备应具有迅速提温的能力。

3. 熔炼工艺

牌号为 ZCuSn5Pb5Zn5 的锡青铜含有一定量的低熔点合金元素 Sn、Zn、Pb、P，除 P 需制成 Cu-P 中间合金外，其他合金元素以纯金属形式直接加入。

锡青铜熔炼时，通常是在木炭或其他熔剂的保护下，先熔化高熔点金属 Cu 和 Ni，在 Cu-P 预脱氧后再加其他低熔点的合金元素，其目的在于防止合金元素氧化生成 SnO_2。回炉料通常是在纯铜熔化并经脱氧后加入，但也可以先加入炉内，然后加纯铜。回炉料的熔点较低，约 1000℃ 开始熔化，升温至 1150℃ 左右就可以添加其他合金元素，这样就缩短了熔炼时间，减少了合金的吸气量。具体步骤如下：

1) 加木炭，坩埚炉预热，预热温度为 500℃。

2) 加入原料，底部加锌，然后是电解铜、回炉料和覆盖剂。

3) 升温熔化，并加热至 1100~1150℃。

4) 加回炉料、锡，搅拌。

5) 升温至 1180~1200℃，加炉料重量 0.1%~0.3% 的 Cu-P 和 1% 的脱氧造渣剂。

6) 扒渣，除气。

7) 炉前检验，检验温度、含气量、弯曲和断口。

3.3.3 铸型转速的确定

离心铸造的铸件是依靠铸型旋转产生离心力，使浇入铸型内的金属液在离心压力作用下凝固成形的。因此，铸型必须要有一定的转速。对卧式离心铸造，当金属液自由表面上最高点 a 处（图 3-12）的金属质点产生的离心力 $m\omega^2 r_0$ 小于它的重力 mg 时，则点 a 处的金属液在重力作用下会使质点下掉，即如果 $m\omega^2 r_0 \geqslant mg$ 的条件不能被满足，则在浇注时会出现金属液滞留在铸型底部滚动（图 3-13a）的现象，或出现雨淋现象（图 3-13b），不能成形。铸型转速低，铸件也易出现疏松、夹渣、内表面凹凸不平等缺陷。但过高的转速，除能产生很大的凝固压力外，还会带来许多负面效应，如增加能耗，提高了对铸型和离心机设计制造的要求，使铸件易产生纵向裂纹，金属液更易偏析，使用砂型时更易产生粘砂、胀砂等缺陷。因此在确定离心铸造铸型转速时，其原则是在保证铸件质量的前提下，选取最低的铸型转速。

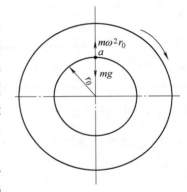

图 3-12 卧式离心铸造
金属液成形条件

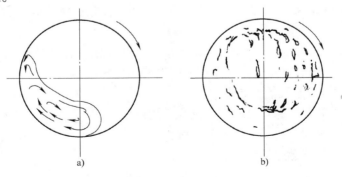

图 3-13 铸型转速不够大时金属液不能成形

a) 金属液滞留在底部滚动　b) 雨淋现象

在实际生产中，可采用各种经验公式和图表来确定铸型的转速。但由于生产条件不同（指生产铸件种类不同），各经验数据都有较大的局限性，故在实际生产中可参考选用，并根据所生产出的铸件实际情况进行调整。

1. 根据铸件内表面有效重度计算铸型转速

苏联 Л. С. 康斯坦丁诺夫的理论认为，不管液体金属种类如何，只要铸件内表面有效重度达到 $3.4 \times 10^6 \mathrm{N/m^3}$，就能保证得到组织致密的离心铸件。由此铸型转速可用下式计算

$$n = \beta \frac{55200}{\sqrt{\gamma R}} \tag{3-15}$$

式中　n——铸型转速（r/min）；

　　　R——铸件内表面半径（m）；

　　　γ——合金重度（$\mathrm{N/m^3}$）；

　　　β——调整系数（按表 3-5 选取）。

此公式适用于卧式离心铸造，且铸件 $R_外/R_内$ 比值应不大于 1.5。

因为此处的铜环铸件 $R_外/R_内 = 180/100 = 1.8 > 1.5$，所以不能按本方法计算。

表 3-5　调整系数 β

种　类	β	种　类	β
铜合金卧式离心铸造套类件	1.2~1.4	铸钢套类件	1.0~1.3
铜合金立式离心铸造环类件	1.0~1.6	铝合金套类件	0.9~1.1
铸铁套类件	1.2~1.5		

2. 根据重力系数计算铸型转速

根据重力系数计算铸型转速，计算公式为

$$n = 29.9 \sqrt{\frac{G}{R}} \tag{3-16}$$

式中　n——铸型转速（r/min）；

　　　R——铸件内表面半径（m）；

　　　G——重力系数，可按表 3-6 选取。

表 3-6　重力系数 G 的选用

铸件名称	G	铸件名称		G
中空冷硬轧辊	75~150	轴承钢圈		50~65
内燃机气缸套	80~110	铸铁管	砂型	65~75
大型缸套	50~80		金属型	30~60
钢背铜套	50~60	双层离心铸管		10~80
铜管	50~65	铝硅合金套		80~120

用此方法确定的铸型转速为

$$n = 29.9 \sqrt{\frac{50}{0.1}} \text{ r/min} = 669 \text{r/min}$$

理论上，$G = 20$ 就能使筒、管形铸件成形，但实际选用值都远高于此数，如对于铸铁管，$G = 40 \sim 60$，对于高合金的黏性金属液，可选 $G = 100$ 以上。

3. 根据综合系数计算铸型转速（L. Cammen 公式）

其计算公式为

$$n = \frac{C}{\sqrt{R}} \tag{3-17}$$

式中　n——铸型转速（r/min）；

　　　R——铸件内表面半径（m）；

　　　C——综合系数，见表3-7。

表 3-7　常见离心铸造的综合系数值

铸件合金	合金密度/(g/cm³)	铸件名称	离心铸造方式	综合系数
铸铁	7.2	管子、胀圈	卧式	9000~12500
		气缸套	卧式	10750~13650
铸钢	7.85	—	卧式	10000~11000
黄铜	8.20	圆环	卧式	13500
铅青铜	8.8	φ90~φ120mm 轴承	卧式	9500
	9.5~10.5		卧式	8500~9500
铝合金	2.65~3.10		卧式	13000~17500
青铜	8.4		立式	17000

此计算公式只适用于铸件 $R_外/R_内 \leqslant 1.15$ 的情况。

铸造铜环的 $R_外/R_内 = 1.8$，所以不适合用此方法计算转速。

4. 根据非金属铸型可能承受的最大离心力计算铸型转速

此时主要考虑非金属铸型离心铸造时，铸型不因离心力而受损。计算公式为

$$n = 42.3 \sqrt{\frac{p}{\rho(R_外^2 - R_内^2)}} \tag{3-18}$$

式中　n——铸型转速（r/min）；

　　　p——非金属铸型能承受的最大离心压力（MPa），可按表3-8选取；

　　　ρ——合金密度（kg/m³）；

$R_外$、$R_内$——铸件的外径和内径（m）。

因为这里的方案中选用了金属型，所以此种计算方法不适合此处确定铸型转速。

表 3-8　非金属铸型的最大离心压力 p 值　　　　　　（单位：MPa）

砂　型	组芯造型	陶　瓷　型
0.003~0.004	0.004~0.006	0.006~0.008

5. 其他计算方法

当立式离心铸造对内孔半径偏差有要求时，就可按式（3-19）计算铸型转速

$$n = 42.3 \sqrt{\dfrac{h}{D^2 - d^2}} \tag{3-19}$$

式中　n——铸型转速（r/min）；

　　　h——铸件的高度（m）；

　D、d——立式离心铸造时铸件内孔允许的最大和最小直径（m）。

铜环的内径为 200mm（图 3-1），若铸件尺寸公差取 DCTG4 级，则公差为 0.5mm（GB/T 6414—2017），按对称公差考虑，内径最大、最小值为 200.25mm 和 199.75mm。根据内孔的最大偏差，得

$$n = 42.3 \times \sqrt{\dfrac{0.02}{0.20025^2 - 0.19975^2}} \, \text{r/min} = 423\text{r/min}$$

为确保铸件内孔公差的要求，实际采用的转速要大于所计算的转速。当铸件内表面的重力系数达到 $G = 75$ 时，则上下限的差别不再能用肉眼看出。

应该指出，除了式（3-19）是精确推导出来的以外，其他都是特定的经验公式，其假设和系数选择中有很大的余量，故离心铸造时铸型转速在小于 15% 偏差时，一般不会对浇注过程和铸件质量产生明显的影响。

在实际生产中要注意的是铸型的实际转速。许多离心机都安装有转速表，但往往它的指示值和实际铸型转速有差别，尤其在卧式离心滚胎式铸造时更是如此。电动机通过带轮→V带→带轮→托辊进行驱动，托辊外径和铸型外径有差别，而且托辊和铸型间常有丢转的情况，故铸型转速和托辊或带轮转速不完全一样。实际操作时，应注意具体机型转速差别的规律。

根据以上理论和经验计算及生产经验和设备具体情况，铸型转速选用 700r/min。

3.3.4　铸型涂料工艺

1. 应用涂料的目的

离心铸造用铸型一般都使用涂料。砂型使用涂料是为了增加铸型表面强度，改善铸件表面质量，防止铸件粘砂等缺陷。金属型使用涂料的目的主要体现在以下几个方面：

1）使铸件脱模容易。

2）防止铸件金属的激冷，这对于铸铁件特别重要。涂料可防止铸件表面因激冷而产生白口，免去热处理工序且便于机械加工。

3）减少金属液对金属型的热冲击，降低金属型的峰值温度，从而能有效地延长金属型的寿命。

4）改变铸件表面粗糙度。应用涂料在大部分情况下可获得表面光洁的铸件。有时还故意应用增加铸件表面粗糙度的涂料，使铸件变粗糙。

5）增加与液体金属的摩擦力，缩短浇入金属液达到铸型旋转速度所需的时间。

2. 对涂料的要求

对涂料的要求可归纳为以下几点：

1) 所用原材料易得且便宜。

2) 涂料的混制或制备容易。

3) 有足够的绝热能力（涂料材料本身的绝热能力及涂料的厚度），可防止金属液凝固激冷或降低金属型的峰值温度，延长金属型寿命。

4) 涂料稳定，储存方便，不易沉淀。

5) 加有悬浮剂，使涂料适合在管中输送，同时对喷涂设备没有强的腐蚀。

6) 喷涂后容易干燥，以缩短工序时间和防止缺陷的产生。

7) 涂料和金属型有合适的黏着力，在干燥后既不能被金属液冲走，而失去涂料的作用，又能在铸件脱模时，使涂层随铸件一起带出而不留在铸型内。

8) 涂料要有好的透气性。如果涂料或某组分存在自由结晶水，在浇注过程中释放的气体能向铸型方向逸出，并通过型壁排气孔排放，避免在铸件内形成针孔、气孔和气坑。

3. 涂料的组成及制备

涂料的基本组成和重力铸造使用的涂料相似，但金属型离心铸造时，涂料的加入方法主要是定量一次性倒入旋转铸型，或使用移动喷涂法，因此涂料的组成与品种不如重力铸造时多。

离心铸造用涂料大多用水作载体，有时也用干态涂料（如石墨粉），以使铸件能较容易地从型中取出。表3-9列出了一些离心铸造用涂料配方举例，供参考。

表3-9　离心铸造用涂料配方举例

合金种类	涂料配方（质量分数，%）			备　注
锡青铜	松香粉 10~20	滑石粉 75~80	水玻璃 5~10	外加水适量
铸铁	硅石粉 90	膨润土 10		外加水适量，表面再涂石墨粉涂料，总厚度23mm
铸钢	硅石粉 93~94	水玻璃 6~7		外加水适量，涂料厚度13mm

喷刷涂料时，应注意控制金属型的温度。在生产大型铸件时，如果铸型本身的热量不足以把涂料烘干，可以把铸型放在加热炉中加热，并保持铸型的工作温度，等待浇注；生产小型铸件时，尤其是采用悬臂离心铸造机生产时，希望尽可能利用铸型本身的热量烘干涂料，等待浇注。

4. 涂料的涂敷方法

立式离心铸造用的砂型与砂芯，可使用一般的刷涂、浸涂、喷涂等各种方法。对于金属型离心铸造则不再用刷、浸等方法，而使用下述几种方法：

(1) 撒铺法　在使用干粉状涂料时，如浇注铜合金套筒类铸件时所使用的高温焙烧过的石墨粉，常采用往旋转铸型中撒涂料的方法，使粉状涂料自动铺开在金属型的表面上。

(2) 喷涂法　用压缩空气或其他动力将悬浮液类涂料驱赶至喷嘴处，以雾状形式喷涂在预热至150~250℃的旋转铸型的工作表面上，利用铸型的热量干燥涂料层，可获得厚度均匀的涂料层。在生产细长的铸件（如铁管）时，细的涂料输送管较易出现悬臂式弯曲，出现很大挠度，此时可将喷嘴一端的背面直接搁置在旋转铸型的内壁底部，喷嘴向上，并且轴向等速移动，由铸型的一端向另一端进行涂料的喷涂。但这种喷涂法只能一次性地喷涂，不能在铸型中来回反复移动喷涂铸型，以控制涂料层的厚度，因为紧贴铸型的喷嘴端在已有涂料层的表面移动时，会破坏已喷上的涂料层。有时也把喷好涂料的铸型放到加热炉中，在200℃左右继续干燥、保温，待浇注前再自炉中取出，置于铸造机的支承轮上准备浇注。

喷涂法在金属型离心铸造时使用很广泛，涂料中的耐火粉料最好事先经高温焙烧，除去其中的结晶水（黏土、膨润土不能焙烧，它们在焙烧后会变成死土，失去黏结性），以防在浇注金属后，涂料产生太多的气体，从而进入正在凝固的铸件中，使铸件产生针状气孔（图 3-14a），或使铸件外表面出现凹坑（图 3-14b）。有时压力较高的气体还可能穿透内凹的凝固薄层，窜出里面的金属液层，在铸件内表面上出现明显由液滴凝成的球状金属颗粒（图 3-14c）。如果被气体穿透凝固层的凹坑又被内层金属液充满（图 3-14d），则在铸件外表面上常可见点点斑斑的金属痕迹或直径较大、扁平形（似蘑菇盖状）的冷隔块，这些金属斑迹、冷隔块常与铸件主体结合不牢，可用机械力除去。

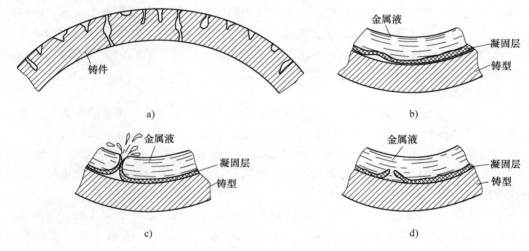

图 3-14　由涂料气体引起的铸件上气体性缺陷
a）针孔　b）铸件外表面凝固薄层被气体压出的凹坑
c）气体穿透凝固薄层窜出金属液自由表面　d）凹坑中进入金属液

（3）U 形槽倾倒法　把定量涂料装在水平 U 形槽中，把 U 形槽伸入铸型中，让预热至200℃左右的金属型转动，倾翻 U 形槽，使涂料均匀地铺开在铸型工作面的长度上。开始时铸型低速旋转，涂料在铸型底部翻滚、变稠（因水分蒸发），然后提高铸型转速，使涂料均匀分布在铸型表面，并利用铸型的热量干燥涂料层。浇注前，把铺涂好涂料的铸型放入加热炉中，在约 200℃的环境中保温干燥。

此法适用于中、大直径铸件的小批量离心铸造。

从以上分析可知，铜环离心铸造用涂料配方见表 3-10，涂料的配制工艺流程如图 3-15所示，可采用 U 形槽倾倒法涂覆涂料。

表 3-10　铜环离心铸造用涂料配方

合金种类	涂料配方（质量分数,%)			备注
	松香粉	滑石粉	水玻璃	外加水成浆状
锡青铜	10~20	75~80	5~10	

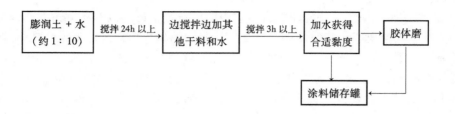

图 3-15　涂料配制工艺流程

3.3.5　铜合金铸件的浇注

离心铸造时，浇注工艺有其自身的特点。首先由于铸件的内表面是自由表面，而铸件厚度的控制主要由所浇注液体金属的重量决定，故离心铸造浇注时，对所浇注金属的定量要求较高。此外，由于浇注是在铸型旋转情况下进行的，为了尽可能消除金属液飞溅现象，要很好地控制金属进入铸型时的方向。

1. 浇注温度选择

离心铸件大多为形状简单的管状、筒状或环状件，多用充型阻力较小的金属型，离心力又能加强金属液的充型性，故离心铸造时的浇注温度可较重力浇注时低 5~10℃。

若用金属型离心铸造非铁合金件，例如轴瓦等，尽管非铁金属熔点较低，金属型寿命长，但较高的浇注温度会使轴承合金的冷却速度减慢而易产生偏析缺陷，因此也必须严格控制浇注温度。

对于铸铁管及铸铁气缸套，由于合金的熔点和金属型相近，过高的浇注温度会降低金属型寿命，也会影响生产率，但过低的温度也会造成冷隔、不成形等缺陷（尤其是铸铁管），所以必须严格控制浇注温度。对于普通灰铸铁气缸套，浇注温度为 1280~1330℃；对于合金灰铸铁，则建议浇注温度为 1300~1350℃。

浇注时应采用高温铸型，见表 3-11，使金属液正确地复制型腔的形状，提高铸件的精密度。

表 3-11　铜合金的铸型温度

合金种类	铜合金
铸型温度/℃	100~500

浇注温度的具体选择，应根据理论知识（浇注合金的成分）进行确定。因为铜环铸件的壁厚≤30mm，根据浇注温度对铸件力学性能的影响分析，铜环浇注温度选用 1140~1180℃为宜，见表 3-12 和表 3-13。

表 3-12　ZCuSn5Pb5Zn5 铜合金浇注工艺参数

合　　金	螺旋线长度/cm	线收缩率(%)	熔化温度范围/℃	浇注温度/℃	
				壁厚≤30mm	壁厚≥30mm
ZCuSn5Pb5Zn5	40	1.46~1.59	976	1140~1180	1100~1140

表 3-13 浇注温度对铸件力学性能的影响

合 金 牌 号	浇注温度/℃	抗拉强度/MPa	屈服强度/MPa	断后伸长率(%)	硬度(HBW)
ZCuSn5Pb5Zn5	1100	245	137	17	71
	1160	267	145	38	67
	1180	265	135	31	64
	1230	235	135	19	56

2. 炉前检验

出炉浇注前,应严格按照工艺规程的要求测定出炉温度、弯角、断口、化学成分和含气量。

检验过程参照情境 2。

3. 金属液的定量

重力铸造时,一般不需要特意控制浇入铸型中金属液的多少,因为可由铸型浇口处判断铸型是否浇满。而在离心铸造时,铸件的内表面常为自由表面,浇入铸型中的金属液多少直接决定铸件内表面直径的大小,所以离心铸造浇注时,对所浇注金属液的定量要求较高。

立式离心铸造异形铸件的浇注和重力铸造时一样,铸型浇口完全充满即完成浇注,一般也不必定量。离心铸管的国内外标准都规定有重量公差,气缸套等筒形件在金属液量不准确时会造成机械加工余量过大或过小,因此都要求在浇注前对所浇金属液有所定量。做好工艺控制,在保证铸件质量的前提下尽量减小重量,可降低机械加工工时或充分利用标准中的重量负公差,取得明显的经济效益。

离心铸造时浇注金属液的定量方法有 3 种,即重量定量法、体积定量法和自由表面高度定量法。

动画:离心铸造定量浇注金属液

(1) 重量定量法 按铸件毛坯重量,将待浇的金属液进行称量,然后一次倒入,获得合格内径的铸件。这种方法的优点是重量准、尺寸精确,但需要在离心机前有台秤。浇包及其转动机构都支撑在秤上,按秤所示对中间包浇入必需量的金属液。生产大型气缸套及离心灰铸铁下水管多用这种方法,一般用短流槽,快速浇入后金属液的流动距离仅 3m 或更短,金属型是热模且表面喷有涂料。当铸件毛坯重量有变化时,仅需改动秤的指示值,操作也方便。

(2) 体积定量法 体积定量法是用内腔形状一定的浇包,在浇包内壁高度上做出记号,或认定一定的高度,以接收一定体积的金属液,一次性地浇入旋转中的铸型,达到定量浇注的目的。这种方法简易方便,但定量精度较差,在大量生产时需经常根据浇出铸件的重量,对浇包接收的金属液体积进行调整。为保证定量准确,避免每次修包后液面变化带来的麻烦,可设计类似图 3-16 所示的浇包。它根据铸件重量计算出同体积的模型,然后以此为胎打结出浇包,只要铁液面达到台阶时就为合格重量。这种定量浇包使用方便,定量比较准确,可随时更换新包,重复性好。

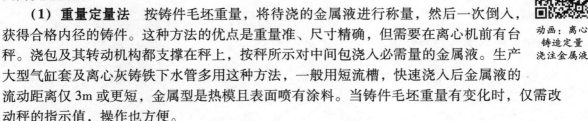

液面台阶

图 3-16 定量浇包

另外,也可用金属保温炉中电磁泵的开动时间控制浇入铸型(或浇包)中的金属液体积,但这需要特殊装置,只能在大量生产中应用。

（3）高度定量法 高度定量法采用电信号装置，当铸件浇注到足够壁厚时，电路接通，电流信号发出，立刻停止浇注。此法定量方便，但定量不准确，在生产大型铸件时可以考虑应用。

4. 浇注方式

动画：离心
铸造金属液
浇入铸型的
方式

除了金属液在铸型内的径向、轴向运动外，还应防止其他运动的产生，以防止由于金属液在铸型内飞溅而造成各种铸造缺陷。为尽可能地消除浇注时金属液的飞溅现象，应控制好液体金属进入铸型时的流动方向，图3-17给出了立式离心铸造浇入方式。由图3-17可以看出，当液体金属自浇注槽流入时的运动方向与铸型壁的旋转方向一致时，金属的飞溅最少。所以，要特别注意金属液在浇注时进入旋转铸型的方向，原则是金属液进入方向应和铸型旋转方向相切。有时因铸件结构及离心形式很难做到，但应尽力去做，尤其对易产生氧化、夹杂等缺陷的金属更是如此。

5. 铸件脱型

从铸型中取出铸件最简单的方法是人工用夹钳等夹住并取出铸件。尽管劳动强度大，劳动条件恶劣，而且操作不当时往往会损坏铸件或金属型，但不少企业仍采用此法，尤其是在小批量单件生产时，应用较普遍。在大批量生产时，可用各种机械方式取出铸件。从操作原理上讲有推出和拔出两种。以气缸套为代表的环形、筒形铸件基本上采用推出法，而铸管大多用拔出法。

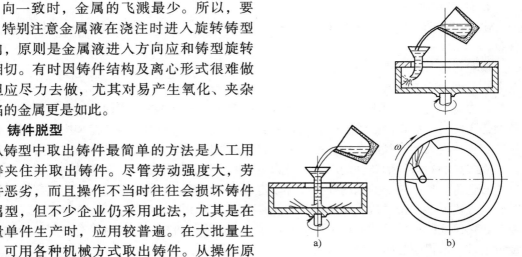

图3-17 立式离心铸造浇入方式
a）底浇法，不正确 b）侧浇法，正确

3.3.6 铸件接取及后处理

铸管等细长铸件都有圆度和直线度要求。铸件在凝固拔出后必须正确接取，让它们能够滚动并处在合适的支撑状态。

除水冷离心铸造工艺生产的铸件外，热模法工艺与衬砂工艺生产的铸件，由于铸件表面有砂子和涂料存在，故一般都要有清理工艺，常用手工清刷。

图3-18所示为离心铸造工艺过程示意图。

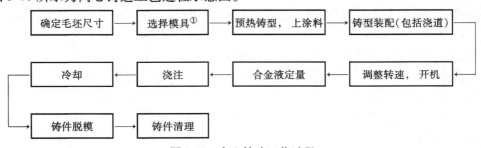

图3-18 离心铸造工艺过程
① 若是新产品，为设计模具。

3.4　项目实施

视频：立式
离心铸造
设备调试

1. 铸型的选择

铸型选择金属型。

2. 铸型的安装调试

用起重机起吊金属型，安装在辊轮架上。按照选择的铸型转速 700r/min 进行试运转（对铸型位置进行调整），当铸型运转平稳后，就可关闭离心机罩壳，等待随后的浇注。

3. 合金的熔炼

根据前面确定的熔炼方法熔炼铜合金，并进行相关检验。

因所铸铸件壁厚≤30mm，从以上分析得出 1140～1180℃ 浇注为最佳温度，因此选择浇注温度为（1160±10）℃。

视频：法兰
盘离心铸造
铜合金熔炼

金属液的定量可选择重量定量法和体积定量法（其特点见理论知识），本项目选用体积定量法。

4. 铸型及浇道上涂料

浇注前的涂料涂覆采用喷涂法或人工刷涂法（具体实施见 3.3.4 节）。

5. 浇注

当熔炼合金经过检验达到工艺要求以后，即可进行浇注，浇注应在老师指导下进行，浇注过程中应注意安全。

视频：立式
离心铸造生产

除金属液在铸型内的径向、轴向运动外，要避免其他运动的产生，以防止由于金属液在铸型内飞溅而造成各种铸造缺陷。还要特别注意金属液在浇注时进入旋转铸型的方向，尽量使金属液的进入方向和铸型旋转方向相切。

6. 离心铸件的脱型

采用人工夹钳法。

7. 做好文明生产

在生产过程中应穿戴工作服，严格遵守操作规程。生产结束后，清理场地，检查、整理工具、设备是否遗失或者损坏，并将其整齐摆放于指定位置，如有损坏应向指导教师说明原因。

3.5　铜环铸件质量检验及评估

3.5.1　铸件质量检验

1. 离心铸件的常见缺陷及防止措施

（1）淋落

1）特征。卧式离心铸造时，金属液如雨淋落下（图 3-19a），金属液被强烈氧化，使铸件内表面不光滑，尺寸不符合要求，甚至难以成形。

2）产生原因。铸型转速过低，金属液自由表面最高点 a 处（图 3-19b）质点的离心力 $m\omega^2 r$ 小于重力 mg，故出现金属液淋落现象。

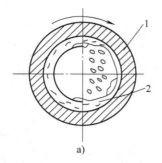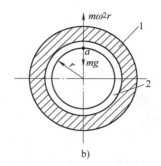

a) b)

图 3-19 金属液的淋落及受力分析

a) 金属液淋落 b) 金属液受力分析

1—铸型 2—金属液

3) 防止措施。可通过提高铸型转速防止淋落现象产生。铸型转速是离心铸造的重要工艺因素。若转速过低，除卧式离心铸造时产生淋落现象、立式离心铸造会发生金属液充型不良外，铸件内还会出现疏松、夹渣等缺陷。若转速过高，铸件又易出现裂纹、偏析等缺陷，砂型离心铸件外表面还会形成胀型等缺陷。铸型转速太高也会使机器出现大的振动，导致磨损加剧、功率消耗过大等。选择铸型转速时，应在保证铸件成形和质量的前提下，选取最小的转速。

实际生产中，通常用一些经验公式计算铸型的转速，再根据实践情况进行适当修正。一般铸型转速偏差小于 15r/min 时，也不会对浇注过程和铸件质量产生显著影响。

（2）坍流

1) 特征。卧式离心铸造时，铸件内表面有合金坍下，造成局部凹下或凸起，或内表面有小金属瘤凸出，加工后出现缩松，如图 3-20 所示。

2) 产生原因。铸件尚未完全凝固铸型就停止转动，使一部分未凝金属液产生坍流现象。产生坍流的主要原因是停机过早。

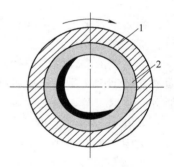

图 3-20 金属液坍流

1—铸型 2—铸件

砂型离心铸造时，在浇注温度高、砂型局部过热时，会造成铸件局部凝固缓慢，铸型停转时此部分产生坍流。

3) 防止措施。铸型转动不能停止太早，即不要停机过早。停机时间与铸件的材质、重量及冷却条件等有关。一般来说，待铸件凝固后，当铸件温度比固相线低 100~300℃时才应停机。

经验表明，在离心铸造机停电、转速下降后，观察铸件内表面，如发现局部发亮，则应立即再送电，使离心铸造机再旋转。

另外，在砂型离心铸造时，要防止砂型局部过热。

（3）喇叭口（铸件壁厚不均匀）

1) 特征。卧式离心铸造时，铸件一端壁渐薄，呈喇叭口状，如图 3-21 所示。在铸造离心铸管时也会有类似的缺陷，管的两端壁厚不均匀。严重时，承口部分会产生浇不到现象。

2) 产生原因。这种缺陷是由于离心铸造机滚轮不同心，使铸型产生旋转摆动而致。在铸件较长，如制造铸管件时，浇注槽不动，位置不当，或浇注槽移动，但浇注槽和管型相对移动速度和浇包翻转速度配合不当，也会造成管壁厚度不均匀。如浇注槽的出液口在移到铸型插口端时，槽中的金属液已流完，则铸管中部及靠近承口部位的管壁较厚，而插口端则壁薄或产生浇不到缺陷。

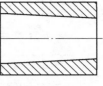

图 3-21　喇叭口

3）防止措施。

① 认真检修机器，调整模具。

② 铸件较长时，浇注槽位置应合理，并要适当提高金属液的浇注速度和金属液温度。

③ 浇注槽和管型相对移动速度与浇包翻转速度的配合要合适。

（4）冷隔

1）特征。离心铸件上有互不结合或结合不好的金属层及冷纹，称为冷隔缺陷，又称重皮，如图 3-22 所示。用金属型生产离心铸管时，管外表面上常可见到不连续、近似螺旋线分布的冷隔疤痕，疤痕有宽有细。严重时外层和内层分层形成冷隔，外层薄皮（1～3mm）被撬开，两层交界面很不平滑，有粒状的凸起和凹坑。

2）产生原因。当离心铸造铸型温度或金属液温度过低、浇注速度过慢时，浇入的金属液迅速冷却，从而使后浇入的金属液无法与先浇入的金属液熔合，因此在铸件上形成冷隔。

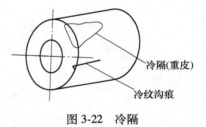

冷隔(重皮)

冷纹沟痕

图 3-22　冷隔

铸管金属液呈螺旋线形流动（图 3-22），是由于金属液从落点向铸型两端流动充型时与惯性引起的转动速度滞后合成造成的。在铸型温度或金属液浇注温度偏低时，先浇入已分散的金属液，此部分金属液冷却快而表面凝固，与随后浇入的金属液不能熔合，则铸管外壁形成螺旋线形冷隔疤痕，严重时形成冷隔。

3）防止措施。

① 铸型温度应合适。铸型温度又可分为预热温度和工作温度。预热的目的是使铸型充分干燥、净化。预热温度应满足上涂料和工作温度要求，见表 3-14。上涂料后，如铸型温度已低于工作温度，则应重新预热。铸型的工作温度也可参考表 3-14。温度过低时，易产生冷隔、浇不到和白口；但温度过高时，会使铸件粘型、结晶粗大，并可能影响凝固条件而造成缩松，也会影响铸型寿命。

表 3-14　铸型预热和工作温度

合金种类	锡青铜	铝青铜	黄铜	铸铁	铸钢	铝合金
铸型预热温度/℃	200～300	120～200	120～150	150～200	200～300	150～250
铸型工作温度/℃	40～90	120～200	120～150	150～250	100～200	150～250

② 浇注温度应合适。浇注温度与合金种类、铸件结构和重量、铸型冷却条件等因素有关。浇注温度过低，会产生冷隔、浇不到等缺陷；但浇注温度过高，则有可能引起缩松、晶粒粗大等缺陷，并会降低铸型使用寿命。浇注温度的选择可参考表 3-15，对于薄件和长件，浇注温度可适当选高些。

表 3-15　金属液浇注温度　　　　　　　　　　　　　（单位：℃）

合金牌号	铸件壁厚/mm	
	>30	≤30
ZCuSn5Pb5Zn5	1100~1150	1150~1180
ZCuSn10P1	1050~1100	1080~1150
ZCuAl10Fe3	1120~1160	1140~1180
ZCuZn16Si4	980~1020	1020~1060
ZCuZn40Pb2	1000~1040	1020~1060
HT200	1250~1340	1260~1380
ZG310—570	1530~1590	1530~1600

③ 浇注速度应合理。浇注速度太低也会造成冷隔、浇不到等缺陷。几种常用合金的浇注速度可参考表 3-16。高熔点的合金浇注速度应稍高些，对于薄件特别是较长的铸件浇注速度应相应高些。实际上，开始浇注时应使金属液尽快布满铸型表面，然后再匀速浇注。

表 3-16　几种常用合金的浇注速度　　　　　　　　　　（单位：kg/s）

铸件重量/kg	青　铜	黄　铜	铸　铁	铸　钢
10~100	2~10	1~8	1~10	2~12
100~300	6~20	5~15	6~20	8~22
300~800	15~20	10~20	15~25	15~25
800~1500	20~30	15~25	15~30	20~30

④ 选择合适的涂料。涂料选择要合适，喷涂要均匀，防止金属液冷却速度过快。

（5）裂纹

1）特征。离心铸件表面有纵向或横向裂纹，如图 3-23 所示。

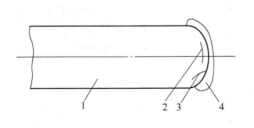
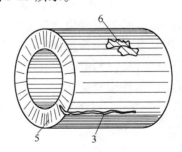

图 3-23　裂纹

1—铸管　2—横向裂纹　3—纵向裂纹　4—飞翅　5—缸套　6—有金属凝块的纵向裂纹

2）产生原因。产生裂纹的原因可归纳为以下 3 类：

① 离心铸件（如铸管）的端面形成飞翅而引起。当飞翅强度较高时，阻碍铸管自由线收缩，则在温度较高、强度较低的插口端产生撕裂型的横向裂纹，或造成纵向裂纹。

② 在离心铸件各处因种种原因造成温度不均匀，使铸件各处收缩不均匀，从而造成

裂纹。

③ 因金属液浇入铸型后，铸件外部迅速凝固结壳收缩，或铸型壁薄使温度迅速上升而膨胀，造成铸件与铸型间产生间隙，凝固的薄壳在较大的离心力作用下产生大于其强度的应力，壳发生纵向裂纹。有时内部尚未凝固的金属液由裂缝中溢出，在纵向裂纹的外表形成金属凝块。

3）防止措施。

① 铸型端盖要封严，防止离心铸件端部出现飞翅。

② 确保铸件各处温度均匀。铸型预热时，温度应力求均匀；涂料喷涂要特别注意各处均匀；浇口位置要适当，防止局部过热等。

③ 转速不应过高，浇注温度也不应过高。

④ 铸型模具壁厚应合理，不可太薄。铸型壁厚除应从强度和刚度方面考虑外，对于不用水冷的铸型，其壁厚还应保证有足够的吸热能力，以免工作时型温上升太快。铸型壁厚选择可参考表 3-17。铸型壁厚与铸件壁厚有一定的倍数关系。铸件较薄，而其金属热容量较小时，可采用较小的倍数；反之，倍数应较大。小型单层的铸型壁厚不应小于 15mm，大型单层的铸型壁厚不应小于 25mm。

⑤ 离心铸件的结构工艺性应合理。如带法兰的铸件，法兰根部应有圆角等。

表 3-17　金属铸型壁厚及材质

铸件材质	铸型壁厚/铸件壁厚	铸型材质	备　　注
铜合金	1.2~2.0mm	HT200 QT450—10	铸青铜铸件铸型壁厚可取上限
铸铁	1.2~2.2mm	HT250 QT450—10 ZG310—570	适用于铸铁缸套及其他管筒类铸件
铸钢	2~4mm	QT450—10 ZG310—570 ZG270—500	适用于铸钢管筒类铸件，多用于滚轮式离心铸造机上

（6）气孔

1）特征。离心铸件的气孔有 3 种形式：表面气孔、皮下气孔和喇叭孔。

① 若在铸件外表面有大小不等的凹坑，大的如半个豆粒状，坑内光滑，则这种缺陷称为表面气孔，如图 3-24a 所示，俗称豆皮孔。一般加工余量稍大时可以去掉。

② 皮下气孔是在铸件加工后外表面上发现的大小不一的气孔，有的小如针状，孔内表面光滑，有的能加工去除，有的则不能去除。

③ 喇叭孔一般存在于离心铸件内表面，类似圆锥形，从内向外逐渐缩小，有时穿透铸件，有时不穿透铸件，因形状像喇叭，故俗称喇叭孔，如图 3-24b 所示。它主要发生在锡青铜铸件上。

2）产生原因。气体可能来源于金属液，也可能来自铸型和涂料。铸型内表面有锈和油，遇热后会形成气体，或铸型型腔表面小裂纹内窝有气体，或涂料不干发气。

当金属液浇入离心铸型后，由于铸型多为金属型，无透气性，铸型和涂料散发的气体或

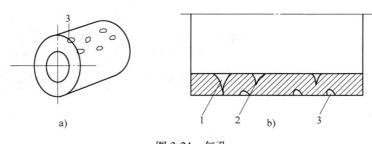

图 3-24　气孔

a）表面气孔（豆皮孔）　b）表面气孔与喇叭孔
1—穿透性喇叭孔　2—非穿透性喇叭孔　3—表面气孔

铸型窝的气体受热体积膨胀就可能进入铸件外表层。另外，随着金属液温度下降，其中溶解的气体也将析出。因金属铸型的激冷作用，铸件外层金属液浇注后处于半凝固状态，侵入或析出的气体如无法浮到内表面被排出，就形成气孔缺陷。如浇注温度很低，铸型与涂料产生的气体又多，则可能形成表面气孔。如果铸型温度和浇注温度较高，则可能形成皮下气孔。

　　在生产凝固温度范围较大的合金（如锡青铜）铸件时，金属液中的气泡在离心力场中应向内表面浮动，但已开始凝固的金属液黏度增大，开始形成分叉树枝晶，这些都对内浮的气泡产生阻力。铸件外表面先凝固，温度低，故阻力最大；越向铸件内表面，金属液温度越高，阻力也越小。气泡由外向内移动的过程中，离心压力逐渐减小，而温度逐渐升高，则气泡体积不断增大，金属液沿着气泡的边缘结晶，就形成图 3-24b 中的穿透性喇叭孔。

　　当气泡内压力大于金属凝固层的表面阻力时，气泡放出后，凝固层在强大的离心力作用下又弥合在一起，于是形成非穿透性喇叭孔（图 3-24b）。

　　3）防止措施。为防止离心铸件出现气孔，应从下列几方面加以注意：

　　① 严格遵守熔炼工艺，注意除气。

　　② 铸型内表面要干净，要无油、无锈、无裂纹。

　　③ 铸型在使用前应进行预热（120~300℃），以去除水、气。

　　④ 浇注锡青铜件时，铸型温度不应过高，以 40~90℃ 为宜。铸型上应钻排气孔，排气孔径为 $\phi 5 \sim \phi 6mm$，孔间距为 50~60mm。排气孔可用水玻璃砂或黏土砂填塞，或用石棉绳填塞。

　　⑤ 涂料要充分干燥，如上涂料后铸型温度较低，涂料未完全干燥，则应再加热使其干透。

　　⑥ 涂料发气量应小，特别是生产大型长铸管时，必须使用发气量小的涂料。耐火材料应经过高温焙烧，以去除发气物质及结晶水，并要尽量降低涂料中黏结剂的用量。

　　⑦ 金属液浇注温度要适当，不得过高或过低，可参考表 3-15。

　　⑧ 浇注方法正确，防止气体卷入。

　　⑨ 当铸件内部气孔较多时，可适当提高铸型转速。

　　（7）缩松

　　1）特征。离心铸件断面上有分散而细小的缩孔，有时需借助放大镜才能发现，这种缺陷称为缩松。

　　缩松是锡青铜轴瓦常见的缺陷，铸件内表面经粗加工后可看到有不同的色彩，在放大镜下观察为一片缩松，缺陷少则一处，多则几处，缩松区域的最大尺寸为 10~60mm。

薄壁钢管和铁管截面上也常会发现缩松，试压时出现渗漏而报废。

2）产生原因。在离心力场中凝固时，大多数情况下离心铸件由外向里顺序凝固，由于补缩加强，不易形成缩孔、缩松，铸件组织致密。但在实际生产中，有时会出现凝固顺序不理想的情况，而形成双面凝固。

如果金属液凝固时析出的晶粒重度比金属液小，这些晶粒会以较大的速度浮向内表面，混在铸件内表层的金属液中，加速了内表面金属液凝固。在已凝固的内表面下的金属液，在随后凝固过程中由于体积收缩，使铸件内部形成缩孔和缩松缺陷。如过共晶铝合金在离心铸造时就可能出现这种情况。

又如，在离心浇注时如果铸型冷却条件较差，如使用涂料生产钢管和铸铁管时，铸件的中间层尚未凝固，内层可能已开始凝固，形成双向凝固。图 3-25 所示为用绝热涂料生产球墨铸铁管时，计算所得铸管凝固临界固相率随时间的推进情况，浇注后 5s 内铸管为从外向内凝固；但 6s 开始内层也开始凝固，这样内、外层的凝固前沿在靠近内表面约 1/3 壁厚处相遇，在此处形成缩松。对于有糊状凝固特点的合金，如锡青铜，其凝固温度区间宽，顺序凝固程度不够，补缩不完全，便会形成缩松。

总之，形成双面夹层凝固，将使铸件形成缩松。

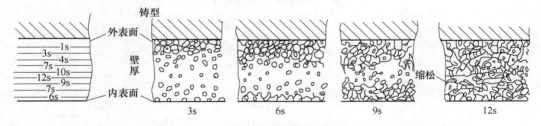

图 3-25　临界固相率前沿推进及铸管壁凝固过程示意图

3）防止措施。消除离心铸件缩松的措施是创造和加强离心铸件由外向内的顺序凝固条件。

① 加速铸型冷却。使用水冷金属型等加强铸型冷却。

② 涂料金属型的涂层不可过厚。生产球墨铸铁管时，涂层以 0.5~1mm 为宜，生产钢管时，涂层以 1~1.5mm 为宜。

③ 对于凝固温度间隔宽的合金，可适当提高铸型转速。

④ 生产钢背套锡青铜轴瓦时，可适当降低钢背套出炉温度，降低过热度，以提高冷却速度。对于壁厚大于 15mm 的钢背套，可加大冷却水压力，加强水雾冷却。厚钢背套锡青铜轴瓦工艺参数可参考表 3-18。

表 3-18　厚钢背套锡青铜轴瓦工艺参数

项　目	钢套出炉温度 /℃	重力系数 G	空冷时间 /min	水冷时间 /min	平均冷速 /(℃/s)	停水时温度 /℃
工艺参数	1080~1150	50~60	40~60	25~35	17~23	500~600

⑤ 金属液浇注完成后在内表面挂渣或加些草灰，以减缓内表面冷却速度。

(8) 偏析

1) 特征。在铸件各部分出现的化学成分、金相组织不一致的现象称为偏析。

离心铸造时，含磷铸铁中 S 和 Mn 易使偏析移向铸件内层，见表3-19。铜合金中的铅偏析也是很严重的，铅将使偏析移向铸件外层，见表3-20。

表3-19 不同转速时含磷铸铁成分偏析

序号	铸型转速 /(r/min)	重力系数 G	取样位置	成分(质量分数,%)				
				C	Si	Mn	P	S
1	750	31	内层	3.31	1.74	1.52	0.450	0.017
			外层	3.26	1.77	1.34	0.399	0.046
2	900	45	内层	3.30	1.77	1.84	0.375	0.069
			外层	3.24	1.83	1.43	0.350	0.035
3	1100	68	内层	3.34	1.81	1.68	0.459	0.084
			外层	3.28	1.66	1.60	0.415	0.038

表3-20 离心铸造时铜合金成分偏析

序号	合金种类	取样位置	成分(质量分数,%)					
			Cu	Sn	Pb	Zn	Fe	Mn
1	含铅青铜	内层	80.40	11.56	8.04	—	—	—
		外层	78.9	12.25	8.85	—	—	—
2	青铜	内层	90.68	9.12	—	—	—	—
		外层	88.20	11.80	—	—	—	—
3	黄铜	内层	60.10	1.60	0.80	34.3	1.00	0.30
		外层	60.60	1.90	1.10	34.6	1.00	0.30

离心铸造铸铁缸套机械加工后在内表面或端面会出现弧状或带状白亮物，有时突起、较硬，短则几厘米，长则可形成一周，称为带状偏析或云斑。偏析处 P、B、Cr、S 等偏析严重，见表3-21。偏析处的金相组织主要为三元磷共晶复合物，成连续网状分布。该缺陷多出现在缸套后凝固处。

表3-21 离心铸造铸铁缸套成分偏析比较

序号	取样位置	成分(质量分数,%)							
		C	Si	Mn	P	S	Cr	Mo	B
1	正常处	3.5	2.0	0.8	0.4	0.04	0.3	—	0.06
	偏析处	3.8	0.6	1.2	1.9	0.20	0.9	—	0.30
2	正常处	3.38	1.8	0.77	0.17	0.082	0.09	0.36	—
	偏析处	3.50	1.6	1.10	0.74	0.062	0.36	1.05	—

2）产生原因。在离心铸件中成分偏析比一般铸造方法加重的根本原因是：离心力场使金属液中重度不同的质点沉浮速度增大，从而加重偏析。

离心力场引起的金属液成分偏析有两方面：一种是液体偏析，如铅青铜液中铅是机械混合物，铅因重度大将会向外表层沉积；另一种是金属液结晶时的初生晶偏析，如过共晶铸铁、过共晶铝硅合金等的石墨、硅初生相重度较小，易浮向内表面。

离心铸造时，铸型转速越高，则偏析就越严重。

3）防止措施。在离心铸造中防止铸件成分偏析是很重要的，生产中常根据不同合金采取相应措施，如尽量降低铸型转速，用各种措施使铸件快冷，加少量合金元素抑制偏析等。具体措施如下：

① 在保证铸件质量的条件下，尽量降低铸型转速，减小重力系数 G，以减小易偏析质点的沉浮动力。

② 提高铸型吸热能力和铸型涂料导热能力，以提高铸型的激冷能力。

③ 降低铸型温度、浇注温度及浇注速度，以提高金属液的凝固速度。

④ 对铸型采用强烈水冷等方法防止偏析。如生产高铅青铜轴瓦和双金属轴瓦时，常采用强烈型外水冷，使富铜晶体很快形成骨架来阻止铅偏析。冷却水压常为 $0.15 \sim 0.2$MPa，有时还打入压缩空气，以提高压力。高铅青铜离心衬挂工艺参数可参考表 3-22。

表 3-22　高铅青铜离心衬挂工艺参数

项　　目	衬挂温度 /℃	重力系数 G	冷空时间 /s	水冷时间 /s	冷却速度 /(℃/s)	停水时温度 /℃
工艺参数	1050~1150	30~50	10~20	20~30	30~50	80~120

⑤ 在合金中加入少量合金元素抑制偏析。如在高铅青铜中加少量 S、Ni、Ag 来减少偏析。S 能提高铅在铜中的溶解度；同时 S 和 Cu 液会互溶，固态时形成 Cu_2S，能成为结晶核心，故能阻止偏析，加入量一般为 $0.15\% \sim 0.25\%$（质量分数）。Ni 和 Ag 均能起到结晶骨架作用以阻止偏析，但 Ag 较昂贵。对于 S 和 Ni 的作用，有工厂曾进行过试验，证明效果较好。

⑥ 将离心铸造与悬浮浇注结合起来。如离心浇注钢管时，在浇注过程中加入 $1\% \sim 4.5\%$（质量分数）的铁粉末，使其悬浮于钢液中起微冷铁的作用，加快凝固速度，可防止偏析，并能提高铸件的力学性能。

（9）夹杂

1）特征。铸件内、外表面存在的和金属成分不同的物质，如渣、涂料层、氧化物、硫化物等，称为夹杂。

生产铝青铜和铝合金离心铸件、铸铁缸套等时，常产生夹杂。

钢管表面有时会出现图 3-26 所示的夹杂，经 $1 \sim 2$mm 的切削加工，夹杂可以去除，但会严重影响铸件的表面质量。

2）产生原因。浇入离心铸型的金属液中带有未被去除的渣和氧化物等，或因涂料与铸型粘接不牢被浇入的金属液局部冲下，而铸型温度和金属液浇注温度偏低，铸型转速也低，使金属液中的渣、氧化物、涂料等来不及浮到内表面，金属液就已凝固，从而形成夹杂缺陷。

3）防止措施。

① 严格控制熔炼工艺。铝合金熔化时要严格控制温度，用六氯乙烷除气精炼，除净熔剂渣。对于缸套，金属液也要施行有效的精炼，以去除夹杂并脱气。

② 注意浇注时挡渣和聚渣。浇注前应彻底清除浇包中的熔剂渣。另外，可在浇注金属液时向液流中均匀撒入精炼剂，精炼剂的主要组元熔点较低，它能使夹杂物聚合，覆盖在铸件内表面，延缓内表面凝固，使夹杂物能不断浮出。

③ 铸型内应清洁。

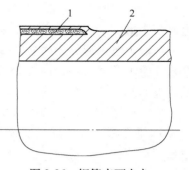

图 3-26　钢管表面夹杂
1—夹入涂料层　2—钢管壁

④ 涂料应有足够的强度，喷涂或滚挂工艺应合理，确保涂料能牢固地黏附在铸型上，不会被冲到金属液中。喷涂时铸型温度应合适，涂层厚度不可过厚。滚挂时涂料应有一定黏稠程度，涂料要均匀且不分层。

⑤ 对于易产生夹杂的合金，浇注温度和铸型温度要适当高些，铸型转速也应适当高些。

（10）白口和反白口

1）特征。离心铸造灰铸铁管时，管外表面出现白口组织，这种缺陷称为白口。反白口是指灰铸铁中心部位出现白口或麻口组织，而外层是正常的灰口组织。如离心铸铁缸套有时在凝固较晚、靠近内表面处出现反常的白口组织，形成硬点，恶化加工性能，这种缺陷称为反白口。

2）产生原因。离心铸造灰铸铁管时外表面出现白口的原因是：外表面冷却速度过快等。

反白口产生的原因是：靠近内表面处，凝固得较晚的铁液中局部硫（S）含量很高，石墨晶体的棱面大部分为硫原子所封闭，严重地阻碍石墨生长；同时形成大量富硫化合物，其熔点低，在铸铁结晶时仍以液态分布于共晶团边界，阻碍碳的扩散，从而阻止了石墨化晶核的产生和生长，导致反白口生成。

3）防止白口的措施。

① 正确选择铁液成分。

② 铁液应高温出炉，并需进行孕育处理，可采用高效防白口孕育剂。

③ 铸型温度不可过低。

④ 涂料的绝热性应较好。涂层要有一定厚度且要均匀，不能有局部漏涂处，特别是端盖处要涂好。

⑤ 适当提高浇注温度和浇注速度。

4）防止反白口的措施。要防止反白口，主要是控制金属液成分：$w_S = 0.1\% \sim 0.12\%$，$w_{Mn}/w_S \geq 10$，$w_{Si} \geq 1.7\%$。

（11）冷豆

1）特征。在金属型离心铸管的外表面上有直径 $1 \sim 10mm$ 大小不同、圆形或扁平形、单个或密集的金属珠，化学成分与铸管相同，表面有氧化现象，这种缺陷称为冷豆。

冷豆与铸管不能熔合，它会削弱该处管壁的强度，并使产品外观质量变差，大冷豆则使铸管报废。另外，冷豆多为白口组织，较硬，直径大的冷豆夹在铸管和铸型之间，使拔管困难，并可能在拔管时将金属铸型工作面划出较深较长的划痕，从而降低铸型寿命。

2）产生原因。冷豆产生的原因主要有两种：一种是开始浇注时，浇包中落到浇注槽上的铁液发生严重的飞溅，溅入铸型内的铁液小滴碰到型壁形成冷豆，然后被浇入的铁液所覆盖，这种冷豆直径较大，处于铁管和铸型间；另一种是浇注槽铁液流入型中遇到铸型或原有铁液产生飞溅而引起，这种冷豆的直径较小，有时成片分布在铁管表面，或靠近螺旋线形流痕前缘部分。

3）防止措施。应尽可能平稳地将铁液浇入铸型，并尽可能使铁液平稳地被铸型带动旋转。

（12）试压渗漏

1）特征。离心铸件如铸铁管、铸钢管在试水压时，出现渗漏水的现象，称为试压渗漏。

出现试压渗漏的管为废品，需耐压的离心铸管常因试压渗漏而造成大量废品。

2）产生原因。渗漏的原因是离心铸件存在气孔、缩松、夹杂、冷豆等缺陷，在铸件的局部造成穿透性孔道，从而引起试压渗漏。

3）防止措施。应从防止气孔、缩松、夹杂和冷豆着手，以防止试压渗漏。

2. 项目检查

1）检查转速计算是否正确，有无过大偏差。

2）检查铸型安装是否平稳正常。

3）检查配料、熔炼工艺计算有无差错，炉前检验是否合格。

4）对铸件进行质量检验。

检验内容包括尺寸精度和表面质量检验。尺寸精度检验应根据工件设计图样进行；表面质量主要通过目测，检验其表面粗糙度及表面是否存在麻点、缩松、气孔及飞翅等缺陷。这些检验是铸件评分的主要标准。

采用金相检验对铸件显微组织进行分析检验；用化学分析法检验铸件的化学成分是否符合要求；采用力学性能试验检验铸件的强度、硬度等指标是否合格。

3.5.2　评估与讨论

1）离心铸件生产的铜环尺寸和表面精度是否符合预期要求，如果不符合请说明有哪些缺陷，并分析导致该缺陷产生的原因和防止方法。

2）针对铸型转速计算的六个经验公式的适用范围、局限性等问题进行研讨，并以此培养学生从实际出发，灵活运用理论知识解决实际问题的能力，激发学生勇于探索、勤于实践、精益求精的工匠精神。

 思 考 题

1. 说明离心铸造加工铜环的材料要求、力学性能要求。

2. 离心铸造加工铜环选用什么铸型？为什么？

3. 铜环的离心铸造加工工艺包括哪些？

4. 说明金属型的安装要点，并写出在安装过程中的实际操作体会。

5. 说明浇注过程中金属液的定量要求，并说明在操作过程中应如何做到。

铜合金铸件卧式离心铸造

知识目标	能力目标	素质目标	重点、难点
1. 熟悉卧式离心铸造的原理 2. 掌握铜套卧式离心铸造铸型的选用原则 3. 铜套卧式离心铸造工艺的设计内容 4. 卧式离心铸造设备	1. 根据铸件材料要求能够进行配料计算 2. 能根据铸件的形状和精度特征合理选用铸型 3. 掌握铜套卧式离心铸造的浇注技能 4. 掌握卧式离心铸造工艺设计技能	1. 崇德向善、诚实守信、爱岗敬业、精益求精的工匠精神 2. 尊重劳动、热爱劳动，具有较强的实践能力 3. 敬业精神、责任意识、竞争意识、创新意识 4. 较强的语言、文字表达能力和社会沟通能力	重点： 1. 根据铸件材料要求进行配料 2. 铜套卧式离心铸造工艺设计 难点： 1. 转速及配料计算 2. 中频感应电炉熔炼操作

4.1 铜套离心铸造工艺分析

4.1.1 任务提出

图 4-1 所示为铜套零件图及实物图。铜套是一种常见的铸件毛坯，其材料为铸造锡青铜合金 ZCuSn5Pb5Zn5。

为完成本任务，对铸件的特点和铸造合金的特点进行分析如下：

1. 铸件特点分析

铜套为套筒类零件，结构简单，为中空的轴对称零件，尺寸为：外径 $\phi400mm$，内径 $\phi320mm$，长度 750mm，长度远大于外径。外表面粗糙度要求较高，要求内部组织致密，不得存在各种铜合金铸件常见缺陷，同时为大批量生产。

2. 铸造合金特点分析

本铸件所用的铜合金为铸造锡青铜合金 ZCuSn5PbZn5，该合金的浇注温度为 1100~1160℃，适用的铸造方法有砂型铸造、石膏型铸造、金属型铸造、离心铸造等。该铜合金凝固范围大于 110℃，在凝固

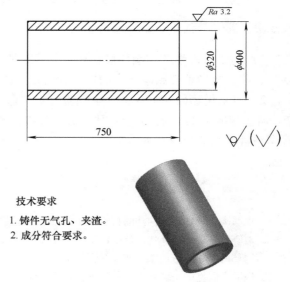

技术要求
1. 铸件无气孔、夹渣。
2. 成分符合要求。

图 4-1 铜套零件图及实物图

时具有糊状凝固特征，补缩困难，容易产生微观缩孔和晶内偏析，难以保证铸件致密性。为提高铸件质量，应根据铸件的重量、形状和用途选择合理的铸造工艺。

4.1.2　铸造工艺分析

通过上述分析，结合情境 3 中介绍的离心铸造特点，可以得出结论：本产品可采用卧式离心铸造生产；铸型选用金属型，金属型使用低合金灰铸铁制作。

4.2　必备理论知识

4.2.1　卧式离心铸造时液态合金自由表面的形状

卧式离心铸造时，截取液态合金的横断面如图 4-2 所示。在液态合金的自由表面上任取一重量为 m 的质点 M，如果只考虑离心力场的作用，而不考虑重力场的影响，则该质点所受离心力在 x 轴方向上的分力为 $F_x = m\omega^2 r_0 \cos\alpha = m\omega^2 x$，离心力在 y 轴方向上的分力 $F_y = m\omega^2 r_0 \sin\alpha = m\omega^2 y$，离心力在旋转方向（即 z 轴）上的分力为 $F_z = 0$。同立式离心铸造一样，将 F_x、F_y、F_z 代入式（3-8）得

$$m\omega^2 x \mathrm{d}x + m\omega^2 y \mathrm{d}y = 0$$

积分后得

$$x^2 + y^2 = C$$

当 $x = r_0$、$y = 0$ 时，积分常数 $C = r_0^2$，于是液态合金自由表面的曲线方程式为

$$x^2 + y^2 = r_0^2 \qquad (4-1)$$

式（4-1）为圆的方程式，由此可知，卧式离心铸造时，如果不考虑重力场的影响，液态合金的自由表面应为以旋转轴为轴线的圆柱面。

实际卧式离心铸造时，由于重力场的影响，液态合金的自由表面必然会下移，从而出现了液态合金的圆柱形内表面向下偏移 e 距离的现象。但在铸件凝固过程中，四周的冷却条件相同，每旋转一周，铸型内靠近型壁的各点

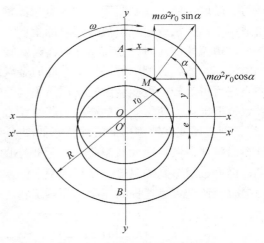

图 4-2　卧式离心铸造时液态合金横断面上的自由表面示意图

均需经过圆周上的所有位置，机会是相等的。因此，铸件外圆的凝固层厚度是均匀的。随着铸件凝固层的增长和液态合金黏度的增大，偏心值 e 逐渐减小，直至完全消失，最终获得的仍是圆柱形表面内孔铸件。

在实际生产中，另一影响铸件壁厚差的因素是铸型的跳动。如果铸型不能始终在一条轴线上旋转而是有所跳动，则铸件尤其是长铸管的壁厚会严重不均，在拔管后的冷却过程中可使铸管产生弯曲，严重时还可能断裂。根据有关资料，对长的金属型，要求径向圆跳动应小于 0.3~0.5mm。此外，托辊与金属型接触的表面，其表面粗糙度值要小于 $Ra1.6\mu m$。

4.2.2 金属液在水平铸型内的轴向运动

金属液进入铸型不仅会产生径向运动，而且也在浇注压射冲头及旋转轴倾角（浇注长管时方便轴向运动）的作用下产生轴向运动。浇注压射冲头越大、旋转轴倾角越大、金属液与铸型摩擦力越小、铸型转速越低、冷却能力越弱，则金属液在铸型内的轴向流动就越大。

图4-3所示是定点浇注时，金属液作轴向流动的模型示意图。图中数字①、②、③代表进入铸型的金属液顺序，即第①股金属液进入铸型，由于铸型冷却，温度下降甚至开始凝固，金属液只能流到一定距离，温度较高的第②股金属液进入便在第①股上流动，并超过第①股，同理第③股金属液在第②股上流动，并超过第②股。以此类推，金属液以层状形式作轴向运动。

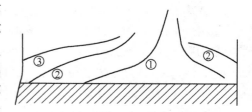

浇注套筒形铸件及管子等时，一般采用水平离心铸造方法，这时根据铸型种类特别是铸型长度不同可采用短流槽（定点）浇注与长流槽（不定点、移动式）浇注。由于水冷金属型冷却速度大，金属液进入铸型能立即凝固，从一头浇入的金属液流不到另一端就可能已完全凝固，故定点短流槽式浇注仅适用于热模法或衬砂法离心铸件的生产。

图4-3　金属液以层状形式进行轴向流动

在短流槽浇注时，若铸型在浇注时不转，则有助于金属液按图4-3所示的层状形式进行轴向流动，流到铸型的另一端，但此时金属型温度会严重不均匀，而引起金属型变形，同时在浇完后再旋转，可能会因转动惯量不同使铸型产生严重径向圆跳动而不能正常生产，甚至导致铸型损坏。使用短流槽浇注，若铸型在较低转速下浇注（转速低，不能带起全部金属液），则金属液在铸型内的流动状态如图4-4所示。金属液在较小的离心力作用下在铸型内分布面较宽，散热面大，温降快，但很小的离心力不会使原先金属液具有的初速度降低很多，仍可在足够高的温度下流到铸型末端，此时铸型在旋转，受热均匀。当金属液进入到另一端时，铸型可迅速提高速度达到额定转速，完成整个铸造过程。

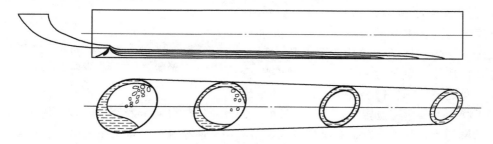

图4-4　金属液在铸型内的流动状态示意图

若采用此种工艺，在刚提升速度时，因浇入处金属液较多，会有一些雨淋现象，在额定转速下，后续金属液会在高的浇注压力差及离心力的双重作用下按螺旋方式继续向前流动，此时铸件并未完全凝固，仍能获得较为均匀的壁厚。铸型在额定转速下旋转的同时用短流槽进行定点浇注，金属液仅靠浇注带来的冲力进行轴向运动从而流满整个铸型。对于铸管等长铸型，需要增大倾角以使金属液达到另一端。如前所述，前面的金属液和铸型壁接触，冷却快，要克服和铸型之间较大的摩擦力才能前进，后续金属液温度高，冷却速度比前一层小，其前进仅需克服与金属液之间的内摩擦力。这种高温金属液在低温金属液上的层流运动，称为"套筒式金属充填"，它对铸件质量十分有害，会形成冷隔等缺陷，破坏铸件的整体强度。

用短流槽生产离心铸管时，由于大量金属液在固定点进入，使该处温度比其他处高，铸型的涂料等会被严重冲刷，会出现严重的"黑渣"现象，其厚度可达到壁厚的 2/3。

综上所述，短流槽不宜用于长管生产，适用于短套筒等铸件的热模法生产。

采用长流槽浇注，可使长流槽与铸型做匀速的轴向相对运动，即金属液在铸型内的充满不再依靠浇注压力带来的冲速，而是用机械方式来完成。金属液进入高速旋转的铸型后，立即受离心力作用和机械轴向运动，以螺旋线的形式均匀地分布在铸型内壁，螺旋线股流在瞬间又相互熔合在一起，形成均匀的液体层，凝固成壁厚均匀的铸件，铸型也不会局部过热。为此，生产较长的离心铸件时，应首先考虑长流槽浇注。此时应注意，金属液进入铸型某处的量完全取决于长流槽通过该点的速度。在不均匀轴向运动时，会造成铸件各处壁厚不一，这在水冷金属型离心铸管时更为明显。

4.2.3　金属液凝固的特点

1. 凝固特点

金属液进入铸型，受型壁的冷却作用，开始结晶凝固。由于热量（金属液过热热量与结晶潜热）是垂直于铸型壁连续地向外散发的，因此金属结晶按定向凝固进行，因此产生了柱状晶（图 4-5a）。在外面一层柱状晶形成后，晶面上的金属液在离心力作用下仍有惯性，使金属液与结晶间产生相对滑动，从而使后面的柱状晶变成倾斜柱状晶（图 4-5b），其倾斜方向与铸型旋转方向一致。再往内层，由于金属液相对运动产生的滑动减少，又重新长成一层柱状晶。

离心力的作用可使金属液渗入已结晶金属的枝晶空穴中，从而可获得致密的组织。而金属液与枝晶的相对滑动，阻碍了枝晶发展，从而又细化了晶粒。两者都有利于提高离心铸件的力学性能。但并非离心铸造铸件没有缩松缺陷。在衬砂热模法浇注大口径铸管时，由于铸型冷却速度大为降低，金属液能保持很长时间不凝固，而此时内表面金属和冷空气直接接触，或人为地在内表面喷水加快冷却，于是在靠内壁处有一缩松带（图 4-6），降低了力学性能。

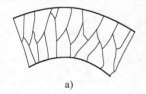

图 4-5　离心铸造的柱状晶

a）径向柱状晶　b）倾斜柱状晶

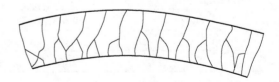

图 4-6　离心铸管环形中心缩松带

2. 异相质点偏析

金属液本身含有不少密度与金属液不同的相质点，如渣粒、气泡、球墨铸铁中的石墨、非铁合金的组相等。这些密度不一的质点在离心力的作用下有的向型壁移动（重质点），有

的则向内表面浮动，它们在金属液中的沉浮速度可按下式计算

$$v = \frac{d^2}{18}\left(\frac{\rho_1 - \rho_2}{\eta}\right)\omega^2 r \tag{4-2}$$

式中　v——颗粒沉浮速度（m/s），正值为向内浮，负值为向外沉；

d——异相质点颗粒直径（m）；

ρ_1——金属液的密度（kg/m³）；

ρ_2——异相质点颗粒密度（kg/m³）；

η——金属液的动力黏度（Pa·s）；

r——异相质点所在半径（m）；

ω——异相质点角速度（rad/s）。

从式（4-2）中可以看出，与重力铸造相比，异相质点颗粒在金属液中的沉浮速度要增大 $\omega^2 r$ 倍。它有利于离心铸造铸件减少渣孔、气泡等缺陷，使组织致密、性能良好，但同时也使铸件易产生密度偏析。在密度相差大又是机械混合的二元合金中，密度偏析更为严重。例如锡基合金中，α 锡与硬质 β 相（SnSb 化合物），密度小的 β 相易上浮。铜铅轴承合金中，铅以孤立状态分布于铜基体上，而铅与铜的密度有较大的差别（分别为 11.35g/cm³ 和 8.96g/cm³），铅在浇注中极易产生下沉的密度偏析。要避免此缺陷，可采用浇注前合金液充分搅拌、采用低的浇注温度及较低的转速、快速冷却等措施。另外，可针对不同合金，添加第三元素，例如锡锑合金中加铜产生 ε 相，铅铜合金中加锡使铜以发达的枝晶析出，这些都能有效地减少密度偏析的缺陷。

密度偏析还会导致合金的成分与组织偏析。例如球墨铸铁离心铸造时，石墨易上浮偏析，又由于石墨周围硅含量高，而且有可能硅基孕育剂未充分溶解扩散，因此往往会产生"富硅组织"。在碳当量过低、残硫量较高或有难熔碳化物元素存在且被结晶前沿推向最后凝固区时，会使此处得到较多的渗碳体组织，形成反白口现象。在生产铸铁缸套时，离心力会使硬质相分布不均，从而使硬度不均，降低使用性能，严重时还会使缸套断裂。

如前所述，离心浇注时，金属液以层状形式进行轴向前进，在凝固后径向断面上大多以近似于同心圆环的形式分层，其组织也有差异，从而容易产生层状偏析。

表 4-1~表 4-3 所列为三种铸造合金中的偏析情况，供参考。

表 4-1　离心铸造铸铁件中硫的偏析

铸件层次（由内向外）	$w_S(\%)$	铸件层次（由内向外）	$w_S(\%)$
1	0.045	4	0.018
2	0.030	5	0.024
3	0.022	6	0.026

表 4-2　离心铸造铸铁件中碳的偏析

离外表面的距离/mm	$w_C(\%)$	离外表面的距离/mm	$w_C(\%)$
3	0.34	40	0.39
25	0.35	52	0.51
33	0.40	66	0.52

表 4-3　离心铸造铅青铜件中铅的偏析

铸 件 层 次	$w_{Pb}(\%)$
外层	8.85
内层	8.04

4.2.4　铸型衬砂工艺

在金属型内表面衬 3~5mm 厚的砂层，能有效地提高绝热能力，降低金属型的热冲击和峰值温度，可大大提高金属型的寿命。在 20 世纪 50 年代树脂覆膜砂发明后，金属型衬砂一般均使用覆膜砂而不是其他型砂（单件离心砂型铸造除外）。随着金属型制造技术的提高，金属型消耗占整个铸件生产成本的比例越来越小，提高生产率成为主要目标，因此金属型衬砂工艺逐渐被涂料工艺所取代，不过它在美国、日本、我国还有一定的应用。

为防止气孔的发生，要求酚醛树脂覆膜砂的发气量≤12mL/g，此时树脂的质量分数为 1.4%~1.5%，同时在金属型型壁上均匀开出 ϕ3mm 以下的排气孔（孔的间隔为 150~200mm）。覆膜砂固化后常温抗拉强度应≥2.5MPa。为获得较好的铸件外表面粗糙度，砂子的粒度应较小，一般用 0.106~0.212mm 的粒度。不和铸件相接触的部分可使用 0.150~0.300mm 粒度的较粗砂，以获得更高的强度。

衬覆膜砂的金属型温度，按各厂习惯以及覆膜砂种类不同可在 160~250℃ 内选择。金属型温度越低，固化时间越长，树脂砂的颜色越淡，在覆砂后等待浇注的时间也越长。为使覆膜砂固化温度稳定，初始金属型必须均匀加热，正常生产时金属型被加热的温度高于树脂覆膜砂要求的温度，故又必须有适当的冷却。

布砂时要使用布砂槽，使砂子能沿全长均匀分布。布砂槽内先放细粒度覆膜砂，然后再放粗粒度覆膜砂，粗细比例为 1:1。在布砂槽慢慢倾转时，粗粒砂先和金属型接触，固化后成为外层，细砂分布在粗砂上成为内层。布砂时，金属型要以一定速度旋转，使布砂均匀，布砂时间一般为 2~3min。布砂后，金属型以更高速度旋转，使砂层得到一定程度的紧实。表 4-4 为生产铸管时的布砂参数。

覆膜砂的固化时间为 2~3min，衬砂后至浇注的时间不应大于 4h。

表 4-4　生产铸管时的布砂参数

铸管外径/mm	1200	1400	1600	1800
衬砂厚度/mm	4~5	4~5	4~5	5~6
覆膜砂重量/kg	190	216	250	360
布砂时电动机转速/(r/min)	250~300	300~350	300~350	300~350
布砂后电动机转速/(r/min)	500~550	550~600	550~600	550~600

衬砂工艺有延长金属型寿命的优点，但其生产率远低于涂料工艺，更低于水冷金属型，故适用于一些高熔点合金和大件的离心铸造。件大时，砂层绝热能力强，铸件凝固慢，要防止偏析缺陷产生，同时铸件内外表面质量都比涂料工艺生产的铸件差。

4.2.5　卧式离心铸造机

1. 卧式悬臂离心铸造机

卧式悬臂离心铸造机上的铸型固定在主轴端部，适于生产短的中、小直径的套筒类铸件。

图4-7所示为单头卧式悬臂离心铸造机的整体结构图。单头是指在这个机器上只有一个铸型。在这种机器上浇注的铸件直径较小，长度较短，如小型铜套、缸套等。

工作时，电动机2通过塔形V带轮和中空主轴10带动铸型7、8旋转。金属液由牛角浇槽4引入型的内腔旋转成形。铸件凝固后，主轴停止转动，可通过主轴右端处设置的顶杆气缸13的活塞杆推动主轴内的顶杆16，在取走铸型端盖5的情况下，顶出型内的铸件。当气缸活塞杆回复至原始位置后，顶杆在复位弹簧15的作用下可回复原位。浇槽支架3可绕轴转动，以便使浇槽在浇注时就位，浇注完毕后离开铸型前端，便于取铸件、清理铸型等的操作。铸型用钢板罩罩住，以防浇注时金属液外溢飞溅伤人。在罩内铸型的上方或下方还可设置沿铸型长度的喷水管（图上未示出），以冷却铸型。为使铸型很快停止转动，可用闸板11下压制动轮12，实现快速制动。铸型根据塔形V带轮的结构可以有两种转速。这种机器可实现半自动控制，生产率较高。

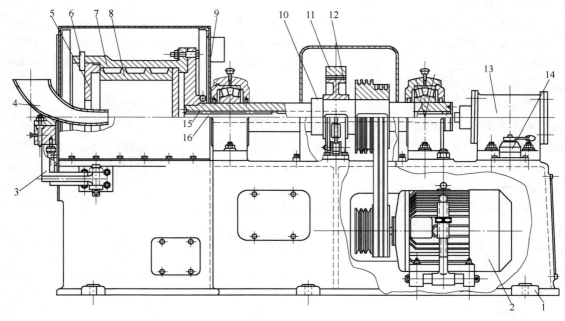

图4-7　单头卧式悬臂离心铸造机

1—机座　2—电动机　3—浇槽支架　4—牛角浇槽　5—铸型端盖　6—销子
7—外型　8—内型　9—保险挡板　10—主轴　11—闸板　12—制动轮
13—顶杆气缸　14—三通气阀　15—复位弹簧　16—顶杆

图4-8所示为双头卧式悬臂离心铸造机的结构，在此机器的主轴两端各装有一个铸型。其优点是占地面积小，可一次浇注两个铸件，但铸件的内径尺寸不能相差太大，因两个铸型的转速相同，对生产组织的要求较高。这种机器在一些工厂中可用来生产中等直径的铜套。

卧式悬臂离心铸造机上的铸型有单层和双层两种。图 4-7 和图 4-8 上的铸型都是双层的，由外型和内型组成，其优点是在生产不同外径和长度的套筒形铸件时，无需装卸和更换外型，只要装上不同尺寸的内型和不同厚度的型底板即可，操作方便，还可节省铸型的加工费用，适用于批量生产。

单层铸型专门用来生产一种外径和长度的套筒类铸件，适用于大量生产。

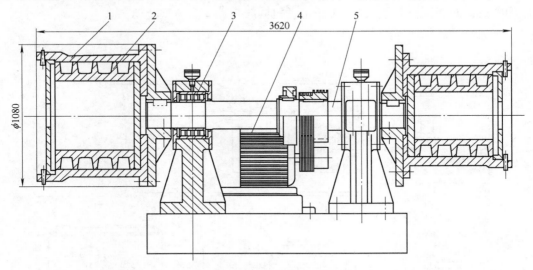

图 4-8　双头卧式悬臂离心铸造机

1—外型　2—内型　3—轴承　4—电动机　5—主轴

2. 滚筒式离心铸造机

滚筒式离心铸造机上的铸型水平地搁置在四个支承轮上，适用于生产长的管类、筒状铸件。图 4-9 所示为一种应用较普遍的滚筒式离心铸造机。铸型水平地放在两对支承轮 3 上（另有一对支承轮与机轴对称地设置在铸型的另一边，图中不可见）。图中可见的一侧支承轮与主动轴 2 相连，并用变速电动机 1 带动转动，支承轮相应地带动压在其上的铸型旋转。另一侧的

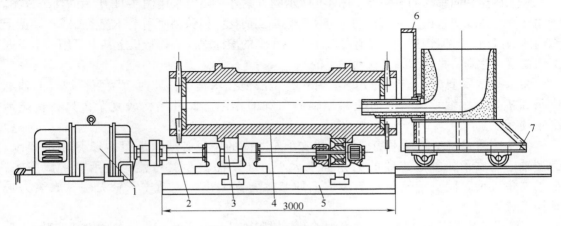

图 4-9　滚筒式离心铸造机

1—变速电动机　2—主动轴　3—支承轮　4—铸型　5—机座　6—防护罩　7—浇注小车

两个支承轮是被动的，只起支承铸型的作用。铸型可暴露在空气中，但在浇注端必须有保护罩，以防浇注时金属液飞出伤人。有时也常用罩子把整个铸型罩上，内放沿铸型长度的喷水管，以冷却铸型。浇槽放在小车上，在浇注后被移开，以便操作。为防止铸型在轴向上的窜动，铸型的滚道两侧做出凸缘，如图4-9所示。

图4-10所示为可同时浇注两个铸型的滚筒式离心铸造机。主动支承轮有四个，设置在机座的中央，两旁设被动支承轮，1个电动机同时带动2个铸型转动。

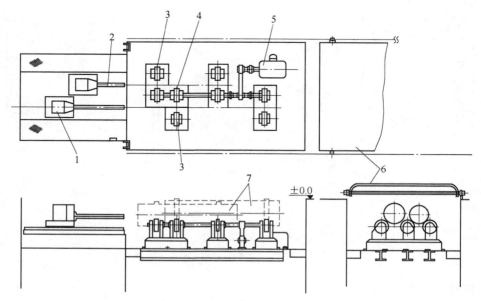

图 4-10　可同时浇注两个铸型的滚筒式离心铸造机

1—浇斗　2—浇注槽　3—被动支承轮　4—主动支承轮　5—电动机
6—可轴向移动的机罩　7—铸型

防止铸型轴向移动的方法除了图4-9所示的方案外，还可采用图4-11所示的两个方案。利用支承轮凸缘防止铸型轴向移动，可使铸型加工简化，但铸型所用毛坯较粗。或在铸型上做内凹的滚道，可使铸型的毛坯直径较小，在小型的滚筒式离心铸造机上甚至只用一个下凹的滚道就可达到防止铸型轴向移动的目的。

在水冷金属型离心铸管机上，滚筒式铸型浸泡在水箱中，此时铸型两端被套上轴承支承在机架上，轴承同时起防止铸型轴向窜动的作用。此种结构较复杂，只在特殊情况下使用。

为使滚筒式铸型转动平稳，铸型与支承轮之间的位置必须满足图4-12所示的要求。铸型轴心与支承轮轴心连线的夹角如果太小，转动的铸型就可能自支承轮上滚下来；如果夹角太大，则支承轮与铸型滚道上的摩擦力会太小，主动支承轮无法靠摩擦力带动铸型旋转。

滚筒式铸型既可为金属型，也可为砂型、树脂砂型（在型内铺一层热硬性树脂砂）。但砂型、树脂砂型的外型必须是金属的，并且在外型上要有通气孔。

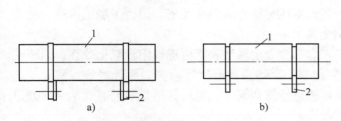

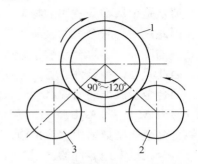

图 4-11　防止铸型轴向移动的方法
a）利用支承轮的凸缘　b）利用铸型上内凹的滚道
1—铸型　2—支承轮

图 4-12　滚筒式铸型与支承
轮间的相对位置
1—铸型　2—主动支承轮　3—被动支承轮

4.3　铜套离心铸造工艺计划

4.3.1　铜套离心铸造用金属型

离心铸造时，铸型在浇注时要高速旋转，同时要承受金属液产生的离心力和热冲击，因而离心铸造和重力砂型铸造相比，对铸型有更严格的要求。

离心铸造时所用的铸型有金属型和非金属型（砂型、壳型、熔模型壳等）两类。金属型在成批、大量生产时具有一系列特点，应用较广。

金属型应结构简单，制造容易，操作安全、方便，能实现高效率生产，保证获得优质铸件。

金属型主体是指构成型腔的部分，型腔是用于形成铸件外形的部分。金属型主体结构与铸件大小、合金的种类及其在型中的浇注位置等有关。在设计时应力求使型腔的尺寸准确，便于开设浇注系统和排气系统，铸件出型方便，有足够的强度和刚度等。

离心铸造用金属型一般由型体、端盖及端盖夹紧装置组成。图 4-13 所示为常用的金属型。选用或设计金属型时，主要考虑铸型材料和型体结构、型腔尺寸、端盖与夹紧结构。

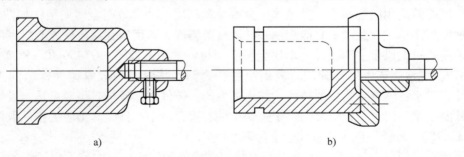

图 4-13　离心铸造常用的金属型
a）固定在转轴上的金属型　b）固定在转盘上的金属型

视频：离心
铸造用铸型

1. 铸型材料和结构

大批量生产用的铸型可用铸铁和钢来制造，在浇注低熔点的轻合金时也常用铜合金来制造。铸铁是金属型最常用的材料，其加工性能好，价廉，一般工厂均能自制，并且耐热、耐磨，因此是一种较合适的金属型材料。只是在要求高时，才使用碳钢和低合金钢。钢由于韧性好，强度高，易焊补，故钢金属型的寿命要比铸铁金属型高几倍，但由于加工困难，易变形，因此只在铸型条件恶劣时才使用钢金属型。

铝合金金属型的研究已延续很多年，因铝合金金属型表面可进行阳极氧化处理，因而获得一层由 Al_2O_3 及 $Al_2O_3 \cdot H_2O$ 组成的氧化膜，其熔点和硬度都较高，而且耐热、耐磨。这种铝合金金属型如采用水冷措施，不仅可铸造铝件和铜件，也可铸造钢铁铸件。表 4-5 列出了一些金属型专用零件的适用材料，供参考。

表 4-5 金属型专用零件的适用材料

零件名称	材　料	热处理要求	应 用 范 围
型体	HT150, HT200	时效	结构简单的大、中、小型金属型型体
	45	30~35HRC	各种结构的大、中、小型金属型型体
型芯 活块、镶块	HT200	时效	结构简单的大、中、小型金属型芯、活块、镶块
	45	30~35HRC	一般结构的金属型芯、活块、镶块
	W18Cr4V	30~35HRC	细长金属型芯、薄片及形状复杂的组合型体、型芯、片状活块和镶块

筒形的金属型在普通砂型铸造时会产生缩松等缺陷，故推荐用离心铸造方法来制造筒形铸铁金属型。由于铸铁金属型在喷水急冷时容易发生脆断和开裂，所以要用喷水冷却的金属型建议使用铸钢制造。在铸件尺寸不大时，铸钢金属型的制造成本比铸铁高，但其寿命长，综合成本比铸铁金属型低。铸钢金属型的材料一般推荐使用低碳的 ML20 钢，在粗加工后进行正火和高温回火、去内应力处理。制造金属型的材料，应具有一定的强度、韧性及耐磨性，机械加工性好，同时具有一定的耐热性和导热性。

新金属型制好后，还必须进行一次预备热处理，即把金属型加热到 95~150℃，然后喷一层饱和过硫酸铵，经过一定时间后再用清水冲洗干净。这样处理的目的是去掉金属型表面的油污，使金属型内表面受轻微腐蚀变粗糙，从而使涂料有更好的附着力。

常用离心铸造用的金属型，其型体也分单层和双层两种。单层金属型结构如图 4-14a 所示，这种结构简单，在此型中只能浇注一种规格的铸件，多用来在滚轮式离心机上浇注大件或在专用离心机上成批生产小件。单层金属型的材料常用 HT200、QT450-10、ZG230-450 或 ZG310-570，大量生产大口径管件时需用耐热合金钢。其壁厚一般取铸件壁厚的 1.2~2.0 倍。另外，对于各种合金大件的铸型，如连续生产，铸件出型较早，型腔可适当设锥度，若铸件是低温出型，则可不设锥度。对于铸铁小件和铜合金中小件，其型腔的锥度取值范围为 1：25~1：150，铸铁件取大些，铜合金件取小些。

双层金属型如图 4-14b 所示，由外型和内型即内外两层组成。内型可以更换使用，通过更换结构简单的内型可以在同一离心机外型（机头）上生产不同规格的铸件，同时，更换内型也便于调整铸型工作温度。它多用于生产铜合金等的套筒类铸件。

设计外型时，要考虑有足够的强度以承受浇注时离心力的作用。双层金属型外型壁厚、材料及技术要求见表 4-6。

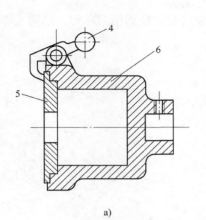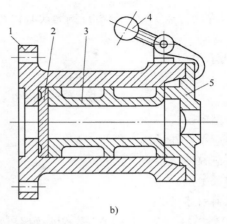

动画：离心
锤固定离
心铸型端盖

图 4-14 单层和双层金属型结构简图

a）单层金属型 b）双层金属型

1—外型 2—后端盖 3—内型 4—离心锤 5—前端盖 6—单型体

表 4-6 双层金属型外型壁厚、材料及技术要求

外型内径（大端）/mm	100~200	200~300	300~400	400~500	500~600	600~700	700~900
壁厚/mm	20~25	20~30	25~35	30~40	35~45	40~50	45~65
材料	ZG230-450，ZG270-500，QT400-15，QT500-7						
表面粗糙度 Ra /μm	内表面	6.3~3.2					
	外表面	12.5~6.3					
内圆锥度	铸型长度/mm	<200		200~400		400~600	
	锥度	1:25~1:50		1:25~1:75		1:50~1:100	

注：1. 外型材料如用铸铁，应设加强肋或适当加厚，并进行热处理以消除应力。

2. QT500-7 应经过退火处理，以求铁素体达 50%以上，并消除其内应力。

内型要求热变形小、耐用，一般做成带肋的圆筒体。为了方便更换内型，要有一定的间隙与外型体相配合。设计内型时，内型壁厚、材料及技术要求参考表 4-7。

表 4-7 双层金属型内型壁厚、材料及技术要求

材 料		HT200，HT150		
表面粗糙度 Ra/μm	内表面	6.3~1.6		
	外表面	12.5~3.2		
内型内圆锥度	内面长度/mm	200 以下	200~400	400~600
	锥度	1:25~1:100	1:75~1:150	1:100~1:300
内型外圆锥度	外面长度/mm	200 以下	200~400	400~600
	锥度	1:25~1:50	1:25~1:75	1:50~1:100
内外型配合间隙	内型外径/mm	100 以下	100~200	200~400	400~600
	间隙/mm	1~1.5	1.2~2.0	1.5~2.5	2.0~3.0
$\delta_{型}/\delta_{件}$ [①]		0.8~1.4		

注：如用水冷型，壁厚应取下限。锥度和间隙均按直径（包括双面）。

① $\delta_{型}$—内型壁厚，$\delta_{件}$—铸件壁厚。

根据铜套零件的特点及以上分析，铜套离心铸造用金属型材料选用 HT150，结构为单层金属型。

2. 铸型内腔尺寸计算

离心铸造时，内腔尺寸按下式进行计算

$$D = d(1+\varepsilon) + 2b + 2\Delta\delta \tag{4-3}$$

式中　D——铸型内径；

　　　d——铸造零件外径；

　　　ε——铸造收缩率；

　　　b——加工余量；

　　　$\Delta\delta$——涂料层厚度。

用式（4-3）计算时，ε、b 和 $\Delta\delta$ 参数的选取可查阅有关手册。

一般情况下，涂料层厚度 $\Delta\delta$ 每边为 $0.1 \sim 0.3$mm，型腔凹处取上限值，凸处取下限值。

通过以上分析，铜套离心铸造用金属型内型尺寸计算如下

$$D = [400 \times (1+3\%) + 2 \times 2 + 2 \times 0.2] \text{mm} = 416.4 \text{mm}$$

计算得型腔内径尺寸为：416.4mm。

$$L = [750 \times (1+3\%) + 2 \times 2 + 2 \times 0.2] \text{mm} = 776.9 \text{mm}$$

计算得型腔长度尺寸为 776.9mm。

3. 金属型壁厚的确定

金属型的壁过薄，刚度差，容易变形；壁过厚，金属型笨重，手工操作时劳动强度也大，因此要求确定一个最佳厚度。在确定金属型壁厚时，一般多考虑金属型的受力和工作条件。

金属型壁厚与铸件壁厚、材质、铸件外轮廓尺寸及金属型的材料性能有关。当金属型材料为铸铁时，其壁厚可参考图 4-15 确定。生产铝合金铸件时，壁厚一般不小于 12mm，而铜及钢铁铸件的金属型壁厚不小于 15mm。

图 4-15 所示壁厚为经验值，因此，在确定型壁厚度时应留有修正余地，如铸件可能产生缩孔或缩松的部位，应留有可开设冒口或安放冷铁（比铸铁导热性更好的材料）的位置，这样才不致在投产试制时，因铸件出现缺陷而使金属型报废。

根据以上分析，铜套金属型壁厚设计为 40mm。

4. 端盖和紧固装置

离心铸造用金属铸型的前后端盖是使套筒类铸件两端成形的模具。端盖不仅要挡住合金液，而且要保证铸件质量及装卸方便和安全。端盖板一般设计成可双面使

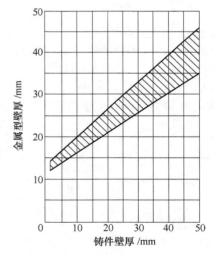

图 4-15　铸铁金属型壁厚
与铸件壁厚的关系

用的形式，当一端损坏或变形时可使用另一端。这时往往也能校正原先的变形。铸型的固定要简单可靠。用螺纹固定时，螺纹部分必须要涂二硫化钼，以便在旋转台达到较高温度时还能方便地拧下来。用于非铁合金铸件离心铸造的端盖，材料为 HT250。有耐火衬材料的端盖，适用于铁碳合金铸件，材料为 HT200。

离心浇注时，铸型端盖的紧固有三种方法，即螺栓、销钉和离心锤紧固。在用离心锤紧固时，离心锤压钩对端盖的压力必须大于离心压力对端盖的作用力。为了安全，用此方法必须用较坚固的罩子把铸型罩好。

铜套离心铸造金属型端盖材料为 HT250，采用销钉紧固。

4.3.2　ZCuSn5Pb5Zn5 铸造锡青铜的配料

由于本情境所用铜合金材料和情境 3 相同，所以熔炼炉选用、配料选择、配料计算过程及熔炼工艺可参见情境 3。熔炼 100kg ZCuSn5Pb5Zn5 合金（回炉料 20kg）配料表见表 4-8。

表 4-8　熔炼 100kg ZCuSn5Pb5Zn5 合金的炉料计算

铸件名称	铜套（石油机械类，安装于修井机液压系统零件）						
铸件特点	铸件为圆环形，其轮廓尺寸为 $\phi400mm \times 750mm$，内孔为 $\phi320mm$，毛坯重 148kg，平均壁厚 40mm。此铸件是修井机井架起升液压缸内的部件，选用离心铸造生产　　要求铸铜牌号：铸造锡青铜 ZCuSn5Pb5Zn5						
合金成分控制 w_i（%）	Sn4.0~6.0，Pb4.0~6.0，Zn4.0~6.0，杂质总和 ≤1.0，Cu81~87						

配料							
合金元素	目标含量		烧损量		炉料中应含量		同牌号回炉料		应加元素量/kg
	（质量分数，%）	kg	（质量分数，%）	kg	（质量分数，%）	kg	（质量分数，%）	kg	

合金元素	目标含量（质量分数，%）	目标含量 kg	烧损量（质量分数，%）	烧损量 kg	炉料中应含量（质量分数，%）	炉料中应含量 kg	同牌号回炉料（质量分数，%）	同牌号回炉料 kg	应加元素量/kg
Sn	5	5	1.5	0.08	5.00	5.08	5	1.00	5.08-1.00=4.08
Pb	5	5	2	0.10	5.02	5.10	5	1.00	5.10-1.00=4.10
Zn	5	5	5	0.25	5.16	5.25	5	1.00	5.25-1.00=4.25
Cu	85	85	1.5	1.23	84.82	86.23	85	17.00	86.23-17.00=69.23
合计	100	100	10	1.66	100	101.66	100	20	81.66

熔炼工艺如下：

1）炉型：用 300kg 中频感应电炉和其他必需工具进行熔炼。

2）炉料由金属料、回炉料、熔剂及辅助料组成，其纯度（质量分数）如下：Sn98.35%，Zn98.7%，Pb99.5%，Cu99.5%。

3）加锡锭 12.24kg，锌锭 12.65kg，铅锭 12.29kg，铜锭 207.80kg，回炉料 60kg。

4）炉前：首先对石墨坩埚及炉料加热，预热到所需要的温度，然后按顺序入炉，且要迅速压入坩埚内合金熔液中，在冶炼过程中应不断观察、调剂、分析，掌握好炉况，待均合格后，出炉浇注。

5）检测结果：力学性能，$R_m = 210MPa$，硬度 650HBW；杂质总和为 0.512%~1%（质量分数）。

4.3.3　铜套离心浇注

为尽可能地消除浇注时金属的飞溅现象，要控制好液体金属进入铸型时的流动方向。图 4-16 所示为卧式离心铸造时几种液体金属流动方向，可以看出，液体金属自浇注槽流入时的运动方向最好与铸型壁的旋转方向一致，此时金属的飞溅最少。

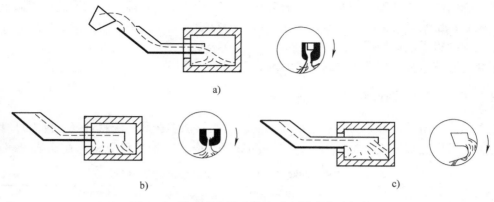

图 4-16 卧式离心铸造浇注时金属液流动方向

a) 不合理　b) 较合理　c) 合理

视频：卧式
离心铸造
设备调试

1. 合金原料及熔炼设备选择

根据产品工艺要求，选用铸造锡青铜 ZCuSn5Pb5Zn5 材料作为浇注材料，其熔炼原材料为锡、锌、铜等金属材料，回炉料也可加入熔炼。上述材料中除回炉料外，其他金属材料应知其纯度。添加剂有磷铜、覆盖剂（木炭）、脱氧剂造渣剂（氟石粉：食盐=7：3）。

视频：铜合金
熔炼（铜套）

2. 浇注

浇注过程如图 4-17 所示。

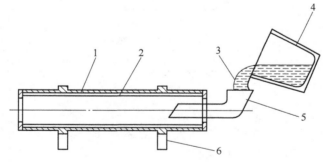

视频：离心
浇注（铜套）

图 4-17 离心铸造浇注示意图

1—铸型　2—铸件　3—金属液　4—浇包　5—流槽　6—支承及驱动辊

浇注时应采用高温铸型，铸型温度见表 4-9，使金属液正确地复制型腔的形状，提高铸件的精密度。

当熔炼合金经过检验达到工艺要求以后，即可进行浇注。浇注应在指导老师帮助下进行，浇注过程中应注意安全。

表 4-9　铜合金的铸型温度

合 金 种 类	铜 合 金
铸型温度/℃	100~500

浇注温度的选择，可根据理论知识（浇注合金的成分）进行确定。因所铸铸件壁厚≥30mm，从表 4-10 及表 4-11 得出 1140℃浇注为最佳，因此浇注温度为 1140℃。

金属液的定量可选择重量定量法和体积定量法（见情境 3），因为重量定量法浇注的铸型尺寸更准确，所以选用重量定量法。

表 4-10　ZCuSn5Pb5Zn5 铜合金的工艺参数

合　金	螺旋线长度/cm	线收缩率（%）	熔化温度范围/℃	浇注温度/℃	
				壁厚≤30mm	壁厚>30mm
ZCuSn5Pb5Zn5	40	1.46~1.59	976	1140~1180	1100~1140

表 4-11　浇注温度对铸造力学性能的影响

合　金　牌　号	浇注温度/℃	抗拉强度/MPa	屈服强度/MPa	断后伸长率（%）	硬度（HBW）
ZCuSn5Pb5Zn5	1100	245	137	17	71
	1160	267	145	38	67
	1180	265	135	31	64
	1230	235	135	19	56

3. 浇注后清理

铸件浇注完成后，将带有铸件的铸型放置在旁边冷却，在铸件冷却后采用机械法脱去铸型，然后对铸件进行检验。

4.4　项目实施

1. 铸型的选择

根据前面的分析，金属型结构简单，制造容易，操作安全、方便，能实现高效率生产，保证获得优质铸件。

选择金属型，用销钉紧固。根据情境 3 的分析并进行计算，铸型转速选为 600r/min。

2. 铸型设计

根据前面的分析进行铸型设计，设计图如图 4-18~图 4-21 所示。

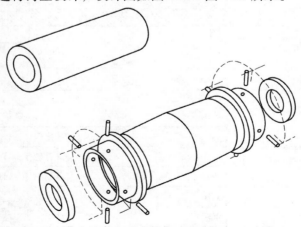

图 4-18　金属型及铜套铸件

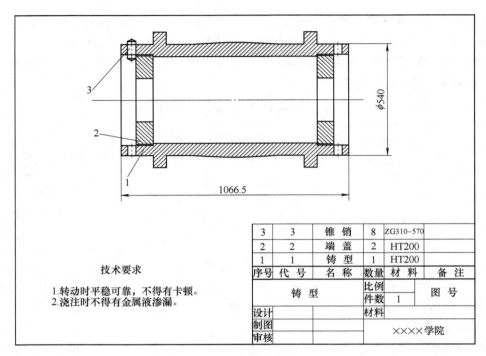

技术要求

1.转动时平稳可靠,不得有卡顿。
2.浇注时不得有金属液渗漏。

3	3	锥 销	8	ZG310-570	
2	2	端 盖	2	HT200	
1	1	铸 型	1	HT200	
序号	代 号	名 称	数量	材 料	备 注
铸　型			比例		图 号
			件数	1	
设计			材料		
制图					
审核			××××学院		

图 4-19　铸型装配图

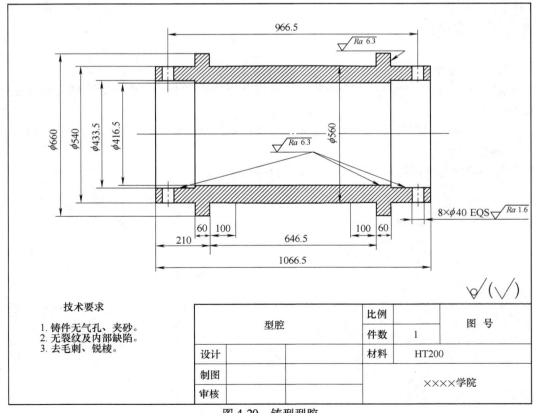

技术要求

1.铸件无气孔、夹砂。
2.无裂纹及内部缺陷。
3.去毛刺、锐棱。

型腔		比例		图　号
		件数	1	
设计		材料	HT200	
制图				
审核		××××学院		

图 4-20　铸型型腔

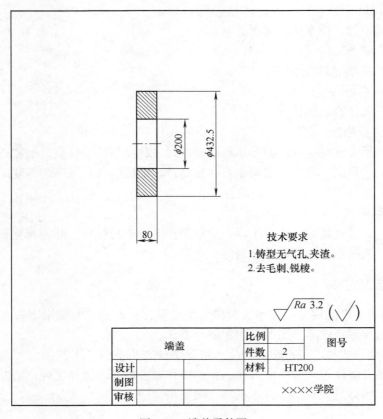

技术要求
1.铸型无气孔、夹渣。
2.去毛刺、锐棱。

$$\sqrt{Ra\ 3.2}\ (\sqrt{\ \ })$$

端盖	比例		图号
	件数	2	
设计	材料	HT200	
制图		××××学院	
审核			

图 4-21　端盖零件图

3. 铸型涂料工艺

浇注前的涂料喷涂采用 U 形槽倾倒法（具体实施见 3.3.4 节）。

4. 选择铸型转速

根据经验及相关理论知识，铸型转速确定为 600r/min。

5. 铸件（铜套）的浇注

除金属液在铸型内的径向、轴向运动外，要防止其他运动的产生，以防止金属液在铸型内的飞溅造成各种铸造缺陷。

金属液和铸型旋转方向相切进行浇注。

6. 铸件脱型

采用机械推出法脱型。

4.5　铜套离心铸造质量检验及评估

4.5.1　铸件质量检验

1. 对铸型设计的检查

对铸型设计的检查主要是对设计尺寸、装配方法等进行检查。

2. 铸型的使用检查

铸型进行试运行，检查生产情况。

3. 检查涂料工艺

检查涂料层的厚度与强度。

4. 检查浇注系统

检查浇注系统是否运转正常。

5. 对铸件进行检验

检验内容包括尺寸精度和表面质量检验等。尺寸精度根据工件设计图样进行检验；表面质量检验主要通过目测，检验其表面是否存在麻点、缩松、气孔及飞翅等缺陷。这些检验是铸件评分的主要标准。

6. 做好文明生产

生产结束后，清理场地，检查工具、设备是否遗失或者损坏，并将其整齐摆放于指定位置。如有损坏，请向指导教师说明原因。

4.5.2　评估与讨论

1）离心铸造生产的铜套尺寸和表面精度是否符合预期要求？如果不符合，请说明有哪些缺陷，并分析导致该缺陷产生的原因和防止方法。

2）针对铜套卧式离心铸造学习和生产过程中的方法选择、工艺制订、铸型设计、铸型调试、合金熔炼及浇注等环节中个人和小组的工作表现展开自评和互评，培养学生的参与意识、责任意识、集体意识和团队合作精神、敬业精神。

 思考题

1. 铸型材料如何选择？
2. 铸型型腔尺寸如何确定？
3. 铸型壁厚如何确定？
4. 在铸型设计中应该注意什么问题？

铜合金铸件水玻璃型壳熔模铸造

知识目标	能力目标	素质目标	重点、难点
1. 掌握模料的成分和配制工艺 2. 掌握熔模压制及组装工艺 3. 掌握型壳材料及制备工艺 4. 掌握浇注及清理 5. 了解熔模铸造常见缺陷及检验	1. 能够根据生产需要配制不同成分的模料 2. 能够使用提供的压型压制并组装合格的模组 3. 能够使用所选的型壳材料及相应工艺制备出合格的型壳 4. 能够获得合格的经过初步清理的铸件 5. 能够对已成型铸件进行缺陷检验并提出改进措施	1. 贯彻行业、国家标准的意识 2. 质量意识、环保意识、成本意识、创新意识 3. 参与意识、管理意识和团队合作精神 4. 尊重劳动、热爱劳动，具有较强的实践能力	重点： 1. 模料配制及压模制备 2. 型壳的制备和熔烧 难点：型壳制备

5.1 铜合金吊锤铸造工艺分析

5.1.1 任务提出

本情境以铸造铜合金吊锤（图 5-1）为载体，进行水玻璃型壳熔模铸造工艺知识学习、能力培养。如情境 1 所述，由于本铸件具有生产批量大、结构为实心回转件的特点，采用熔模铸造可以有效发挥其大批量生产、基本无切削的优点。

为完成本任务，对铸件的特点和铸造合金的特点进行分析如下。

1. 铸件特点分析

图 5-1 所示铜合金吊锤零件图，铸件轮廓尺寸为 $160mm \times \phi 80mm$，材质为铸造铜合金 ZCuZn38。吊锤结构从上到下为蘑菇状，上端边缘具有明显凸起，后端带有长柄，总体铸件体积不大，结构简单。

2. 铸造合金特点分析

本铸件所用的铜合金为铸造铜合金 ZCuZn38。该合金的浇注温度为 980~1060℃，适用的铸造方法有砂型铸造、石膏型铸造、熔模铸造等。该合金的凝固范围较窄，约为 50℃，凝固时体积收缩大，容易产生大的集中性缩孔。制订此类合金铸造工艺时，应设法满足合金顺序凝固的特性，并使用大冒口使之得到充分补缩，因此可将浇口设计在铸件中心处，以满足铸件补缩的要求。

5.1.2 熔模铸造工艺分析

根据所采用的造型黏结剂不同，可以将熔模铸造分为水玻璃型壳熔模铸造、硅溶胶型壳

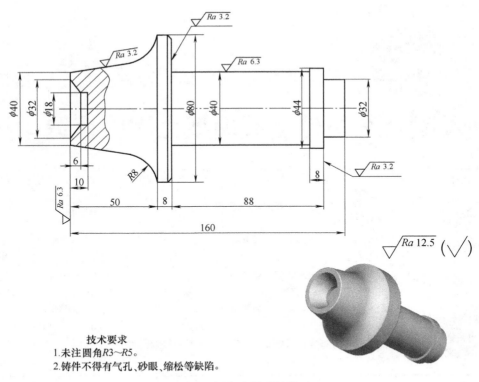

技术要求
1. 未注圆角R3~R5。
2. 铸件不得有气孔、砂眼、缩松等缺陷。

图 5-1   铜合金吊锤零件图

熔模铸造、硅酸乙酯型壳熔模铸造、复合型壳熔模铸造。下面分别简单介绍上述几种造型工艺的应用及特点。

1. 水玻璃型壳

水玻璃型壳具有价廉的优点，但用它所制的型壳中因残留有 Na_2O，会使型壳工作表面和整体的耐火度降低，故所得铸件表面不够光洁，铸件的尺寸精度也低，且在脱模操作时型壳易酥烂，故一般在生产精度要求较低、表面粗糙度要求不高的铸件时大量使用。

2. 硅溶胶型壳

硅溶胶价格适中，所制型壳的服役性能好，制型壳操作时不会放出有害物质，处理和配制涂料工艺简单，但型壳制造时所需的干燥时间太长。目前这种方法已得到广泛使用。

3. 硅酸乙酯型壳

用硅酸乙酯水解液制造的型壳耐火度高，强度大，制得铸件的尺寸精度和表面质量都较好，但硅酸乙酯价格较高，硅酸乙酯涂料的使用期不能超过两周。

4. 复合型壳

为了在获得较高尺寸精度和较低表面粗糙度值的同时，兼顾型壳制备的成本和造型工艺的简化，在进行型壳工艺选择时会对面层和加强层采用不同的型壳造型工艺。常见的有硅酸乙酯-水玻璃复合型壳、硅溶胶-水玻璃复合型壳、硅酸乙酯-硅溶胶复合型壳。复合型壳一般用于铸件表面质量和尺寸精度要求都较高的情况。这种方法的造价介于水玻璃工艺和硅溶胶、硅酸乙酯工艺之间。

本情境选择的载体为铜合金吊锤,其表面质量和尺寸精度要求都适中,因此本情境选用水玻璃型壳熔模铸造工艺完全能够满足技术要求。

5.2　必备理论知识

5.2.1　熔模铸造简介

熔模铸造通常是在可熔模样的表面涂上数层耐火材料,待其硬化干燥后,加热将其中的模样熔去,获得具有与模样形状相应空腔的型壳,再进行焙烧,然后在型壳温度很高的情况下进行浇注,从而获得铸件的一种方法。

熔模铸造的主要工艺过程如图 5-2 所示。从接到铸件图样起,在熔模铸造车间中的主要技术准备和生产工艺流程如图 5-3 所示。

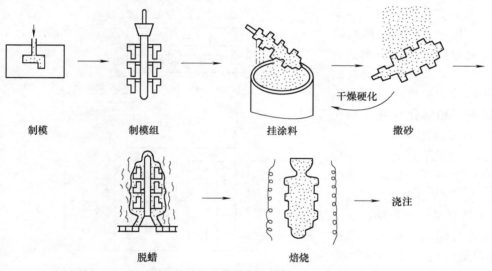

制模　　　　制模组　　　　挂涂料　　　　撒砂

脱蜡　　　　焙烧　　　　浇注

干燥硬化

视频:熔模
铸造工艺过程

图 5-2　熔模铸造主要工艺过程示意图

因为长期以来主要用蜡料制造可熔模样(简称熔模),因此常把熔模称为蜡模,把熔模铸造称为失蜡铸造。又由于用熔模铸造法得到的铸件具有较高的尺寸精度,表面光洁,故又称精密铸造。

熔模铸造方法适用于形状复杂、难以用其他方法加工成形的精密铸件的生产,如航空发动机的叶片、叶轮,复杂的薄壁框架,雷达天线,带有很多散热薄片、柱、销轴的框体、齿套等。

现代熔模铸造工艺是在 20 世纪 40 年代形成并得到迅速发展的。近年来,熔模铸造的发展特点是能生产更"大"、更"精"、更"薄"、更"强"的铸件,这是依靠技术发展和科技进步取得的。对熔模铸造发展有较大影响的新材料、新工艺、新技术很多,如水溶型芯、陶瓷型芯、金属材质改进、大型铸件技术、钛合金精铸、定向凝固和单晶铸造、过滤净化、快速成形、计算机在熔模铸造中的应用、机械化及自动化等。

5.2.2　常见模料介绍

1. 对模料性能的要求

制模材料的性能不但应保证方便地制得尺寸精度高、表面粗糙度值低、强度好、重量轻的熔模，还应为制造型壳和获得良好的铸件创造条件，所以模料的性能应满足以下要求。

1）有适中的熔点，一般在 60 ~ 100℃之间，以便于配制模料、制模和熔模的熔失（脱蜡）。同时，要求模料的开始熔化温度和终了熔化温度间的范围不应太窄或太宽。若太窄，不易配制糊状模料，压型压铸时，模料可能凝固太快，而使熔模不能成形，表面粗糙；若太宽，又会使熔化模料的温度与模料开始软化温度间的差别增大。一般模料的开始熔化和终了熔化温度之差以 5 ~ 10℃为宜。

2）模料开始软化变形的温度（称为软化点）要高于 40℃，以保证制好的熔模在室温下不发生变形。

3）模料应具有良好的流动性和成型性。在压制熔模时，应保证充填良好，能准确清晰地复制出压型型腔的形状；而在制壳过程中熔失熔模（脱蜡）时，模料也应容易从型壳中流出。

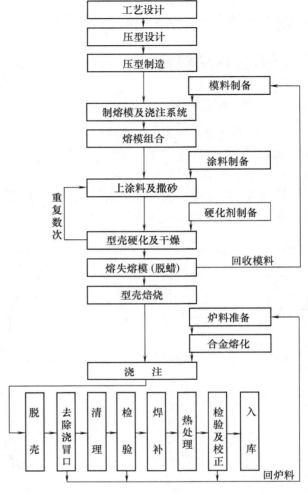

图 5-3　熔模铸造技术准备、生产工艺流程图

4）模料在凝固和冷却过程中的收缩应尽可能小而稳定，以保证熔模的尺寸精度。模料也应具有尽可能小的线膨胀系数，以防止脱蜡时型壳被模料胀裂。一般要求热胀率（或收缩率）小于 1%。目前国内较好的模料的收缩率已小于 0.5%。

5）模料要有高的强度、表面硬度及韧性，确保熔模在组合、储存、制壳等过程中，以及在搬运过程中受到振动、冲击作用时不损坏、不变形。模料强度不应低于 2.0MPa，针入度（硬度标志，20℃和100g荷重压力下，5s 内标准针垂直插入模料的深度，以 0.1mm 为 1度）以 4 ~ 6 度为宜。

6）熔模表面与耐火涂料之间应能良好润湿，使涂料在制壳时能均匀涂覆在熔模上，正确复制熔模的几何形状。

7）模料的化学活性要低，不应和生产过程中所遇到的物质（如压型材料、涂料等）发生化学反应，并对人体无害。

8）模料在高温燃烧后，遗留的灰分要少，使焙烧后的型壳内部尽可能干净，防止铸件上出现夹渣缺陷。

9）模料的焊接性要好，便于组合模组；密度要小，以减轻操作工人的劳动强度，并保证模组的强度；能多次重复使用，价格便宜。

2. 模料原材料的种类及其性能

常用模料原材料的技术数据见表 5-1，通常按化学结构可分为蜡类、松香类、热塑性高聚物三类。

视频：模料
常用原材料

表 5-1　常用模料原材料的技术数据

名称	熔点 /℃	软化点 /℃	密度 /(g/cm³)	抗拉强度 /MPa	线收缩率 (%)	断后伸长率 (%)	灰分含量 (质量分数,%)	酸值 /(KOH)mg/g
石蜡	56~70	>30	0.88~0.99	0.23~0.30	0.50~0.70	2.0~2.5	≤0.11	
硬脂酸	54~57	35	0.85~0.95	0.18~0.20	0.60~0.69	2.8~3.0	≤0.03	203~218
松香	89~93	74	0.90~1.10	5.0	0.07~0.09		≤0.03	164
川蜡	80~84	37~50	0.92~0.95	1.15~1.3	0.80~1.20	1.6~2.2	≤0.03	1.30
蜂蜡	62~67	40	0.95~0.97	0.30	0.78~1.0	4.0~4.2	≤0.03	4~9
褐煤蜡	82~85	48		4.54	1.63		≤0.04	9
地蜡	57~80	40	1.0	>0.15	0.6~1.10		≤0.65	5~6
聚苯乙烯	160~170	70	1.05~1.07	30~50	0.65~0.75		≤0.04	
聚乙烯	104~115	80	0.92~0.93	8.0~16.0	2.00~2.50		≤0.06	
尿素	130~134				0.1			
改性松香 210		135~150						20
改性松香 424		>120						≤16
聚合松香 115		110~120					≤0.03	≤120
EVA[①]	62~75	34~36	0.94~0.95	3.0~6.0	0.70~1.20		≤0.04	
乙基纤维素	160~180	115~130	1.00~1.20	14~50			≤0.03	

① EVA 为乙烯和醋酸乙烯酯共聚物。

（1）蜡类及其性能特点　蜡类原材料主要有石蜡、地蜡、硬脂酸、精制褐煤蜡、蜂蜡和川蜡等。

1）石蜡和地蜡都属于烷烃蜡，烷烃是一种直链状饱和碳氢化合物的混合物，其化学通式为 C_nH_{2n+2}。普通石蜡是 $n = 17 \sim 36$ 的烷烃的混合物，地蜡是 $n = 37 \sim 53$ 的正构烷烃和长链异构烷烃的混合物。石蜡是石油加工的副产品，一般按照其熔点分级，分为 48、50、52、54、56、58、60、62、64、68 和 70 等多种规格。石蜡规格中的号数是指它的熔点，如 62 号石蜡就是指石蜡的熔点为 62℃。熔点高于 60℃ 的石蜡称为高熔点石蜡，熔模铸造中常用的是 58~62℃ 的石蜡。石蜡的化学活性低，呈中性，在 140℃ 以下不易分解炭化，具有一定的强度和良好的塑性，不易开裂，但软化点低（约 30℃），凝固收缩大，表面硬度低。

2）地蜡是由地蜡矿或加工含蜡石油而得的固体烷烃混合物，分为提纯地蜡和合成地蜡两种。提纯地蜡分为 67 号、75 号、80 号三种（号数即滴点[⊖]）；合成地蜡按其滴点分为 60

⊖　滴点是指在规定条件下达到一定流动性时的最低温度，常用℃表示。

号、70号、80号、90号、100号五种。提纯地蜡的熔点和软化点比石蜡高，热稳定性较好，其结晶细小，而且能够保持大量的溶剂和矿物油形成均一稳定的混合物，因而，石蜡和地蜡是蜡基模料中使用最多的基本成分。

3）硬脂酸是固体脂肪酸的混合物，其分子式为 $C_{17}H_{35}COOH$，学名为十八烷酸。硬脂酸属于弱酸，能直接与比氢更活泼的金属起置换反应，也容易与碱或碱性氧化物起中和反应，生成皂盐。硬脂酸加入石蜡中能提高模料的流动性、涂挂性及软化温度，但会降低模料的强度，加入过量易形成裂纹。硬脂酸由于蒸馏制取时所加压力不同，可分为一压、二压、三压三种纯度，熔模铸造中用纯度高、熔点为60℃的三压硬脂酸作为制模原材料。

4）精制褐煤蜡、川蜡和蜂蜡都属于酯蜡。精制褐煤蜡外观呈浅黄色，熔点高（82~85℃），热稳定性较好，强度和硬度较高，是一种比较好的制模材料。添加褐煤蜡能提高模料的强度、热稳定性及表面硬度。

川蜡和蜂蜡是高级脂肪酸和高级饱和一元醇进行酯化反应所生成的酯的混合物，其热稳定性、强度和硬度都较高，收缩率较大，对涂料的润湿性较好，并具有良好的流动性，但化学稳定性差。在蜡基模料中作为改善性能用的调整成分，能显著地改善模料的某些性能。

（2）松香类及其性能特点　松香、聚合松香及改性松香均属于脂环族化合物。

松香是从松脂中分离松节油后所剩余的固体产物，其主要成分为松香酸。它是一种脆性的、浅黄色（或褐色）、呈玻璃状的、透明的天然树脂，松香能与石蜡很好地互溶，软化点高，收缩率小（仅为0.07%~0.09%），强度高，涂挂性好，但黏度大，流动性差。松香酸分子化学活性大，容易发生加氢、氧化和聚合反应。通常块状松香的表面在空气中会自由氧化，生成氧化松香。模料中氧化松香的数量越多，则黏度越大。氧化松香的稳定性小，容易裂解和聚合，使模料老化。

为改善松香的性能，可对松香进行改性处理。目前生产中采用的改性松香，主要有聚合松香和424树脂。松香改性后，分子结构改变，双键减少，而相对分子质量增大。因此，改性松香提高了化学稳定性，硬度、软化点和强度增高，收缩率减小。改性松香可取代普通松香来配制模料。

（3）热塑性高聚物及其性能特点　热塑性高聚物主要有低分子聚乙烯、高分子聚乙烯、聚苯乙烯、EVA和乙基纤维素等。

1）低分子聚乙烯和高分子聚乙烯属于热塑性高分子化合物，它们是由许多乙烯分子在一定条件下聚合而成的。按相对分子质量大小，聚乙烯可分为低分子和高分子两种，前者相对分子质量为3000~5000，呈蜡状；后者相对分子质量大于60000，常温下为白色晶型结构。低分子聚乙烯是生产高分子聚乙烯时从乙烯聚合物中分离出来的，其化学结构与石蜡相似。

低分子聚乙烯的熔点较低（65℃），强度较高，收缩率较小，流动性较好，与烷烃蜡的互溶性良好，其硬度比高分子聚乙烯低，而化学性质极为稳定，在一般情况下不与酸（除硝酸外）、碱及盐类水溶液作用，因此，在石蜡-硬脂酸模料中，低分子聚乙烯可代替硬脂酸，从而可降低成本，提高强度和韧性。目前低分子聚乙烯代替硬脂酸用于配制石蜡基模料，已取得较好的效果。

生产高分子聚乙烯时，按聚合时压力大小不同，可分为低压、中压和高压三种。制模时通常用高压聚乙烯作为强化剂。

2）乙烯-醋酸乙烯酯是乙烯和醋酸乙烯酯的共聚物，简称 EVA。与高分子聚乙烯相比，EVA 的熔点（80℃）比聚乙烯的熔点（105~130℃）低得多，收缩率也小，其弹性和冲击吸收能量等力学性能高，更易与石蜡互溶，表面光泽，抗老化性强。作为改善模料性能的添加成分，EVA 要优于高分子聚乙烯。

3）聚苯乙烯是一种热塑性高聚物，是由单体苯乙烯在加热条件下聚合而成的高分子碳氢化合物，其性能取决于聚合度。它的熔点高，强度高，热稳定性好，收缩率较小，宜作制模材料，也可用作添加成分来改善模料的性能。

4）乙基纤维素也是很好的添加成分，它是一种白色粒状热塑性固体，其熔点为 165~185℃，强度高，不溶于石蜡而溶于硬脂酸中，在石蜡-硬脂酸模料中加入乙基纤维素，可提高模料的强度及软化点。

3. 模料的组成及性能

模料通常由两种或两种以上的原材料组成，基本组元具有良好的综合性能，而添加组元一般含量不多，仅作为改善或补充基本性能之用。模料种类很多，通常按熔点高低分为三类：第一类是低温模料，其熔点低于 60℃，如石蜡-硬脂酸模料；第二类是中温模料，其熔点在 60~120℃ 之间，如松香-川蜡基模料；第三类是高温模料，其熔点高于 120℃，如由 50%松香、30%聚苯乙烯和 20%地蜡（质量分数）组成的模料。按其主要组成和性能不同，模料可分为蜡基模料、松香基模料、系列模料及其他模料四大类。

（1）蜡基模料的配比及性能　蜡基模料主要是以各种矿物蜡或动植物蜡为主体的模料，配比多样，使用广泛。蜡基模料的配方及技术特性见表 5-2 和表 5-3。

表 5-2　国内常用的蜡基模料配方表（质量分数,%）

序　号	1 号	2 号	3 号	4 号	5 号	6 号	7 号	8 号	9 号	10 号	11 号
石蜡	50	50	50	50	32	50	95	80	85	49	90~94
硬脂酸	50	50	—	45	60	20	—	—	—	48	—
松香	—	—	—	—	—	—	—	—	5	—	2~5
褐煤蜡	—	—	—	—	—	30	—	15	5	—	1~2
EVA	—	—	7	—	—	—	—	—	—	—	1~2
地蜡	—	—	10	—	8	—	—	—	—	—	—
低分子聚乙烯	—	—	—	—	—	—	5	5	5	—	—
乙基纤维素	—	—	—	5	—	—	—	—	—	—	—
聚乙烯	—	1①	—	—	—	—	—	—	—	—	—
蜂蜡	—	—	23	—	—	—	—	—	—	3	—
424 树脂	—	—	10	—	—	—	—	—	—	—	—

①　按模料总量的百分比计。

表 5-3　蜡基模料的技术特性

序号	熔点 /℃	热稳定性 /℃	收缩率(%)	抗拉强度 /MPa	流动性 /mm	焊接强度 /MPa	灰分 （质量分数,%）	涂挂性①/mm
1 号	50~51	31	1.0	1.25	110.2	0.67	0.09	0.59
6 号		≥40	1.06	4.66		0.64		0.59
7 号	65~66	34	1.04	2.21	90	1.22	0.045	

（续）

序号	熔点/℃	热稳定性/℃	收缩率（%）	抗拉强度/MPa	流动性/mm	焊接强度/MPa	灰分（质量分数，%）	涂挂性[①]/mm
8号		≥40	≤1.20	≥4.41		1.21		
9号	58	34	0.8					
10号		≥37	0.7~0.9	1~1.57			0.04	

① 涂挂性表示熔模吸附涂料的厚度。

视频：石蜡-
硬脂酸模料

1）石蜡-硬脂酸模料。石蜡和硬脂酸能互溶，在石蜡中加入硬脂酸可提高模料的软化点、流动性、涂挂性和表面硬度。但当模料中硬脂酸超过80%[⊖]时，模料的强度特别低；当硬脂酸含量小于20%时，熔模表面易起泡，其涂挂性也不好。当硬脂酸含量为20%~80%时，随硬脂酸增多，模料强度略有下降。生产中广泛采用石蜡和硬脂酸各50%的配比，如表5-2中的1号模料。这种模料互溶性良好，配制简单，制模容易，回收处理简单，复用性好，采用糊状模料压制熔模时的线收缩率一般为0.6%~0.8%；但这种模料的软化点（约31℃）和强度（$1.25×10^5Pa$）较低。有的工厂通过调整配比适应不同季节，如夏季增加硬脂酸5%~10%，以改善热稳定性；冬季则增加石蜡加入量，以提高强度并克服模裂倾向。

这种模料适用于制造精度要求不高的小型铸件的熔模。要求制壳和制模场地室温保持在15~25℃范围内，否则熔模易变形。

2）石蜡-低分子聚乙烯模料。用低分子聚乙烯代替硬脂酸，可配制成石蜡-低分子聚乙烯模料。经试验表明，石蜡的熔点和低分子聚乙烯的相对分子质量都会影响该模料的性能。

目前广泛用于熔模铸造生产的石蜡-低分子聚乙烯模料，其组成为石蜡（64℃）95%+低分子聚乙烯5%，如表5-2中的7号配方，该配方简称为5-95模料，其性能见表5-3。

石蜡-低分子聚乙烯模料的配制和制模工艺与石蜡-硬脂酸模料相似，但应注意以下几点：

① 应预先处理低分子聚乙烯，去除其中的杂质。处理方法是将低分子聚乙烯放在沸水浴中熔化，保温静置，将杂质沉淀去除。相对分子质量较高的低分子聚乙烯则可预先按一定比例与石蜡混合熔融，再过滤去除杂质。

② 调制糊状蜡膏时，搅拌机转速不宜过快，或者采用封闭式搅拌桶，避免卷入过多的气体。

③ 模料的黏度较大，流动性较差。在制模时，应适当提高模料的压注温度和压注压力。一般控制模料的压注温度为55℃左右，压力为0.3~0.5MPa，压型工作温度以20~25℃为宜。当使用不同熔点的石蜡及不同相对分子质量的低分子聚乙烯时，应注意调整制模工艺参数。

④ 当低聚物模料的黏度较大时，可适当添加1.5%以下的油类，如煤油等，以提高模料的流动性，但会降低热稳定性和涂挂性，故应严格控制加入量，在一般情况下可以不加。

石蜡-低分子聚乙烯模料与石蜡-硬脂酸模料相比，具有强度高、韧性好、收缩率小、焊接性好、脱蜡回收方便、复用性好等优点。由于采用5%低分子聚乙烯代替硬脂酸，故可以节约大量硬脂酸，还可使模料具有良好的化学稳定性，在制模、制壳及脱蜡回收时不发生皂

⊖ 表示模料组成的百分数。如无特别说明，均表示质量分数。

化反应，不易变质，便于控制模料的质量。

3）石蜡-褐煤蜡基模料。它是以石蜡-褐煤蜡为模料基体，再添加适量的松香、低分子聚乙烯等，取代硬脂酸，形成的石蜡-褐煤蜡基三元、四元系模料，具有松香基模料的性能。如用褐煤蜡和低分子聚乙烯取代硬脂酸配制的 8 号模料，这种模料的热稳定性好，在 40℃下保温 2h，模料试样变形挠度<2mm。9 号配方是用石蜡、褐煤蜡、低分子聚乙烯和松香组成的褐煤蜡基模料，其强度、硬度和稳定性均有显著的提高，压制的熔模表面光洁。

4）石蜡-热塑性高聚物模料。热塑性高分子聚合物作为模料强化剂已经得到普遍的应用。由于高聚物分子长链具有较高的强度和柔韧性，并能与蜡的低分子化合物形成稳定的混合物，从而可增加模料的韧性及弹性，提高强度及热稳定性，起到强化基体的作用。但是，由于长分子链在熔融状态时易呈无规则线团状，故会降低模料的流动性。一般作为强化剂的热塑性材料，其熔点不宜过高，收缩率要小，且与蜡基模料的互溶性要好。

目前常用的热塑性材料有聚乙烯、乙基纤维素及乙烯与醋酸乙烯酯的共聚物（即EVA）等。

经过试验，在石蜡中加入 10% 聚乙烯，其滴点可从 50℃ 提高到 80℃，强度提高1.5MPa，但收缩率增加，流动性降低。因此，从综合性能考虑，聚乙烯在模料中的添加量不应超过 15%。而表 5-2 中的 4 号模料添加 5% 乙基纤维素，可具有较高的强度和热稳定性。但是，乙基纤维素价格较高，供应不足，因此国内应用尚少。

聚乙烯和乙基纤维素的结晶度大，熔点高，溶解度小，用它们配制模料时，熔蜡温度高，高温停留时间长，蜡料容易发生分解、炭化而变质。目前生产中已开始采用 EVA 作强化剂。与聚乙烯相比，EVA 结晶度小，溶解度大，溶解速度快，与蜡料互溶性较好。如表5-2 中的 3 号模料采用 70℃ 石蜡，其中添加 7%EVA。该模料配制简单，使用方便，复用性较好。与石蜡-硬脂酸模料相比，这种模料具有较好的弹性、强度、表面质量和热稳定性，它适用于制作形状复杂的小型熔模，采用液态浇注或液态压注成形。

（2）松香基模料的组成和性能　松香基模料是以松香为主要成分配制成的模料，属于中温模料，主要用来生产精度要求高、形状复杂的薄壁铸件。

松香具有比蜡高的强度和表面硬度、比蜡小的线收缩率、比热塑性高聚物低的熔点及良好的涂挂性。但松香性脆易碎，黏性大，流动性和成型性差，热稳定性不好。由于蜡具有良好的流动性、成型性和塑性，并能与松香互溶，因而常在松香基模料中加入适当比例的蜡，与松香组成复合基体。可供选择的蜡有川蜡、褐煤蜡、地蜡或其混合物，有时还需添加一种或几种附加组元，以进一步提高和改善模料的性能。

在松香基模料的成分中，用 EVA 代替聚乙烯、用石蜡和褐煤蜡代替川蜡、用聚合松香和改性松香代替松香配制的模料，其性能良好，可用作精铸无余量叶片等零件的模料。

松香基模料的配比及技术特性见表 5-4 和表 5-5。

表 5-4　松香基模料的配比

序号	松香	聚合松香	改性松香	石蜡	地蜡	蜂蜡	褐煤蜡	EVA	聚乙烯	川蜡
1 号	20	—	37	30	10			3		
2 号	—	50		30	10	8		2	—	—
3 号	60			5					5	30

（续）

序号	松香	聚合松香	改性松香	石蜡	地蜡	蜂蜡	褐煤蜡	EVA	聚乙烯	川蜡
4号	75	—	—	—	5	—	—	—	5	15
5号	30	—	27	—	5	—	—	—	3	35
6号	—	17	40	30	—	—	10	3	—	—
7号	22	—	—	54	—	—	24	—	—	—

表5-5　松香基模料的技术特性

序　号	熔点 /℃	热稳定性 /℃	收缩率 （%）	抗拉强度 /MPa	流动性 /mm	灰分 （质量分数,%）
1号	77		0.98	4.2	42.2	≤0.05
2号	73			4.0	55.5	≤0.05
3号	90	40	0.88	5.8		≤0.05
4号	94	40	0.95	9.8		≤0.05
5号		40	0.78	5.9		
6号	74~78	40		5.3		
7号	≈75	≈40	0.98	5.8		

（3）系列模料　由于熔模铸造生产中常需要能满足多种需求的模料，单靠铸造单位是没有足够的技术力量来开发技术性能先进的模料的，而且模料的制备也需要较多的装备和能源、人力的消耗，在市场经济的条件下，便有了专门的模料工厂研制的系列模料，供熔模铸造生产单位按不同要求选用。现在国内市场上已有系列模料供应，表5-6列出了国产WMⅡ系列模料的性能和适用范围。

表5-6　WMⅡ系列模料的性能和适用范围

牌　号	熔点 /℃	压注温度/℃	抗拉强度 /MPa	线收缩率 （%）	灰分 （质量分数,%）	使用状态	适用范围	颜色
WMⅡ-1	95	70~75	2.5~3.0	0.3~0.5	<0.05	液态	叶片	深色
WMⅡ-2	90	50~70	3.0~4.0	0.5~0.6	<0.05	液态	一般熔模件	浅色
WMⅡ-3	80~90	55~70	2.5~3.0	0.4~0.6	<0.05	液态	大件	浅绿
WMⅡ-4	70~80	60~70	4.5~5.0	0.4~0.6	<0.05	液态	薄壁件、钛合金件	桔红
WMⅡ-5	55~70	55~65	3.0~3.05	0.6~0.8	<0.05	液态	代替石蜡-硬脂酸模料	深绿
WMⅡ-6	65~75	55~65	3.5~4.5	0.3~0.5	<0.05	液态	填料模料	大红
WMⅡ-7	45~60		2.0~3.5		<0.05	液态	修补熔模	深红
WMⅡ-8	55~65		2.0~3.0		<0.05	液态	粘接熔模	黄
WMⅡ-9	45~60		3.4~4.5	0.6~0.7	<0.05	液态	工艺美术品	红
WMⅡ-10		60	1.0~1.5	0.1~0.2	<0.05	液态	制水溶芯	草绿

选用系列模料时应注意：制造浇道的模料的熔点应低于铸件熔模本体的模料，并具有更好的流动性，以保证熔失熔模时浇道部分先于熔模本体熔失，减小型壳被胀裂的可能性，有

不少生产单位直接用回用模料制造熔模的浇道；粘接熔模用模料在液态时应有较大黏度，在凝固后应有较强的粘接力和较好的韧性；用于修补熔模的模料应熔点低，塑性好，借手温即可捏成形，便于堵塞熔模表面孔洞、疤痕等缺陷。

（4）其他模料　除了以上面三种应用较为广泛的模料外，熔模铸造中还有填料模料、泡沫聚苯乙烯模料和尿素模料等。

1）填料模料：即在蜡基模料或松香基模料中加入熔点较基体模料高 10℃ 以上、不溶于水、型壳焙烧时能烧尽、易被液态模料润湿、密度与液态模料相近的固态粉料的模料。可用于制备填料模料的粉料有聚乙烯粉、聚苯乙烯粉、聚氯乙烯粉、异苯二甲酸粉、季戊四醇粉、己二酸粉、脂肪酸粉、尿干粉（尿素加热至 120℃ 保温 5h 后粉碎得到的）、苯四酸酐二亚胺、酞酣亚胺、萘、淀粉等。加入量可为模料总重量的 10%～45%。

采用填料模料可减小模料的收缩率，一般比无填料的模料收缩率小 5% 以上，还可提高熔模的尺寸精度和表面质量，但模料的回收较困难。

下面介绍几种填料模料的配方（质量分数）。

①松香（或改性松香）20%～30%+硬脂酸 40%～60%+褐煤蜡 5%～20%，在此基础上再外加填料聚苯乙烯粉 10%～20%。此种填料模料又称 T48 号模料。制备时模料温度应控制在90℃ 以下，超过此温度聚苯乙烯粉会黏结成团，使脱模和模料回用困难。

②石蜡 80%+地蜡 20%，外加聚氯乙烯粉 10%。

③改性松香 35%+硬脂酸 30%+改性尿素粉（尿素和缩二脲在 170℃ 时生成的三聚异氰酸和三聚氰酸，经破碎而成，不溶于水）35%，外加地蜡 3%。

④地蜡 8%+改性松香 35%+硬脂酸 22%+尿干粉 35%。

2）泡沫聚苯乙烯模料：又称气化模料，是一种高温模料，预发泡聚苯乙烯颗粒在金属模具中经加热发泡可制得模样。用此种模料制成的模样尺寸精确，热稳定性好，不易变形；但涂挂性不好，而且在泡沫接缝处表面不光滑，且不易制作薄壁的模样，需有透气性好的型壳，故应用较少。

3）尿素模料：是一种水溶性的模料，用它制成的模样，常用来形成不能取出型芯的熔模内腔。尿素在 130～140℃ 时熔化成液态，具有良好的流动性，可直接从内腔中排出。

此外，人们还研究了以尿素为主加入少量硼酸、硝酸钾或硫酸铵等水溶粉料，压制成模样用来涂挂涂料制作型壳的方法，这种尿素模样具有好的热稳定性，存放时不易变形，刚性大，脱蜡时不需要加热，只需将带有模样的型壳放入水中，模样自动溶于水中。但其密度较大，易吸潮，不能使用水基涂料（如硅溶胶涂料、水玻璃涂料）制型壳，只能用醇基涂料（硅酸乙酯水解液涂料）制型壳，模料回收也很困难。

5.2.3　型壳造型材料介绍

1. 型壳的基本特点

型壳的基本作用是获得表面光洁且尺寸精确的铸件，因此型壳的性能应达到如下要求：

1）有良好的工艺性能，能准确地复制出熔模外型，保证尺寸精确、表面光洁。

2）有足够的常温和高温强度，以及必要的刚度，以避免在脱蜡、焙烧、浇注等过程中的复杂应力作用下变形、开裂或破损。

3）具有高的化学稳定性，良好的退让性、透气性及小的膨胀性。

4）残留强度低，具有良好的脱壳性（溃散性）。

2. 耐火材料

（1）制壳用耐火材料应具有的基本性能 制造型壳用的耐火材料应具有以下基本性能：

1）必须具有高于合金浇注温度的耐火度和较高的最低共熔点。一般情况下，耐火材料的耐火度随熔点增高而提高。通常耐火材料在远低于本身耐火度时就开始出现液相，会导致型壳软化变形，从而影响铸件的尺寸精度，因此要求耐火材料有较高的最低共熔点。

2）在高温条件下应具有良好的化学稳定性，即在高温下不与浇注入型壳的合金及其氧化物发生化学反应，在配制涂料时不会降低黏结剂的稳定性。

3）最好具有较低且均匀的膨胀系数。因为耐火材料的热膨胀性是影响型壳在加热和冷却过程中线量变化的主要因素，各种耐火材料的热膨胀性主要取决于其化学矿物组成和所处的温度。在一定温度范围内，耐火材料的热膨胀有的比较均匀，有的波动较大。常用耐火材料的线膨胀系数如图5-4所示。由图可见，石英的热膨胀系数最大，且不均匀，而石英玻璃的热膨胀系数最小，而且较均匀。

（2）常用耐火材料的性能及应用范围 目前熔模铸造中所用的耐火材料主要为石英和刚玉，以及由不同含量 SiO_2 和 Al_2O_3 所组成的硅酸铝耐火材料，如耐火黏土、铝矾土、焦宝石、匣钵砂等，有时也用锆砂（$ZrO_2 \cdot SiO_2$）、镁砂等。

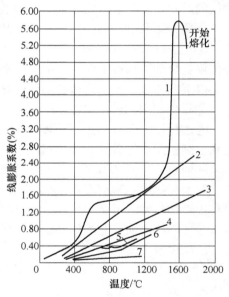

图5-4 常用耐火材料的热膨胀曲线
1—石英 2—烧结镁砂 3—电熔刚玉
4—硅线石 5—耐火熟料 6—锆石
7—石英玻璃

1）石英（SiO_2）。因天然硅砂中含有较多的杂质，熔模铸造时不宜用它作耐火材料，故只能用人造石英。人造石英来源丰富，但它的热膨胀系数大，尤其在573℃时，它由β-石英转变为α-石英，体积骤然膨胀，线膨胀率达1.4%，这会使焙烧的型壳开裂，并降低强度。目前一般在生产碳素钢、低合金钢、铜合金铸件时，才采用人造石英为耐火材料。在生产高温合金，高铬、高锰钢铸件时，由于它们所含的铝、钛、锰、铬等元素会与酸性的石英型壳发生化学反应，而使铸件表面恶化（生产铝合金铸件时也会发生上述情况）。此外，硅石粉尘对人体有害，故目前国内许多单位都设法用铝矾土（熟料）、匣钵砂等代替人造石英制作型壳。

石英玻璃是用优质硅砂（SiO_2 的质量分数大于99%）在碳极电阻炉或电弧炉中熔融，冷却后制成的，为一种非晶型二氧化硅熔体，它的纯度极高，熔点约1713℃，热膨胀率极小，有极高的热震稳定性，强度很高，但抗冲击性能较低，在1100℃以上会显著析晶，一般价格较高。在形成铸件中的细长内孔、薄宽内腔时，常用石英玻璃的制件和石英玻璃粉作为制型壳时的陶瓷型芯。

2）刚玉（α-Al_2O_3）。刚玉又称电熔刚玉，有白色和棕色两种。前者是工业氧化铝在电弧炉内经高温熔融、冷却后破碎而得的；后者则是铝矾土在电炉内加热到2000～2400℃，用碳还原Fe、Si和Ti的氧化物，然后除去这些杂质，冷却后破碎而得。白刚玉中 Al_2O_3 的质量分数超过 98.5%，而在棕色刚玉中则含 93% 以上。熔模铸造中用得较多的是白色刚玉。

刚玉的熔点高（2050℃），密度大（4.0g/cm³），结构致密，导热性能好，热膨胀小而均匀，在高温下呈弱酸性或中性，抗酸、碱性强。用它制作的型壳尺寸稳定，与合金中的 Ni、Cr、Al、Ti 等元素不发生反应。但由于它来源稀缺，价格较高，目前主要用来生产耐热不锈钢、超级耐热高温合金和表面要求较高的熔模铸件。

3）锆石。锆石也称硅酸锆（$ZrO_2 \cdot SiO_2$），其熔点高达 2400℃，热膨胀系数小且膨胀均匀，导热性较好，蓄热能力大，多用于面层涂料，以提高铸件的尺寸精度、表面质量并细化表面晶粒。

4）铝-硅系耐火材料。铝-硅系

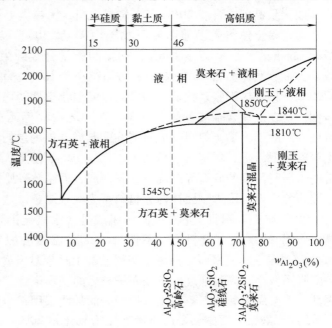

图 5-5　Al_2O_3-SiO_2 二元相图

耐火材料是以氧化铝和二氧化硅为基本化学组成的材料。随着 Al_2O_3、SiO_2 组成的不同，此材料的相组成也发生变化。图 5-5 所示为 Al_2O_3-SiO_2 二元相图，它表示铝-硅系耐火材料的理论相组成及随温度的变化情况。随 Al_2O_3 含量的不同，铝-硅系耐火材料可分为半硅质（$w_{Al_2O_3} = 15\% \sim 30\%$）、黏土质（$w_{Al_2O_3} = 30\% \sim 46\%$）和高铝质（$w_{Al_2O_3} > 46\%$）三类。

图 5-5 中还表示出了三种铝-硅系材料的矿物名称。

高岭石的分子式为 $Al_2O_3 \cdot 2SiO_2$，在煅烧后，其理论成分组成（质量分数，余同）为 $Al_2O_3$45.87%+$SiO_2$54.13%，其主要矿物组成为莫来石和方石英。高岭石呈弱酸性，密度为 2.6g/cm³，熔点为 1750~1785℃，线膨胀系数小，在我国资源丰富，价低。

硅线石的分子式为 $Al_2O_3 \cdot SiO_2$，其理论成分组成为 $Al_2O_3$62.9%+$SiO_2$37.1%，它的线膨胀系数小且膨胀均匀，高温下呈中性，密度为 3.25g/cm³，在我国储量少，故较少采用。

莫来石的分子式为 $3Al_2O_3 \cdot 2SiO_2$，又称高铝红柱石。其密度为 3.16g/cm³ 左右，热膨胀系数小，熔点高（1810℃开始出现液相）。莫来石的天然矿物少，可用高岭石、硅线石、铝矾土等煅烧而得。

铝-硅系耐火材料中的杂质有 K_2O、Na_2O、CaO、MgO、Fe_2O_3、TiO_2 等，它们会降低材料中熔液出现的温度和黏度。

在我国应用较广泛的铝-硅系耐火材料主要有以下几种：

① 黏土质耐火材料。它通常是指矿物质组成以高岭石为主的黏土，Al_2O_3 的质量分数为 30%~48%，熔模铸造制型壳用的是耐火黏土生料、耐火黏土轻烧熟料和耐火黏土熟料。

耐火黏土生料是指天然矿生的黏土，其中 Al_2O_3 的质量分数为 26%~32%，主要用于配制型壳的加固层涂料。但用它配制的涂料黏度不够稳定。如将黏土生料经 800~900℃煅烧，除去结晶水和有机物，则通称耐火黏土轻烧熟料。用轻烧熟料配制的涂料稳定性可得到改善。如沈阳黏土内含有 20%~30% 轻烧熟料；无锡黏土、北京八宝山黏土则属黏土生料。

耐火黏土熟料是硬质高岭石黏土原矿经 1300℃ 以上的温度煅烧、破碎而成的，其中 Al_2O_3 的质量分数为 37%~48%，SiO_2 的质量分数约为 50%。在晶相的成分组成（质量分数）方面，莫来石占 40%~60%，方石英小于 18%，另外还有玻璃相。它的耐火度达 1770~1790℃，具有热膨胀系数低、强度高、高温化学性能稳定的优点。但因含有 SiO_2，高温时呈酸性，易在浇注合金液过程中与 Al、Ti、Cr、Mn 等元素的氧化物发生作用，使铸件表面质量粘砂。故耐火黏土熟料一般只能在配制型壳加固层的涂料时用。在我国应用较广的耐火黏土涂料有上店土、焦宝石、峨眉土、焦作土、淄博土、西山土、煤矸石、匣钵砂等。煤矸石是由采煤时得到的矸石经煅烧、粉碎而成，而匣钵砂则是烧制瓷器时用的耐火容器报废后经粉碎筛分而得，因为制匣钵的原材料都为耐火黏土。这两种材料价格较低，应用效果好。

② 铝矾土。铝矾土的主要矿物组成是含水氧化铝和高岭石，它是一种含 Al_2O_3 较多的高铝质铝-硅系耐火材料，经不低于 1400℃ 温度的煅烧后，其中主要晶相为莫来石或 α-Al_2O_3（刚玉）+莫来石，前者是铝矾土配上适量黏土后煅烧而成的，其耐火度高于 1770℃，热膨胀系数小，高温强度好，型壳焙烧后的变形率低，价格低廉，但型壳的残留强度高，脱壳性差，常用来替代石英和刚玉作型壳的加固层用，个别场合也用来配制面层涂料。

5）铝酸钴。铝酸钴是用质量配比为氧化钴 20%+刚玉 80% 的粉料在 1260~1300℃ 焙烧 5~6h，粉碎后过 0.106~0.075mm 筛而得到的材料，常在生产燃气涡轮叶片等铁基、钴基、镍基合金铸件时，作为铸件表面晶粒的细化剂加入面层涂料中使用。

铝酸钴的细化晶粒原理为：当铝酸钴在高温下与合金中的 Cr、Al、Ti、C 等活性元素作用时，能被还原出金属钴，其结构与合金基体非常接近，合金便以析出的金属钴为晶核进行结晶，使铸件表面晶粒细化。

铝酸钴在硅溶胶涂料中的加入量一般为涂料中固体质量的 3%~5%。

表 5-7 列出了一些耐火材料性能的具体数据，供参考。

表 5-7 几种耐火材料的性能

名　称	熔点/℃	耐火度/℃	热膨胀系数/(10^{-6}/℃)	pH 值
石英	1713	1680		6.0
石英玻璃	1713		0.54	
刚玉	2050	2000	8.4	
锆石	2400	>2000	4.6	6.5
黏土		1670~1710		7.8
硅线石	1545		3.7~4.5	6.9
莫来石	1810		5.3	
铝矾土		1800~1900	约6.0	7
镁砂	2800		13.5	12.8

5.2.4 制造型壳用黏结剂

1. 黏结剂的基本特点

制造型壳用的耐火涂料由粉粒状耐火材料和黏结剂配制而成，因此黏结剂应能满足以下要求：

1）用它配制的涂料应有良好的涂挂性、渗透性及保存性；与模料不发生化学反应，不互相溶解，能复制出精确的熔模轮廓，且型壳内腔表面要光滑。

2）能使粉状和粒状耐火材料牢固地粘接在一起，使型壳在室温、焙烧、浇注高温合金液时均具有足够的强度，硬化快速，在高温下还应具有良好的化学稳定性。

2. 硅酸胶体

在熔模铸造中使用最普遍的黏结剂是硅酸乙酯水解液、水玻璃、硅溶胶等。它们有一个共同性质，就是都能生成硅酸溶胶，它们本质上都属于硅酸胶体。硅酸溶胶的胶团结构示意图如图 5-6 所示。胶核由 m 个 SiO_2 分子聚合而成，因胶核很小，故表面积很大，具有很强的吸附性，它选择吸附 SiO_3^{2-} 离子，从而带负电，因而可吸引水中带相反电荷的离子，如 H^+ 离子，构成双电层。部分 H^+ 被紧紧地吸引在胶核周围，与胶核一起运动，称为内吸附层，又称为固定层。部分 H^+ 离子离胶核较远，不随胶体运动，形成外吸附层，又称为扩散层。胶粒在固定层处仍带负电，电位为 ζ，在扩散层处整个胶团则呈电中性。

3. 影响硅酸胶体稳定性的因素

硅酸胶体有三种状态：溶胶、冻胶和凝胶。从溶胶转变为冻胶、凝胶的过程称为胶体胶凝过程。熔模铸造制壳的过程，就是胶体胶凝的过程。为保证型壳质量和提高生产率，就需要了解影响胶凝的因素。

溶胶是一种介稳定的体系。首先溶胶含大量微小粒子，有很大的表面能，从热力学角度看属于不稳定体系，有凝聚趋势，以减小表面能。然而从动力学角度看，溶胶是否稳定取决于粒子间的范德华引力和粒子间的静电斥力，如图 5-7 所示。粒子间的引力和静电斥力都可以表示为位能函数，即它们都是粒子间距离的函数。引力位能 V_A 与距离 r 的 6 次方成反比，而斥力位能 V_R 随距离成指数函数下降（ae^{-r}）。引力和静电斥力综合作用的总位能 V_T 与距离的关系由 V_A 和 V_R 叠加而得。V_T 在距离粒子表面 b 处出现能峰 E_b（排斥"势垒"），粒子必须越过势垒 E_b 才能合并。

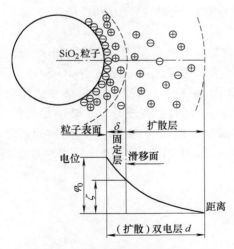

图 5-6 硅酸溶胶的胶团结构

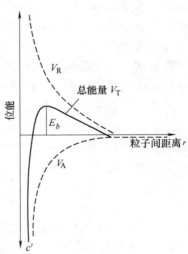

图 5-7 二粒子间相互作用能与
距离的关系

影响溶胶稳定性的因素有很多，如电解质、pH 值、溶胶浓度和温度等。电解质及 pH 值影响扩散双电层的厚薄、C 电位的高低和势垒 E_b 的大小，从而影响硅酸溶胶的稳定性。溶胶的浓度越大，胶粒碰撞机会越多，胶凝可能性越大。溶胶的温度越高，分子运动加剧，胶粒碰撞机会越多，胶凝可能性也越大。

硅酸溶胶作为黏结剂，就是利用硅酸溶胶的稳定性，使耐火涂料均匀地覆盖在模组上；而撒砂后在硬化过程中溶胶的稳定性受到破坏，则利用溶胶的不稳定性，使胶粒聚集，使溶胶变成冻胶（胶粒相连、形成骨架，失去流动性，骨架间含大量液体），可将耐火材料颗粒连接在一起。在干燥、焙烧过程中，去除冻胶中的溶剂，弹性的冻胶转变成坚硬的硅酸凝胶。这是一种有很高强度、具有多孔性的物质，可将耐火材料颗粒牢固地连接在一起，形成耐火型壳。

生产中可利用电解质、pH 值、溶胶浓度和温度来控制制壳工艺过程。

4. 硅凝胶的形成

在一定条件下，溶胶中胶体颗粒间的吸引力大于排斥力，小质点逐渐聚集起来，发生胶凝。最终形成凝胶有以下两种途径：

1）由溶胶变成半固态的冻胶，进而形成凝胶。冻胶含有大量水分，其结构强度很差，类似膏状，能部分回溶，有触变现象，即使在水的质量分数为 5%～10% 时也是如此。这时粒子间主要由范德华键或氢键保持联系，而这两种键的键能很小，仅为 0.1～2kJ/mol 和 20kJ/mol，所以结合力很弱，容易被破坏。只有当其中游离水分全部蒸发掉才能形成 Si—O—Si 键连接的干凝胶，从而具有较高的结构强度和硬度，能承受高温，不会回溶。硅溶胶和硅酸乙酯水解液的胶凝过程均属此类胶凝过程。

2）溶胶不经冻胶阶段，直接发生聚沉现象，胶体颗粒合并长大，在重力作用下呈沉淀物析出。但它与溶液化学反应析出的沉淀不同，常为絮状沉淀物，与冻胶类似，只是其间所含的溶剂较少，也是以硅醚键相联系的。水玻璃黏结剂的胶凝属于此类胶凝过程。

硅溶胶、水玻璃和硅酸乙酯水解液的原始状态不一样，制壳的工序也就不同，下面将对水玻璃黏结剂进行介绍（硅溶胶、硅酸乙酯黏结剂的相关内容见情境 6 和情境 7）。

5. 水玻璃黏结剂

熔模铸造制型壳用黏结剂的水玻璃大多为钠水玻璃，其基本组成是硅酸钠和水。硅酸钠是 SiO_2 和 Na_2O 以不同比例组成的多种化合物的混合物。由图 5-8 所示的 $Na_2O\text{-}SiO_2$ 二元相图可见，只有当 SiO_2 的质量分数为 32.6%、49.2% 和 66% 时，硅酸钠才是单一的化合物，它们分别是 $2Na_2O \cdot SiO_2$、$Na_2O \cdot SiO_2$ 和 $Na_2O \cdot 2SiO_2$。在其他组成时，水玻璃是几种单一化合物的混合体，故用通式 $Na_2O \cdot mSiO_2$ 表示其组成，m 是 SiO_2 与 Na_2O 的物质的量之比，常称此值为模数，它不一定是整数。可根据 SiO_2 和 Na_2O 的质量分数计算水玻璃的模数 m，即

$$m = 1.032a/b \qquad (5\text{-}1)$$

式中　1.032——Na_2O 与 SiO_2 相对分子质量的比值；

　　　　a——水玻璃中 SiO_2 的质量分数（%）；

　　　　b——水玻璃中 Na_2O 的质量分数（%）。

熔模铸造用水玻璃的模数以 $m = 3.0～3.6$ 为宜，其中不超过 25%（质量分数）的 SiO_2 以胶体存在，其余的 SiO_2 则以硅酸根离子（如 $HSiO_3^-$，SiO_3^{2-}）形态存在。模数越高，胶体

粒子所占比例越大，水玻璃的胶体性能越强，制型壳时，其湿强度形成快，抗水性好，脱蜡时型壳强度损失少。但过高模数的水玻璃黏度太大，不易制备流动性适宜的涂料，涂料中的粉液比也无法提高，涂挂涂料时涂料极易堆积，而且涂料表面会很快结出硬皮而粘不上砂料，使型壳有分层的缺陷。水玻璃的模数如太低，则其中硅酸根离子增多，会使干燥后的水玻璃遇水重溶，型壳在脱蜡时难以承受水、汽的作用而发生溃烂。

水玻璃的另一重要技术指标为密度。密度反映的是水玻璃水溶液中 $Na_2O \cdot mSiO_2$ 的含量。水玻璃的密度单位有时用波美度表示，它与密度 $\rho(g/cm^3)$ 间的关系为

$$\rho = 144.3/(144.3 - 波美度) \tag{5-2}$$

低密度的水玻璃黏度低，可配制粉液比高的涂料，以保证型壳工作表面的致密，硬化时胶凝收缩小、硬化速度快，但用这种涂料制得的型壳强

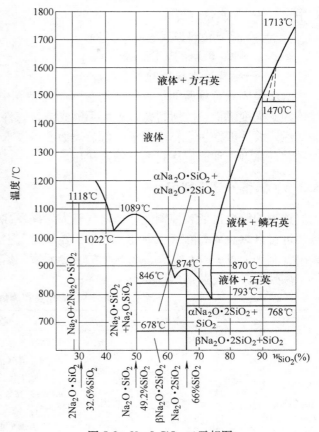

图 5-8　Na_2O-SiO_2 二元相图

度低，一般只在制备面层涂料时用小密度的水玻璃，常取 $\rho = 1.25 \sim 1.27g/cm^3$。

为保证型壳具有足够高的湿强度和高温强度，常用较高密度水玻璃制备涂料，但密度不宜过高，因此时型壳的硬化时间要延长，涂料粉液比会降低。一般取 $\rho = 1.29 \sim 1.32g/cm^3$，最高不超过 $1.34g/cm^3$。

配制型壳耐火涂料用水玻璃的技术要求见表 5-8。

表 5-8　配制型壳耐火涂料用水玻璃的技术要求

用　　途	成分和性能				
	$w_{SiO_2}(\%)$	$w_{Na_2O}(\%)$	模　　数	密度/(g/cm^3)	凝固时间/min
配制面层涂料	20~30	6.5~7.5	3.0~3.4	1.27~1.31	2.5~4
配制加固层涂料	23~27	7.5~9.0	3.0~3.4	1.30~1.34	2.5~4

$m \geqslant 3.0$ 的水玻璃黏度很大，为提高涂料粉液比，使制壳时硬化反应能顺利进行，配涂料前应先加水调整其密度，使其达到面层涂料及背层涂料用水玻璃密度的要求。加水量可按下列经验公式计算

$$C = A(\rho - \rho')/[\rho(\rho' - 1)] \tag{5-3}$$

式中　C——加水量（kg）;

　　　A——需稀释的水玻璃质量（kg）;

　　　ρ——原水玻璃的密度（g/cm^3）;

　　　ρ'——稀释后水玻璃的密度（g/cm^3）。

水玻璃固然有价廉的优点，但用它所制的型壳中因残留有 Na_2O，会使型壳工作表面和整体的耐火度降低，故所得铸件表面不够光洁，铸件的尺寸精度也低，且在脱蜡操作时型壳易酥烂，故一般在生产精度要求较低、表面质量要求不高的铸件时大量使用，有时也配合其他黏结剂作型壳加固层涂料的黏结剂使用。

5.2.5　黄铜的熔炼特点

黄铜的铸造性能较纯铜低，加之含有大量挥发性的 Zn，熔炼过程中能使铜液短时沸腾，从而进行自然脱氧和除气，因此，通常不需要对黄铜进行另外的脱氧和除气处理。高强度黄铜中含有 Mn、Fe、Al 和 Si 等易氧化的合金元素，熔炼时易用木炭或者其他覆盖剂保护或进行精炼处理。常见黄铜熔炼要点见表5-9。

表5-9　常见黄铜熔炼要点

合　金	熔炼方法	炉　型	熔炼工艺要点	备　注
ZCuZn33Pb2 ZCuZn38 ZCuZn40Pb2	一次熔炼	坩埚炉	1. 坩埚预热 2. 加电解铜、覆盖剂 3. 升温熔化并过热至1150~1180℃ 4. Cu-P 预脱氧 5. 加锌、铅，搅拌 6. 升温沸腾2min 7. 炉前检验 8. 调整温度，出炉浇注	覆盖剂在铜熔化前加入，Cu-P 加入量为0.06%
ZCuZn21Al5Fe2Mn2 ZCuZn25Al6Fe3Mn3 ZCuZn26Al4Fe3Mn3 ZCuZn31Al2 ZCuZn38Mn2Pb2 ZCuZn40Mn2 ZCuZn40Mn3Fe1 等	一次熔炼	反射炉 坩埚炉 感应电炉	1. 预热 2. 加电解铜铺底，然后加铁片、金属锰、电解铜 3. 升温熔化并过热至1120~1150℃ 4. 加铝、降温铜，搅拌 5. 分批加预热的锌锭、铅锭 6. 升温沸腾2min 7. 炉前检验，出炉浇注	
ZCuZn21Al5Fe2Mn2 等	二次熔炼使用Cu-Mn、Al-Fe 中间合金	反射炉	1. 加电解铜、Cu-Mn 2. 升温熔化并过热至1180 ℃ 3. 分批加入预热的锌，搅拌 4. 升温沸腾2min 5. 加入 Al-Fe，过热5~7min 6. 搅拌，炉前检验 7. 压入 NaF 精炼 8. 扒渣，静置10min 9. 调整温度，出炉浇注	NaF 用量为0.5%，出铜液一半后另加0.5%的 $Na_2CO_3+Na_2O \cdot 2B_2O_3$

（续）

合　金	熔炼方法	炉型	熔炼工艺要点	备　注
ZCuZn26Al4Fe3Mn3	二次熔炼使用 Cu-Mn、Cu-Al、Cu-Fe 中间合金	坩埚炉	1. 坩埚预热 2. 加电解铜、Cu-Fe 3. 升温熔化并过热至 1200℃ 4. 加入回炉料、Cu-Mn、Zn 5. 升温沸腾 2min 6. 加入 Cu-Al，搅拌 7. 炉前检验 8. 出炉，静置 10min 9. 调整温度，出炉浇注	
ZCuZn16Si4	一次熔炼，先熔化铜后加硅	坩埚炉 感应电炉	1. 坩埚预热 2. 加电解铜、覆盖剂 3. 升温熔化并过热至 1180~1200 ℃ 4. Cu-P 脱氧 5. 分批加入预热的结晶硅，搅拌 6. 加回炉料、Zn 7. 升温沸腾 1~2min 8. 调整温度，出炉浇注	
ZCuZn16Si4	一次熔炼，铜硅共熔后加锌	坩埚炉	1. 坩埚预热 2. 加结晶硅（坩埚底的中央）、电解铜、覆盖剂 3. 升温熔化，至硅全部熔化后充分搅拌 4. 分批加入预热的锌，搅拌 5. 精炼或除气，炉前检验 6. 调整温度，出炉浇注	硅全部熔化后再搅拌，如有上浮应压下，可用吹氮法除气

5.3　铜合金吊锤铸造工艺计划

5.3.1　模料选择

在本情境中，模料成分的选用是第一个主要内容。常见的模料主要有蜡基模料和松香基模料。蜡基模料为低温模料，熔点一般为 60~70℃，主要适用于小件和尺寸精度、表面质量要求不高的普通铸件；松香基模料为中温模料，熔点一般为 70~120℃，适用于制作要求较高、特别是带有陶瓷型芯的复杂中、小精铸件。本情境选择的模料为石蜡：硬脂酸＝1：1（质量比）的蜡基模料。该比例的蜡基模料性能见表 5-10。

表 5-10　石蜡：硬脂酸＝1：1 的蜡基模料性能

熔点/℃	热稳定性/℃	收缩率（%）	抗拉强度/MPa	流动性/mm	针入度/mm	焊接强度/MPa	灰分（质量分数，%）	涂挂性/mm
50~51	31	2.05	1.25	110.2	2.2	0.67	0.09	0.59

注：涂挂性是指熔模吸附涂料的厚度。

5.3.2　熔模制造与组装

1. 模料配制

配制模料的目的是将组成模料的原材料按规定的配比混成均匀的一体，并使模料的状态符合压注熔模的要求。配制模料是一道重要的工序，配制工艺正确与否直接影响模料的性能，从而影响熔模和铸件的质量。配制蜡基模料和松香基模料时常用加热熔化和搅拌的方法，把模料熔成液态并充分搅拌，滤去杂质，在保温情况下静置，使液态模料中的气泡逸出。如模料的使用状态为液态，则可直接送入压蜡机中供压制熔模用。如模料的使用状态为糊状（固液态），则熔化后的模料需在过滤后通过边冷却边搅拌的方法制成糊状，供压制熔模使用。

蜡基模料的熔点低于100℃，为防止模料在加热时因温度过高而出现分解、炭化变质的现象，常通过热水槽、油槽、甘油槽或水蒸气对模料加热。图5-9所示就是一种用水槽加热熔化模料的装置。通过电热器7将水加热，以水为媒介，把热量通过化料桶6传给模料4，将模料熔化。如将该装置中的电热器和水除去，在水箱中通入压力蒸汽，便可将此装置改装成通汽熔化模料的装置。

熔化蜡基模料时，可把所有原材料一起加入化料桶中熔化，并搅拌均匀，最后用0.053mm筛过滤去除固态杂质。

为减小模料在压型中的收缩，防止熔模形成收缩性缺陷，提高制模效率，常用糊状蜡基模料压制熔模。糊状模料可在液态模料连续冷却或保温的情况下，通过搅拌直接制成糊状。对石蜡-硬脂酸模料而言，

动画：加热槽熔化蜡基模料工作原理

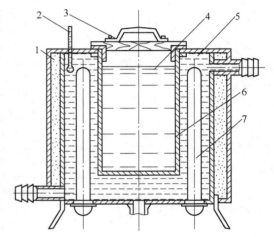

图5-9　熔化蜡基模料的加热槽
1—绝热层　2—温度计　3—盖　4—模料
5—水　6—化料桶　7—电热器

糊状模料的温度为42~48℃。也可通过在液态模料搅拌过程中加入小块状、屑状或粉状模料的方法制备糊状蜡基模料。模料的搅拌大多采用旋转桨叶搅蜡机，如图5-10所示。搅拌过程中桨叶可一边旋转，一边在蜡料中上下移动，以使模料中的固、液相分布均匀。固相颗粒应尽可能小，以降低熔模的表面粗糙度值。搅拌时，应使模料自由表面平稳，防止卷入过多空气，在模料中形成大的气泡，造成熔模表面因气泡外露而出现孔洞。

图5-11所示为活塞搅拌蜡基模料的方法。活塞上有小孔，活塞上下移动，迫使模料通过孔洞在活塞缸内上下窜动。活塞缸浸泡在恒温的水槽中，在缸内凝结的模料，被活塞刮下，混入模料之中，并被挤在活塞孔中粉碎成小质点，形成糊状模料。活塞搅拌时，还可在活塞缸内预留一定体积的空间，空间中的空气在搅拌情况下以微细气泡的形式均匀分布在模料之中。这样可进一步减小模料的收缩率。在压制熔模时，小气泡在压力作用下体积被压缩，模料外皮在压型中凝固后，当熔模中间的模料继续冷却收缩，其内部压力变小时，模料中的小气泡体积便膨胀，使熔模外壳仍能紧贴压型，从而减小收缩率。模料制备好后，关闭活塞上的小孔，利用活塞的移动便可将模料挤出活塞缸，把模料运至使用地点。

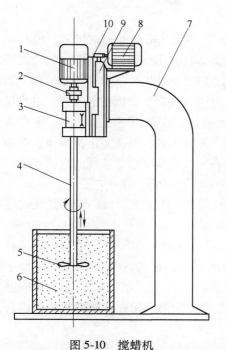

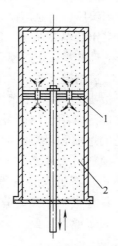

图 5-10　搅蜡机

1—电动机　2—弹簧联轴器　3—轴承座　4—轴　5—叶
轮　6—模料　7、9—支座　8—升降电动机　10—滑板

图 5-11　活塞搅拌蜡基模料

1—活塞　2—模料

除上述制备方法外，还可采用螺杆调蜡机，将液态模料制成糊状模料。

蜡基模料配制工艺如图 5-12 所示。

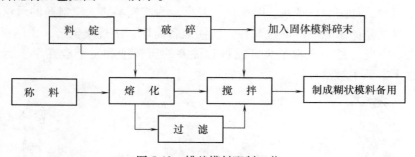

图 5-12　蜡基模料配制工艺

具体配制过程如下：

1）按比例称取石蜡及硬脂酸。

2）将石蜡、硬脂酸放入干净的电热水浴式不锈钢或者铝制坩埚内通电熔化，熔化温度不超过90℃。

3）待模料全部熔化后，搅拌均匀。

4）用 0.053mm 筛过滤去除模料中的杂质。

5）将过滤后的模料加入固体模料片或者碎末，搅拌成均匀的糊状（模料温度保持为42~48℃）。

2. 熔模压制及组装

（1）熔模压制工艺 把配制好的模料注入压型，待冷凝成形后即形成熔模。模料注入压型的方法分为自由浇注和压注两种。自由浇注使用液态模料，用来制造要求不高的浇注系统熔模。压注法适用范围较广，允许使用液态、糊状及固态模料。使用液态模料压制熔模，需用较高压力及长时间保压，所制熔模表面粗糙度值比较低。为减少模料凝固时的收缩，提高熔模的尺寸精度，可采用低温高压法，即使用半固态或固态模料，在高压下压制熔模。生产实践表明，虽然模料的性能是决定熔模质量的基本因素，但是制模工艺及设备对熔模质量也有重要的影响。因此，改进制模工艺、采用新的制模设备是提高熔模表面质量和精度的重要方法。

1）熔模的制造。生产中熔模制造有自由浇注成形及压制成形两种方法。

自由浇注成形常用于制造可溶性尿素模和要求不高的浇注系统熔模。自由浇注时使用液态模料，浇道的熔模和可溶尿素型芯都用自由浇注法制造。

压制时，模料可为液态、半液态（糊状）、半固态（膏状）和固态。半固态和固态（粉状、粒状或块状）挤压成形是利用低温时模料的可塑性，用高的压力使模料在压型中形成一定形状的，具有生产率高、收缩小、熔模尺寸精度高的优点，但它只适用于制造厚大截面、形状简单的熔模，且要有专门的压力机。目前生产中主要采用糊状模料和液态模料压注形成铸件的熔模。

压注熔模前，需在清洁的压型型腔表面涂抹薄层分型剂，以便自压型中取出熔模和降低熔模的表面粗糙度值。在压注糊状蜡基模料时，常用的分型剂有变压器油和松节油；在压注糊状松香基模料时，可用蓖麻油和酒精重量各半的溶液；硅油质量分数为2%的溶液可用于松香基模料的液态和糊状压注。

实际中应用较为普遍的模料压注方法有以下三种。

① 柱塞加压法，如图5-13所示。图5-13a、b所示为将模料装入压料筒的示意图，图5-13c所示为手工压注熔模的示意图。此法易行，所需装备简单，小规模生产、压注糊状蜡基模料时，常用此法。除此之外，也常把装好模料和柱塞的压料桶和压型放在手工台钻的工作台上，利用台钻上部的主轴给柱塞加压，进行压注。

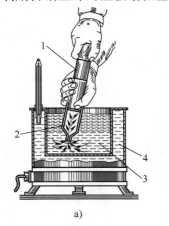 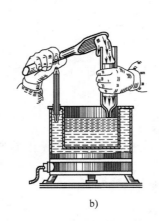 

a)   b)   c)

图 5-13　柱塞压注熔模示意图

a）抽柱塞将模料抽入压料筒　b）从压料筒上口装模料　c）手工压法

1—柱塞　2—压料筒　3—模料　4—保温槽　5—压型

② 活塞加压法，如图 5-14 所示。图 5-14a 所示为利用活塞压注模料的过程，图 5-14b 所示为台式压力机，用压缩空气作动力，将气缸中的活塞下压，压杆施力于压注活塞上，把模料注入压型。此法常用来小规模地把松香基糊状模料压注成熔模。

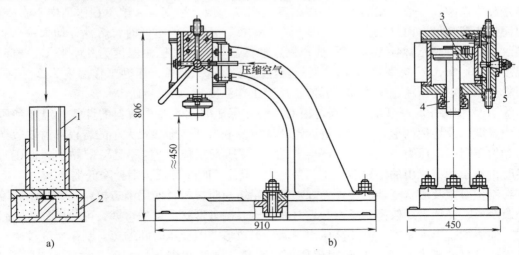

图 5-14　活塞加压法压注熔模和使用的压力机

a）活塞加压法示意　b）加压用台式压力机

1—压注活塞　2—压型　3—气缸活塞　4—压杆　5—气阀

③ 气压法，如图 5-15 所示。模料置于密闭的保温罐中，向罐内通入压力为 0.2 ～ 0.3MPa 的压缩空气，将模料经保温导管压向注料头。制熔模时，只需将注料头的喷嘴压在压型的注料口上，注料头内通道打开，模料自动进入压型。此法只适用于压注蜡基模料。由于其装备简单，操作容易，效率高，故得到广泛应用。

除上述三种方法外，还可用齿轮泵、螺旋给料装置等使模料注入压型。

压制熔模时，除可采用手动压蜡枪、杠杆式或齿条式手动压蜡机及气动压蜡机之外，近年来出现了不少自动压蜡机和制模联动线装置，极大地提高了生产率及熔模的质量。

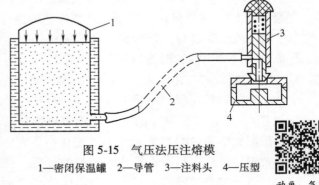

图 5-15　气压法压注熔模

1—密闭保温罐　2—导管　3—注料头　4—压型

动画：气压法压注熔模

在铸件的实际生产过程中，可以采用手动盘式压蜡机。手动盘式压蜡机的工作原理基本属于活塞加压法，与上述几种方法不同的是，所选用的盘式压蜡机的压力来源于操作者，通过曲柄连杆机构将压力传递给活塞，进而施加于糊状模料。

2）制模主要工艺参数。在熔模铸造生产中，必须根据模料的性能和产品的要求，合理制订制模工艺。在制备熔模时，应按照工艺规范，准确控制模料温度、压型工作温度、压注压力、保压时间及分型剂的使用等因素。

① 温度规范。模料的使用温度和压型工作温度主要取决于模料的性能和其他制模工艺

因素，例如模料的熔点、流动性、收缩率、压注压力等。使用液态模料或糊状模料制模时，在保证充填良好的情况下，尽量采用较低的模料温度，因为常用模料的导热性差，凝固温度间隔大，所以使用温度低的模料能减小收缩，提高熔模尺寸精度。压型工作温度将影响熔模的质量和生产率。一般压型的工作温度不宜过高或过低。过高时，熔模在压型中不易冷却，不但使生产率降低，而且还会产生"变形""缩陷"等缺陷。过低时，熔模冷却太快，易形成裂纹。石蜡、硬脂酸各50%（质量分数）的低温模料，其压注温度为45~48℃，压型工作温度为20~25℃；松香-川蜡基模料的压注温度为70~85℃，压型工作温度为20~30℃；尿干粉充填模料的压注温度为85~90℃，压型工作温度为20~30℃。

② 压力和保压时间规范。压制熔模的压力和保压时间主要由模料的性能、温度和压型的工作温度以及熔模的形状、大小等因素所决定。制造任何形状及大小的熔模都需要适当的压力和保压时间。压力不足往往会产生"缩陷""表面粗糙""注不足"等缺陷。保压时间不足时，从压型中取出的熔模会产生"鼓泡"；但保压时间过长，则会降低生产率。

在制备薄壁及形状复杂的熔模，如整铸涡轮熔模时，常常使用液态模料。为减小熔模的收缩及变形，必须采用较高的压力并长时间保压。制备形状简单的熔模，可使用糊状或固态模料。使用固态模料制模，需要高压力强制压射成形，但保压时间缩短，制模速度较快。

常用模料的压力和保压时间规范如下：石蜡、硬脂酸糊状模料的压注压力为（0.5~3）×10⁵Pa，保压时间为0.5~3min；松香-川蜡基糊状模料的压注压力为（3~5）×10⁵Pa，保压时间为0.5~3min；尿干粉充填模料的压注压力为（2~2.5）×10⁵Pa，保压时间约1min。本情境制模时选用的工艺参数为：压注压力为（0.5~3）×10⁵Pa，保压时间为0.5~3min。

③ 分型剂。分型剂的作用是防止模料黏附压型，便于起模，并降低熔模的表面粗糙度值。制模时，先在压型的型腔表面涂抹或喷涂一层分型剂，但应做到稀薄而均匀，不能过稠或局部堆积，以防产生"油纹""粘模"等现象。使用石蜡-硬脂酸模料时，分型剂可采用100%的变压器油或1∶1（质量比）的酒精、蓖麻油的混合液。松香基模料的压注温度高，黏性大，通常采用低黏度的硅油或乳化硅油（钾皂液和磷油的混合液）作为分型剂。

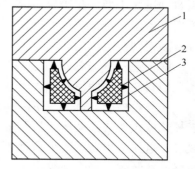

④ 冷蜡块的应用。采用冷蜡块制模，即预先压制出一个比实际的蜡模轮廓单边厚度小2~3mm的冷蜡块（也称为假芯），然后将预制冷蜡块放入压型作为蜡芯，再注入模料压制成熔模。图5-16所示的冷蜡块在压型内依靠小球面凸台定位，凸台高度等于注入模料的厚度。使用冷蜡块制模，适于制备较厚实的熔模，可消除熔模表面凹陷，减小收缩及变形，从而提高熔模精度并提高生产率。

图 5-16　用冷蜡块制模
1—压型　2—定位凸台　3—冷蜡块

表5-11列出了压注熔模的主要工艺参数，可供参考。

表5-11　压注熔模的主要工艺参数

模料类型	压注温度/℃	压型温度/℃	压注压力/MPa	保压时间/min
蜡基糊状模料	40~50	20~25	0.1~1.4	0.3~3
松香基糊状模料	70~85	20~25	0.3~1.5	0.5~3
松香基液态模料	70~80	20~30	0.3~6.0	1~3
尿干粉填料模料	85~90	20~30	0.2~1.25	≈1

根据表5-11，这里取其中的蜡基糊状模料的压注工艺参数为本情境熔模压制的参数。

（2）浇口棒制作　制作浇口棒的方法有以下三种。

1）自由浇注法。对于低温模料，一般将60~70℃的模料注入铸铝的芯棒型中，模料将凝固时，插入芯棒。为加速凝固，可在水中冷却芯棒型。用此法制成的浇口棒强度高，但表面不够平整且需用芯棒型。

2）沾蜡法。将空心铝棒浸入50~55℃的模料中，停留1~2s，共沾5~6次，蜡层厚度为3~5mm。也可以一次沾成，停留时间应长些（约1min），蜡层可达3~4mm厚，如图5-17所示。这种方法无需专用芯棒型，浇口棒强度也较高，操作简便，但温度较低时，蜡层易开裂，多次浸沾时，容易出现分层、剥落，从而使熔模脱落，另外，脱蜡时膨胀率较大。这种方法适用于低温模料，且可用来制作钻头类零件的熔模。

3）压注法。在专用压型中将糊状模料压入。这种方法生产率高，不易开裂，表面平整，涂挂性好，但需用专用压型。

本情境中浇口棒采用自由浇注法生产。

（3）熔模的组装　熔模的组装是把形成铸件和浇冒口系统的熔模组合成整体模组。模组的组合方法有以下三种。

1）焊接法。用低压电烙铁或不锈钢制成的加热刀片，将熔模连接部位熔化，使熔模与浇注系统焊接在一起。此法得到普遍应用。

2）粘接法。把两个拟组合的熔模的接合处做出榫卯结构，即在一个熔模上做出凹下的卯眼，在另一熔模的相对应处做出凸起的榫头，在卯眼、榫头表面上涂上黏结剂，把榫头插入卯眼，使两个熔模粘接在一起。

3）机械组装法。在大量生产小型熔模铸件时，国外已广泛采用机械组装法组合模组，采用此种模组可使模组组合效率大大提高，工作条件也得到改善。

本情境使用焊接法组装熔模。

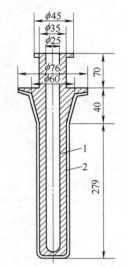

图5-17　浸挂模料的
直浇道棒
1—直浇道棒芯　2—模料层

3. 模料的回收

在脱蜡之后，自型壳中脱出的模料经回收处理后，可重复使用。

蜡基模料每使用一次，其性能就恶化一些，经多次反复使用，模料的强度会降低，且脆性增大，收缩率增大，流动性和涂挂性变差，颜色由白变褐红。这主要是由于蜡料中的硬脂酸变质所引起的。

硬脂酸呈弱酸性，且随着温度升高酸性增强。硬脂酸能与比氢活泼的金属元素，如Al、Fe等发生置换反应。生产中模料常与铝器（如化料锅、浇口棒等）、铁器（如压型、盛料桶等）接触，因此可能发生如下反应

$$2Al+6C_{17}H_{35}COOH = 2Al(C_{17}H_{35}COO)_3+3H_2 \tag{5-4}$$

$$2Fe+6C_{17}H_{35}COOH = 2Fe(C_{17}H_{35}COO)_3+3H_2 \tag{5-5}$$

硬脂酸可与碱发生中和作用，如型壳用水玻璃作黏结剂，则其中的Na_2O会与硬脂酸发生如下反应

$$Na_2O+2C_{17}H_{35}COOH = 2C_{17}H_{35}COONa+H_2O \tag{5-6}$$

硬脂酸会和水玻璃型壳硬化液中的 NH_4OH 反应生成硬脂酸铵

$$NH_4OH + C_{17}H_{35}COOH = C_{17}H_{35}COONH_4 + H_2O \qquad (5-7)$$

硬脂酸还会在脱蜡时与硬水中的钙、镁金属盐发生复分解反应，如

$$Ca(HCO_3)_2 + 2C_{17}H_{35}COOH = Ca(C_{17}H_{35}COO)_2 + 2CO_2 + 2H_2O \qquad (5-8)$$

上述反应统称为皂化反应，所生成的硬脂酸盐称为皂盐或皂化物，大多不溶于水，混在模料中，使模料性能变坏。因此需要对回收的、性能已变差的模料进行处理，除去其中的皂盐。处理的方法如下：

(1) 酸处理法　盐酸和硫酸都可以使除硬脂酸铁以外的硬脂酸盐还原为硬脂酸，即

$$Me(C_{17}H_{35}COO) + HCl = C_{17}H_{35}COOH + MeCl \qquad (5-9)$$

$$Me(C_{17}H_{35}COO)_2 + H_2SO_4 = 2C_{17}H_{35}COOH + MeSO_4 \qquad (5-10)$$

式中　Me——指代金属离子。

上述反应中生成的盐可溶于水中，与模料分离。

处理时，将水中旧模料放在不会生锈的容器（如搪瓷容器、不锈钢容器等）中，加热至 80~90℃，然后在容器中加入占模料重量 4%~5% 的盐酸（或 2%~4% 的浓硫酸），在保温情况下搅拌，直至模料白点消失，静置一段时间，待模料与水分离。过滤取出液态模料，再倒入 75~85℃ 热水中，搅拌去除模料中的残酸，可重复除酸，调至水不黄、模料液清为止。如模料混浊不清，应多加盐酸。在用硫酸处理时，在洁净模料中需加入水玻璃，直至模料呈中性为止。模料的酸碱度可用甲基橙和酚酞检查。

硬脂酸铁与酸的反应是可逆反应，故模料中的硬脂酸铁不能去除干净。

(2) 活性白土处理法　活性白土又称漂白土，有天然的，也有黏土经酸处理后所得的，其晶格由硅氧四面体和铝氧八面体交叉成层构成，层间有大量孔隙。好的白土，其孔隙率达 60%~70%，有很大比表面积，故白土具有较高吸附能力，能吸附模料中的硬脂酸盐（包括硬脂酸铁）。

此外，活性白土中的阳离子，特别是 Al^{3+}，还能和模料中带负电荷的胶状杂质结成中性质点而凝聚下沉，从而使模料净化。

处理时，将经酸处理的模料加热到 120℃ 左右，向模料加入经烘干、过 0.075mm 筛的活性白土，其量为模料重量的 10%~15%。边加边搅拌，加完后继续搅拌 0.5h，在 120℃ 下保温静置 4~5h，待活性白土与液态模料充分分离后，即可得处理好的模料。也可保温沉淀 1~1.5h，再经真空过滤，以获得不含白土的模料。

这种方法在生产中只有当模料中的硬脂酸铁含量太多时才使用，是酸处理法的补充。

(3) 电解处理法　该法的目的是去除模料中的硬脂酸铁。电解法处理蜡基模料的装置如图 5-18 所示。电解液为 2.8%~3.5%（质量分数）、温度 80~90℃ 的盐酸溶液，处理时向电解槽中加入经酸处理的液态模料。通电后当电压超过电解电压（1.36V）时，在阳极（炭棒）上析出氧化能力很强的初生态氯，从硬脂酸中夺取铁离子 Fe^{3+}，形成 $FeCl_3$，其反应为

$$4Fe(C_{17}H_{35}COO)_3 + 12(Cl) + 6H_2O \qquad (5-11)$$

$$= 12C_{17}H_{35}COOH + 4FeCl_3 + 3O_2$$

而在阴极（铅板）上析出还原力极强的初生态氢，将

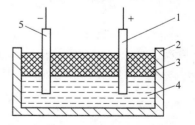

图 5-18　电解法处理蜡基模料的装置

1—炭棒　2—耐酸槽　3—回收模料

4—电解液　5—铅板

Fe^{3+} 还原为 Fe^{2+}，其反应为

$$2FeCl_3 \xrightarrow{(H)} 2FeCl_2 + Cl_2 \uparrow \tag{5-12}$$

$FeCl_2$ 在水中的溶解度很大，能从模料进入盐酸溶液，使模料净化。

在使用电解处理法时，所通电压可达 20~30V，电解时间为 1.5~6h，具体值由处理的模料量决定。电解时当模料颜色由棕色变为白色或浅黄色时，即可中断电流，静置 20~30min，取出模料，倒入 75~85℃热水中强烈搅拌，去除残酸和杂质。

电解处理法所需装备复杂，技术水平高，电解时会产生有毒的氯气，若不强力抽走，则会污染环境，故生产中应用较少。

本情境选用酸处理法作为模料的后处理方法。

4. 常见熔模缺陷

熔模表面不允许有裂纹及明显的鼓胀、缩陷、麻点、缺肉、孔洞、机械损伤等缺陷；不允许有影响表面光洁的皱皮、残留尿素和呈粉状的白团皂化物；不应有蜡滴、蜡屑或其他脏物黏附在熔模上。此外，熔模变形应在最小范围内，不能有明显的翘曲；熔模的几何形状和尺寸应符合图样要求。

对于铸件上的不重要面和机械加工面，在相应熔模上若存在小范围缺陷，可视缺陷程度予以修整。凡不在内浇道焊合面上的较深的注蜡口孔洞，可均匀填补修平。修补熔模常用焊刀或专用小刀。操作时，小心仔细地用焊刀将待修补的地方加热熔化，再滴补上同样质量的模料，待冷却后轻轻用小刀修平。

对于不影响尺寸精度的熔模表面的飞翅、毛刺，可用专用小刀手工清除修平并扫除蜡屑。

对于非机械加工面上的熔模表面缺陷和基准面上的表面缺陷，原则上一般不作修补，应视为废品。

熔模常见缺陷、产生原因及防止方法见表 5-12。

表 5-12 熔模常见缺陷、产生原因及防止方法

缺陷类型	产 生 原 因	防 止 方 法
缺肉	1. 模料流动性差 2. 模料压注温度或压型温度太低 3. 压注压力小或压注速度太慢 4. 压型注射口太小或位置不恰当 5. 压型型腔排气不良 6. 模料注入量不足	1. 改进模料,提高模料流动性 2. 提高模料压注温度和压型温度 3. 增加压注压力或增加压注速度 4. 扩大注射口或调整注射口位置 5. 改善排气条件 6. 增加模料注入量
裂纹	1. 模料线收缩率大,塑性差 2. 压型设计不正确或零件结构不合理 3. 压型内腔粗糙,有毛刺,或压型起模度太小甚至有反斜度 4. 压型温度过低 5. 熔模冷却水温太低 6. 室温太低 7. 保压时间太长,抽芯取模太迟 8. 取模方法不合理	1. 改进模料 2. 改进设计或改进零件结构 3. 检查并修整压型 4. 适当提高压型温度 5. 适当提高冷却水温度 6. 提高室温 7. 缩短保压时间,提早抽芯、取模 8. 改进取模方法,增加引导装置

（续）

缺陷类型	产 生 原 因	防 止 方 法
表面缩凹	1. 模料收缩率过大 2. 模料压注温度或压型工作温度过高 3. 模料中石蜡和硬脂酸的比例失调,石蜡过多 4. 压注压力低,保压时间短 5. 注射口设计不当 6. 熔模壁厚差过大 7. 压注时模料注入量不足	1. 改进模料 2. 降低模料压注温度或压型工作温度 3. 补加适量硬脂酸 4. 提高压注压力,延长保压时间 5. 调整注射口大小和位置 6. 采用冷蜡块或制成空心熔模 7. 增加模料注入量
表面流线花纹	1. 压型温度低 2. 模料压注温度低 3. 压注速度太慢或压注断续、不连贯 4. 分型剂未刷均匀,或过多	1. 适当提高压型温度 2. 适当提高模料压注温度 3. 增大压注速度,保证压注连贯 4. 分型剂应涂刷均匀、稀薄
表面粗糙,有麻坑	1. 糊状模料不均匀,固体模料碎块过大,未充分搅溶 2. 模料回收处理时过滤不净,皂化处理不良 3. 压型型腔表面粗糙 4. 型腔未处理干净,冷却水未擦净 5. 分型剂未刷均匀,或涂刷过多 6. 模料压注温度低,压注压力不足或断续	1. 避免采用过大固体模料碎块,保证充分搅溶 2. 严格按照要求对模料进行回收处理 3. 改善型腔表面粗糙度 4. 清理干净型腔,擦干型腔内冷却水 5. 涂刷分型剂应均匀、稀薄 6. 提高模料压注温度和压注压力,保证连续压注
变形	1. 模料软化点低,工作室温度高 2. 压型设计不正确,装配时活动部未固紧 3. 取模过早 4. 熔模存放不当,存放时间过长 5. 起模方式不当,起模时用力不当	1. 改进模料或降低工作室温度 2. 改进设计,装配时活动部分应固紧 3. 延迟取模 4. 熔模放置在存放盘内,避免存放时间过长 5. 改正起模方式
气泡外露,气泡鼓胀	1. 模料熔化温度过高,吸收了大量气体 2. 糊状模料配制时搅拌时间过长,搅拌速度太快,卷入过多气体 3. 压注压力过高,熔模在压型内冷却时间过短或室温过高 4. 注射口位置不当 5. 压注速度过快,型腔气体来不及排除	1. 控制熔化温度 2. 适当降低搅拌转速,控制搅拌时间 3. 适当降低压注压力,延长型内冷却时间,取模后用冷却介质加快冷却 4. 改变注射口位置 5. 调整注射速度,改善压型排气状态
熔模尺寸超差(过大或过小)	1. 压型设计不合理,制造精度低 2. 压型磨损未修正 3. 模料线收缩率不符合要求 4. 模料温度过高或过低 5. 保压时间过长或过短 6. 制模室室温不符合要求	1. 改进设计,返修压型 2. 检验压型尺寸,并进行修正 3. 更换模料或返修压型 4. 控制模料温度 5. 控制保压时间 6. 控制制模室室温
夹杂	1. 模料及原材料中混有杂质,配制模料时未过滤干净 2. 压型不清洁 3. 制模工作室不清洁 4. 熔化模料用坩埚及工具不干净	1. 模料配制时过滤干净 2. 将压型清理干净 3. 保持制模室、模料制备室整洁干净 4. 保持坩埚、工具干净清洁

（续）

缺陷类型	产　生　原　因	防　止　方　法
飞翅	1. 模料压注温度过高,压注压力过大 2. 分型面平面度误差大,表面粗糙 3. 压型锁紧不够 4. 分型面上有脏物	1. 控制模料压注温度和压注压力 2. 保证分型面的加工精度和表面粗糙度要求 3. 压型锁紧充分 4. 清洁分型面
陶瓷型芯损坏	1. 型芯在压型中配合不适当 2. 模料充填速度过大 3. 模料黏度太大 4. 压注压力太大 5. 压注压力跳动	1. 将型芯放置在压型中合型后再开型,检查型芯是否破裂,如果破裂,应修正型芯或压型的配合部位,以保证一定的配合间隙 2. 调整模料压注速度 3. 提高模料压注温度 4. 适当减小压注压力 5. 压注压力应尽量保持稳定

5.3.3　型壳造型材料选择

　　熔模铸造型壳主要包括水玻璃黏结剂型壳、硅酸乙酯黏结剂型壳、硅溶胶黏结剂型壳、硅酸乙酯-水玻璃型壳。常见的水玻璃黏结剂型壳涂料的配比和用途见表 5-13。本铸型选用的黏结剂为水玻璃黏结剂和硅石粉配制的涂料,造型材料为硅砂。水玻璃型壳具有铸件表面粗糙度值大、尺寸精度低、制壳周期短、价格低廉、铸件成本低的特点,广泛应用于铸造碳素钢、低合金钢、铝合金和铜合金,完全可以满足本产品的铸型铸造要求。

动画:水玻璃工艺制壳

表 5-13　水玻璃黏结剂型壳涂料的配比和用途

水　玻　璃		粉料种类	粉液质量比	性　　能		用　　途
模　数	密度/(g/cm³)			流杯黏度[1]/(s/100mL)	涂片重[2]/g	
2.9~3.1	1.26~1.29	级配硅石粉	1.15~1.30	25~30	1.0~2.0	型壳面层[3]
2.9~3.1	1.32~1.34	沈阳黏土/硅石粉(重量比1/2)	1.05~1.10	20~25	2.2~3.5	型壳加固层
2.9~3.1	1.32~1.34	煤矸石粉	1.10~1.25	20~25	1.5~2.5	型壳加固层
2.9~3.1	1.32~1.34	铝矾土粉	1.40~1.80	18~25	2.0~3.0	型壳加固层

[1] 流杯黏度的概念可参见 5.3.4 节相关内容。

[2] 40mm×40mm×2mm 不锈钢片上涂挂的涂料重量。

[3] 在涂料中加占涂料重量 0.05% 的 JFC 和适量硅油消泡剂。

　　本情境选用的水玻璃黏结剂型壳涂料配方见表 5-14。

表 5-14　水玻璃黏结剂型壳涂料成分配比

涂料名称及用途	涂料组分/kg			流杯黏度/(s/100mL)
	耐火粉料	水玻璃	湿润剂(外加,质量分数,%)	
水玻璃-硅石粉表层涂料	1.05	1	JFC0.03~0.05	20~30
水玻璃-硅石粉-黏土加固层涂料	硅石粉 0.5~0.6,黏土 0.4~0.5	1	JFC0.03~0.05	25~40

5.3.4 型壳制备

1. 耐火涂料的配制

耐火涂料是用粉状耐火材料和黏结剂按比例组成的悬浮液。型壳的耐火度、高温化学稳定性、热膨胀性、强度、型腔的表面质量，主要取决于耐火材料和黏结剂本身的性能及耐火涂料的工艺性能。

(1) 耐火涂料的工艺性能及其控制 耐火涂料的工艺性能主要有黏度、涂挂性、分散性和稳定性等。

耐火涂料的黏度大小决定了流动性的好坏、涂料层的厚度及涂覆层的均匀程度。黏度大则流动性差，涂层厚，涂层不易均匀，即涂挂性差。黏度过小的涂料，涂层过薄，撒砂时易被砂粒打穿或被气流吹走，熔模边角处涂料易流失而撒不上砂子，致使边角开裂。对于复杂熔模用的面层涂料，其黏度应小一些，以便涂挂出轮廓清晰、厚度均匀的型壳。加固层涂料的作用是支撑和加固型壳，使涂料层形成必要的厚度，以获得足够的强度。一般加固层涂料的黏度可大些，但也不能过大，因为黏度大表明其中黏结剂含量相对减少，同时黏度太大可能导致涂层过厚，不易硬化、干透，两者又都会使型壳强度降低。

涂料中粉状耐火材料与黏结剂用量应有适当比例，称为涂料配比。涂料的配比是决定其黏度的主要因素，涂料中黏结剂含量越少，即耐火粉料量越多，则涂料的黏度越大。当涂料配比相同时，黏结剂中 SiO_2 的含量越高，则涂料的黏度越大；温度越高，搅拌越强烈，时间越长，则涂料黏度越小。

涂料的分散性越大，涂料的黏结力越高。涂料是一种胶体悬浮液，是一种宏观的多相不均匀分散体系。在这个体系中，硅酸溶胶微粒与耐火材料粉粒都是分散相，它们的颗粒越细，分布越均匀、越分散，则涂料的分散性越好。分散性大的溶胶微粒在胶凝后，包覆在耐火材料粒子上的网状骨架支联细薄且致密，分布均匀，因而涂料呈现出高的粘接能力。

涂料在存放和使用期内，由于黏结剂内胶体 SiO_2 粒子的自发聚集、涂料中溶剂和水分的蒸发以及涂料的稳定性下降，涂料的黏度逐渐增大。涂料的分散性提高，则稳定的时间延长，涂料使用有效期也延长。搅拌可以提高涂料的分散性。在涂料中加入某些阴离子或非离子型表面活性剂（配涂料时称为润湿剂），如农乳 130 等，既可提高涂料的分散性，改善涂挂性，又可提高涂料的稳定性。例如在水玻璃涂料中加入熟黏土可提高稳定性，改善流动性；若加入生黏土，则黏度迅速增大。

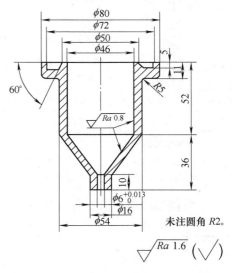

图 5-19 熔模铸造中使用的一种
流杯黏度计

动画：流杯
黏度计测
定涂料黏度

(2) 水玻璃耐火涂料的配制 耐火涂料按在型壳厚度层的内外层次不同，可分为表面层和加固层两种。表面层涂料直接承受浇入合金液的热作用，加固层涂料对面层起支承加固作用。

生产中常用流杯黏度计（图 5-19）来控制涂料性能，根据流杯中 100mL 涂料的流空时间（s）来评估涂料操作的工艺性。每个生产场合都有其本身合适的流杯黏度（即流杯中涂料流空时间）。

对于硅石粉面层涂料，流杯黏度约为 40s；对于刚玉粉面层涂料，流杯黏度约为 25s。加固层涂料的黏度大小视制壳工艺条件而定。若采用比面层涂料黏度小的加固层涂料，结壳一般在面层涂料中加水解液稀释而得，以逐渐降低其密度。

2. 模组的除油和脱脂

在采用蜡基模料制熔模时，为了提高涂料润湿模组表面的能力，需将模组表面油污去除，故在涂挂涂料之前，先要将模组浸泡在中性肥皂片或表面活性剂（如烷基磺酸钠、洗衣粉）的水溶液中，中性肥皂片在水溶液中的质量分数为 0.2%~0.3%，而表面活性剂的质量分数约为 0.5%。表面活性剂的极性端（亲水基）易吸附涂料，其非极性端（憎水基）易吸附在蜡模上，故通过表面活性剂可使涂料易覆盖在蜡模表面。模组自浸泡液中取出稍晾干后，即可涂挂涂料。用硅酸乙酯水解液涂挂树脂基模料模组时，因它们之间能很好润湿，故可省略此工序。

3. 涂挂涂料和撒砂

涂挂涂料以前，应先把涂料搅拌均匀，尽可能减少涂料桶中耐火材料的沉淀，调整涂料的黏度和密度。如熔模上有小的孔、槽，则面层涂料（涂第一、二层型壳用）的黏度或密度应较小，以使涂料能很好地充填和润湿这些孔槽。挂涂料时，把模组浸泡在涂料中，左右上下晃动，使涂料能很好地润湿熔模，并均匀地覆盖在模组表面上。模组上不应有涂料局部堆集和缺料的现象，且不包裹气泡。为改善涂料的涂覆质量，可用毛笔涂刷模组表面，涂料涂好后，即可进行撒砂。

撒砂是指在涂料层外面粘上一层粒状耐火材料，其目的是迅速增厚型壳，分散型壳在以后工序中可能产生的应力，并使下一层涂料能与上一层很好地黏合在一起。下面介绍两种形式的撒砂方法。

（1）雨淋式撒砂　粒状耐火材料如雨点似地掉在涂有涂料并且缓慢旋转着的模组上，使砂粒能均匀地在涂料层上面粘上一层。图 5-20 所示为一种风动雨淋式撒砂机，积在砂筒 5 中的砂粒在经风管 7 的压缩空气的吹动下，向上移动至上挡板 2 处，雨淋式地下落，掉在被撒的模组涂料层上。振动筛可去除下落砂中被涂料粘在一起的团块。也可用斗式提升机把砂粒自砂筒中上提，使其掉在上置的振动筛上，通过筛孔雨淋式地下落进行撒砂。

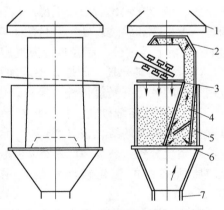

图 5-20　风动雨淋式撒砂机

1—吸尘器　2—上挡板　3—振动筛　4—砂管
5—砂筒　6—夹板　7—风管

（2）流态化（沸腾床）撒砂　粒状耐火材料放在容器中（图 5-21），向容器下部送入压缩空气或鼓风，空气经过毛毯把上部的砂层均匀吹起，砂层呈轻微沸腾状态。撒砂时，只需将涂有涂料的模组往流态化的砂层中"浸"一下，耐火材料便能均匀地粘在涂料表面。

动画：流态
化撒砂

生产小型铸件时，这种涂料撒砂层为 5~6 层，而大型铸件的型壳层数可为 6~9

层。第 1、2 层型壳撒砂所用砂的粒度较细，一般为 0.425/0.212~0.300/0.150mm 筛，而以后各层（加固层）所用砂的粒度则较粗，一般为 3.35/0.850~0.850/0.425mm。

本情境选用浸渍法挂涂料，流态化撒砂法撒砂。

4. 型壳层的干燥和硬化

每涂覆一层涂料层（型壳层）后，就要对它进行干燥和硬化，使涂料中的黏结剂由溶胶向冻胶、凝胶转变，把耐火材料颗粒连在一起。所用黏结剂不同，其干燥和硬化方法也不同。下面对水玻璃黏结剂型壳的干燥和硬化进行简单介绍。

(1) 干燥的作用　水玻璃黏结剂型壳在硬化前应先干燥，其作用如下：

1）扩散作用。干燥可使涂层内黏结剂组分由浓度高处向低处进行扩散和渗透，以分散型壳层内 Na_2O 和水分的聚集，从而使型壳在硬化时能均匀硬透。

2）脱水作用。表层涂料在硬化前含水 15%~20%（质量分数），在干燥过程中，水玻璃脱水浓缩而形成固体硅酸薄膜和许多毛细孔隙。在硬化时有助于硬化剂的深入渗透，

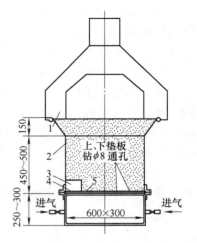

图 5-21　流态化撒砂机
1—抽尘罩　2—流态化槽　3—放砂口
4—上、下垫板　5—毛毯

从而均匀、快速硬化，以提高型壳的表面强度和硬度，并使之不易起皮、粉化和脱落，因而型壳内型腔表面质量好。为缩短生产周期，除表面层在硬化前需要干燥外，其余层在硬化前一般不进行干燥。表面层干燥时间由 30~40min 到几小时不等。一般涂料黏度大、室温低、湿度高、通风条件不好或大的熔模铸件生产时，干燥时间应长些。型壳在硬化后尚需干燥一段时间，目的在于去除水分和残留硬化剂液滴，并使硬化剂进一步扩散和渗透。硬化后自然干燥时间以型壳"不湿不白"为准，"湿"是指未干透，"白"是指干燥过分。制壳场地温度应控制为 18~30℃，相对湿度要小于 40%~60%。

(2) 常用硬化剂　干燥并不能使型壳充分硬化，还必须在硬化剂中进一步硬化。目前应用最多的硬化剂是氯化铵、聚合氯化铝和结晶氯化铝。

1）氯化铵溶液硬化。把涂挂好涂料和撒砂后的模组型壳，浸在质量分数为 48%~20%，温度为 25~30℃ 的氯化铵（NH_4Cl）水溶液中几分钟到半小时。制造高强度型壳时，NH_4Cl 溶液的质量分数一般为 20%~25%。加固层的硬化条件比较好，其外面受硬化剂作用，里面受前层所残留的氯化铵溶液的作用，故加固层的硬化时间可比面层短一些，通常为 20~30min。

当涂有涂料的模组浸入 NH_4Cl 溶液中后，在涂料层外表面上很快形成一层坚硬的胶膜，阻止了 NH_4Cl 溶液向涂挂层内部渗透，所以水玻璃型壳在 NH_4Cl 溶液中的硬化时间较长。为提高生产率，可采用两种快速硬化工艺：第一种是用高温度高浓度 NH_4Cl 溶液快速硬化，如用质量分数为 25%~30%、温度为 30~65℃ 的 NH_4Cl 水溶液，硬化时间可缩短至 10~20s。高温度是高浓度的前提，重点控制温度，而浓度只要达到该温度下的饱和状态即可。第二种是在常温一般浓度 NH_4Cl 溶液中加入少量（一般质量分数为 0.05%）阴离子或非离子型表面活性剂，如农乳 130 等，可显著降低 NH_4Cl 溶液的表面张力，改善其间的润湿性，从而提高硬化剂向涂层深处的渗透硬化能力，硬化时间可缩短至 2~3min。

2）聚合氯化铝硬化。由于 NH_4Cl 溶液在硬化时会放出 NH_3，恶化劳动环境，因此近年来国内一些单位开始采用用聚合氯化铝替代 NH_4Cl。

聚合氯化铝是一种无机聚合物，有时称为碱式氯化铝，其分子通式为 $[Al_2(OH)_nCl_{6-n}]_m$。式中 $m \leqslant 10$，表示聚合度；$n = 1, 2, \cdots, 5$，表示（OH）基数目，故聚氯化铝的碱化度 $B = (n/6) \times 100\%$。作为硬化剂用的聚合氯化铝中 Al_2O_3 的质量分数为 7%~17%，碱化度为 $B = 30\% \sim 50\%$。

其硬化工艺为：自然干燥（0~20min）→硬化（2~4min）→风干（20~50min）。型壳再放置 24h 后脱蜡。

3）结晶氯化铝硬化。它的分子式为 $AlCl_3 \cdot 6H_2O$，实质上是碱化度很低的聚合氯化铝，所以它的性质与聚合氯化铝相似。作硬化剂时，溶液中结晶氯化铝的质量分数为 30%~33%。结晶氯化铝为白色粉状物质，来源较多，价格便宜，使用时比聚合氯化铝方便，故正被逐渐推广使用。

考虑到硬化剂各自的特点，选择污染小比较常用且综合效果较好的结晶氯化铝（$AlCl_3 \cdot 6H_2O$）作为硬化剂。

各种常见硬化剂的作用及特点见表 5-15。

表 5-15　常见硬化剂的作用及特点

种　类	特　点
氯化铵 （NH_4Cl）	1. 硬化剂黏度小，渗透性好，硬化层厚，生产率高，使用安全 2. 铸件表面粗糙度值较小，型壳湿强度高，高温强度低，溃散性好 3. 硬化时产生刺激性氨气，污染空气，劳动条件差，锈蚀设备
氯化镁 （$MgCl_2 \cdot 6H_2O$）	1. 硬化剂黏度大，硬化层薄，硬化时间长 2. 型壳高温强度好，可以单壳浇注 3. 不产生刺激性气体，劳动条件好，不锈蚀设备 4. 资源广，成本低
结晶氯化铝 （$AlCl_3 \cdot 6H_2O$）	1. 硬化剂黏度大，渗透性差，硬化层薄，硬化时间长 2. 型壳强度高，可以单壳浇注 3. 不产生刺激性气体，不锈蚀设备
聚合氯化铝 （简称 PAC） $[Al_2(OH)_n \cdot Cl_{6-n}]_m$	1. 硬化剂黏度大，渗透性差，硬化层薄，硬化时间长 2. 型壳强度高，可以单壳浇注 3. 不产生刺激性气体，不锈蚀设备

5. 脱蜡

型壳完全硬化后，需从型壳中熔去熔模，因熔模常用蜡基模料制成，所以此工序称为脱蜡。根据加热方法的不同，脱蜡方法也有很多不同的种类，用得较多的是热水法和高压蒸汽法。

（1）热水法　把带有熔模或模组的型壳放在 80~90℃ 的热水中加热，使模料熔化，并经由向上的浇口溢出。这种方法普遍地用于熔失蜡基模料模组。采用水玻璃型壳时，可在热水中加少许 HCl 或 NH_4Cl，使型壳在脱蜡时进一步硬化，此时型壳上的部分 NaCl 和 Na_2O 也可溶于热水之中。

这种方法较简便，但因型壳浇口向上浸在水中，脏物易进入型腔中。如型壳硬化不够，会发生型壳被"煮烂"的现象。又因为模组在热水中被均匀加热，熔模厚度较薄的部位会先熔化，而处于模料出口处的浇口杯熔模厚度却较大，熔化较慢，因此型壳内已熔化的模料便不易外流，它的体积随本身温度的升高而膨胀，模料便会挤压型壳，使型壳开裂，同时模料在热水中也易皂化。

（2）高压蒸汽法　将模组浇口朝下放在高压釜中，向釜内通入 $(2\sim5)\times10^5$ Pa 的高压蒸汽，模料受热熔化，可用于脱蜡基模料和松香基模料。这种方法效率高，可提高型壳强度。由于模组上厚度最大的浇口直接受高压蒸汽的加热，故浇口处模料熔失较快，型壳内部的模料易外流，型壳被胀裂的可能性减小，因此高压蒸汽法目前得到广泛的应用。

除上述方法外，国外已研制成功用微波加热模组脱蜡的方法，国内也正在研究之中。为减小型壳被模料胀裂的可能性，国外还提出了高温闪烧法和预熔法等工艺。前者是将型壳放进温度为 $1000\sim1100$℃ 的炉中，使模组还未来得及熔化膨胀便燃烧掉了，但会造成空气污染；后者是在脱蜡前，先在型壳上浇液体燃料（汽油、酒精等），点燃之后使模组表面先熔失一层，然后再进行正常的脱蜡。

考虑到蜡基模料熔点低、高温下易降解的特点，本工序选用热水脱蜡法。

6. 型壳的焙烧

如需造型（填砂）浇注，在焙烧之前，先将脱蜡后的型壳埋在铁箱内的砂粒中，再装炉焙烧。如型壳高温强度大，不需造型浇注，则可把脱蜡后的型壳直接送入炉内焙烧。焙烧时逐步增温，将型壳加热至 $800\sim1000$℃。一般硅酸乙酯水解液型壳焙烧温度较高，水玻璃型壳焙烧的温度较低。保温一段时间，即可进行浇注。在焙烧时，型壳内的残余模料、杂质、水玻璃型壳上的部分 NaCl 都被烧去；型壳中的吸附水、结晶水全部汽化逸出；硅胶进一步分解为 SiO_2。通过焙烧，型壳强度增加，其内腔更为干净。设备选用 75kW 箱式电炉。

7. 常见型壳缺陷

型壳的基本作用是获得表面光洁、尺寸精确的铸件，因此必须对型壳进行如下检验：

1）是否能准确地复制出熔模外型，并保证尺寸精确、表面光洁。

2）在脱蜡、焙烧、浇注等过程中的复杂应力作用下是否有变形、裂纹和破损。

3）型壳焙烧是否充分。焙烧充分的型壳，其内表面为白色、粉白色或粉红色，焙烧好的型壳在存放时不再出现"白毛"。还应检验型壳中的碳是否完全烧掉，若颜色呈深灰色，则说明型壳中有较多碳未烧掉，浇注时发气量大，透气性不好，而且高温强度低，最易产生气孔、呛火和浇注时跑火漏钢的现象。如果型壳浇口杯处还继续在冒黑烟或喷火苗，则表明型壳内腔还有残余模料未烧掉，此时不允许浇注，还需继续进行焙烧。

水玻璃涂料型壳常见缺陷见表 5-16。

表 5-16　水玻璃涂料型壳常见缺陷

缺陷名称	产 生 原 因	防 止 措 施
表面蚁孔	1. 涂料润湿性差,不能完整包覆熔模表面 2. 熔模表面未除油活化 3. 涂料的密度低,黏度小,涂层薄,撒砂粒度粗,砂穿透涂料层,沉积到熔模表面	1. 涂料中加入表面活性剂,增强其润湿能力 2. 降低水玻璃密度,增加面层涂料中粉料加入量,提高涂料黏度 3. 用酒精水溶液清洗活化熔模表面 4. 降低撒砂粒度 5. 采用双峰级配粉料

（续）

缺陷名称		产 生 原 因	防 止 措 施
表面凹陷		1. 涂料黏度大,涂层厚,胶凝时涂层内外收缩不均 2. 硬化前干燥时间不足 3. 硬化剂的渗透能力低	1. 降低涂料黏度,减小涂料外表面与内层凝固收缩的不均匀性 2. 延长硬化前自然干燥时间 3. 控制涂料层厚度,避免堆积 4. 在硬化剂中添加表面活性剂,提高渗透能力 5. 改变面层硬化剂 6. 改善熔模与涂料的润湿性
表面鼓胀		1. 加固层涂料黏度大,涂料层过厚,硬化不透 2. 涂料堆积,硬化不透 3. 撒砂粒度过细或粉尘过多	1. 降低涂料黏度,减薄涂料层厚度,避免涂料堆积 2. 增大撒砂粒度,降低撒砂中的粉尘 3. 延长硬化前的自然干燥时间 4. 对于大平面铸件,可增加涂料层数,或设置工艺肋,最后磨掉
型壳分层		1. 撒砂过细,粉尘过多 2. 涂料黏度过大,润湿能力低 3. 浮砂过多 4. 涂料堆积,个别层次硬化不透	1. 增大撒砂粒度,或减少撒砂中的粉尘 2. 降低涂料黏度,或在涂料中加入表面活性剂 3. 清理过多的浮砂 4. 延长硬化时间
型壳裂纹	脱蜡后	1. 涂料层强度不足 2. 水玻璃模数低,密度大,涂料黏度高,涂料层厚,硬化不透,Na_2O 含量高 3. 水玻璃黏度大,粉料加入量少 4. 脱蜡介质温度低,脱蜡时间过长 5. 硬化过度	1. 增加涂料层数,提高型壳的整体强度,在熔模的棱角、边缘和浇口杯等处控制涂料层厚度的均匀性 2. 严格控制水玻璃的模数、密度和涂料黏度 3. 检查硬化剂的浓度 4. 控制水玻璃的温度,温度过低,则水玻璃的黏度增大,从而使型壳强度降低 5. 提高脱蜡介质的温度,缩短用水脱蜡的时间
	熔烧后	1. 脱蜡后停放时间短,型壳中含水分过多 2. 装炉温度过高,升温速度过快,耐火材料产生某种相变	1. 延长脱蜡后到装炉熔烧的时间 2. 降低装炉温度和升温速度,避免局部过热 3. 避免型壳重叠被烧
高温强度低		1. 加固层涂料中水玻璃密度低,SiO_2 含量低 2. 涂料层薄,撒砂粒度细 3. 硬化不透 4. 涂料配比不当,Al_2O_3 含量过低	1. 提高加固层水玻璃的密度和 SiO_2 的含量 2. 增加涂料层数,增大撒砂粒度 3. 检查硬化剂的浓度,提高溶液的温度,增强硬化效果 4. 调整涂料配比,可适当增加加固层涂料中的黏土含量
高温变形		1. 型壳中 Na_2O 含量过高 2. 熔烧温度过高 3. 涂料中 Al_2O_3 含量过低,烧结相多,收缩大	1. 提高硬化剂的温度,延长硬化时间 2. 控制型壳的熔烧温度,对于石英砂型壳,不大于850℃;对于硅铝系耐火材料,不大于950℃

5.3.5　合金熔炼

1. 熔炼炉选择

ZCuZn38 的熔炼采用中频感应熔炼炉。

2. 铜合金配料

（1）配料计算前需要掌握的资料

1）合金牌号、主要化学成分范围。ZCuZn38 黄铜的主要化学成分见表 5-17。

表 5-17　ZCuZn38 黄铜的主要化学成分

合金牌号	化学成分(质量分数,%)		参考标准
	Cu	Zn	
ZCuZn38	60.0~63.0	其余	GB/T 1176—2013

2）原料成分。ZCuZn38 合金熔炼时需要的金属材料有铜锭、锌锭及同牌号回炉料。铜锭、锌锭的成分见情境 2 合金熔炼部分。

3）熔炼损耗及元素烧损。黄铜中各元素烧损率及熔炼损耗率见表 5-18 和表 5-19。

表 5-18　黄铜中合金元素烧损率

合金元素	Cu	Zn	Al	Si	Mn	Pb
烧损率（%）	0.5~1.5	2.0~8.0	2~4	3~5	2~3	1~2

表 5-19　黄铜熔炼的损耗率与熔炼条件的关系

炉型	炉焰气氛和覆盖	熔炼损耗率（%）
坩埚炉	未覆盖	6.6
	还原性	2.4
	中性	2.4
	氧化性	4.6
反射炉（直焰式）	中性	6.8
	氧化性	3.4
反射炉（4t）	还原性	3.6
	中性	4.7
	氧化性	6.9
反射炉（30t）	氧化性	8~12

4）每一炉的投料量。根据所选用的炉型确定每炉的投料量，以便于合金备料。

(2) 推荐的配料成分　一般情况下可取合金牌号的名义成分配制合金。黄铜中易烧损的元素如 Zn、Al、Mn 等宜取标准成分的上限，不易烧损的元素如 Cu、Ni、Fe 等可取中限或下限。ZCuZn38 中 Zn 的含量取 40%（质量分数）。

(3) 配料计算　计算步骤是首先算出 100kg 合金所需炉料，再与投料量的倍数相乘，即得出该炉所需的炉料。

熔炼 100kg ZCuZn38（回炉料 20kg）的炉料计算过程见表 5-20。

表 5-20　熔炼 100kg ZCuZn38 的炉料计算

合金元素	采用新料						采用回炉料和中间合金	尚需补加的新料
	推荐量		烧损量		炉料中应有含量		同牌号回炉料含量	
	（质量分数,%）	kg	（质量分数,%）	kg	（质量分数,%）	kg	kg	kg
Cu	60	60	1	0.6	58.4	60.6	20×60%＝12	60.6−12＝48.6
Zn	40	40	8	3.2	41.6	43.2	20×40%＝8	43.2−8＝35.2
总计	100	100	—	3.8	100	103.8	20	83.8

根据上述计算填写铜合金吊锤配料单，见表 5-21。

3. 熔剂及其消耗

本情境需要加入的熔剂主要有覆盖剂和脱氧剂。覆盖剂通常先加入炉内，或在加电解铜后加入，加入量一般为炉料重量的 0.5%~2%（足以覆盖整个熔池液面），即 200kg×2%＝

4kg。脱氧剂为 Cu-P，加入量为炉料重量的 0.6%，即 200kg×0.6%＝1.2kg。

表 5-21　铜合金吊锤配料单

铸件名称	铜合金吊锤		
铸件特点	铸件为长棒状，轮廓尺寸为 160mm×ϕ80mm。吊锤结构从上到下为蘑菇状，上端边缘具有明显凸起，后端带有长柄，铸件体积不大，结构简单 要求铸铜牌号：铸造铜合金 ZCuZn38，为普通黄铜。抗拉强度 R_m>295MPa，断后伸长率 A>30%，布氏硬度>685HBW		
合金成分控制（质量分数）	Zn40%，Cu 余量		

炉料总重/kg	配　料			备　注
	各炉料重/kg			
	电解铜	锌锭	同牌号回炉料	
200	97.2	70.4	40	

4. 铜合金熔炼

在熔炼铸造黄铜合金 ZCuZn38 时，采用先熔炼锌的熔炼方法，具体步骤如下：

1）坩埚预热。

2）加电解铜 97.2kg、覆盖剂木炭 4kg。

3）升温熔化并过热至 1150~1180℃。

4）加 Cu-P 脱氧。

5）加锌 70.4kg、回炉料 40kg 搅拌。

6）升温沸腾 2min。

7）炉前检验。

8）调整温度，出炉浇注。

5. 炉前检验

出炉浇注前应严格按照工艺规程的要求测定出炉温度、化学成分和气体含量。具体方法可参见情境 2 相关内容。

6. 浇注

金属液的浇注温度和型壳温度两者应合理配合，以取得优良的铸件质量。型壳焙烧温度在 850~900℃之间，出炉后立刻浇注。ZCuZn38 的浇注温度见表 5-22。

表 5-22　ZCuZn38 的浇注温度

合　金	熔化温度/℃	浇注温度/℃	
		壁厚<30mm	壁厚>30mm
ZCuZn38	1120~1180	1060~1100	980~1040

考虑到本铸件壁厚较小，因此浇注温度选择 1060~1100℃。

5.3.6　铸件清理

熔模铸件清理的内容主要如下：

1）从铸件上清除型壳。

2）自浇冒口系统上取下铸件。

3）去除铸件上所黏附的残留耐火材料。

4）铸件热处理后的清理，如去除氧化皮、飞翅和切割浇口残余等。

除第 4）项的清理内容与一般铸件相同外，熔模铸件的前 3 项清理内容都有其自身的特点，故下面进行简单的介绍。

1. 从铸件上清除型壳

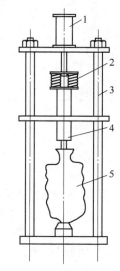

小量生产时，可用锤子或风锤敲打浇冒口系统，使铸件组振动，脆性的型壳便从铸件上碎落下来。产量较大时，可用振击式脱壳机去除型壳。图 5-22 所示振击式脱壳机为脱壳机的一种。将带有型壳的铸件组 5 的直浇道一端放在脱壳机的机座上，开动气缸 1 将风锤 4 压下，顶住直浇道的另一端，起动风锤，振击铸件组使型壳脱落。如在内浇道上做一凹槽（易割浇口），则在风锤敲击时，铸件本身的振动会引起凹槽处应力集中，最后发生内浇道的疲劳断裂，铸件从直浇道上掉下。生产性能较脆的高碳钢铸件时，振击 3min，铸件就能脱落。

振击式脱壳机效率高，并且同时可以从直浇道上取下铸件。但它的工作噪声和灰尘太大，故机器应用铁壳封闭，脱壳前可将铸件组用水浸泡一下，以减少灰尘飞扬。用此法清理后的铸件上常会残留一些耐火材料。此外，电液压清理在熔模铸造中也得到了应用，图 5-23 所示为其装置示意图。当电容器 C 充电达到真空火花放电器 F 的放电电压后，电容器放电，其能量传给处于水中电极间的电介质，如此周而复始地产生脉冲压力波，使处于水中的铸件发生弹性变形，将型壳清除干净。电液压清理时的放电电压为 2 万~7 万 V。清理后铸件较干净，工作时无灰尘，但噪声仍很大，还会产生有害气体（臭氧、NO/NO_2）和有害的辐射（电磁辐射和 X 射线）。

图 5-22　振击式脱壳机

1—气缸　2—弹簧　3—导柱
4—风锤　5—铸件组

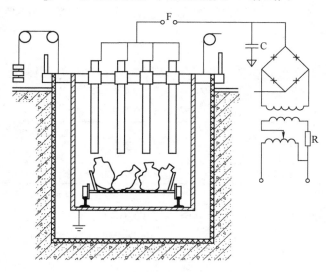

图 5-23　电液压清理装置示意图

2. 自浇冒口系统上取下铸件

清理型壳后，即可将铸件自浇冒口系统上取下。对于硬度较低的合金，可用手工锯、带锯锯床切割下铸件；对于坚硬合金的铸件，如碳素钢、合金钢铸件等，则可用气割、砂轮片切割、液压机切割等方法取下铸件。下面仅就砂轮片切割、液压机切割进行简单介绍。

（1）砂轮片切割　图5-24所示为砂轮片切割内浇道工作示意图。厚度为2~3mm的砂轮片在高速旋转的情况下压向内浇道，将内浇道切断。此法效率高，但噪声大，工作时要注意防止砂轮片碎裂飞出伤人。

（2）液压机切割　大量生产小型铸件，并且模组的形式又是将铸件设置在圆柱形直浇道周围时，可采用这种方法，其示意图如图5-25所示。将液压机的压力作用在直浇道上端，铸件组下移，环形切片将内浇道切断。此法效率高，工作时噪声小，但使用范围有一定的局限性。

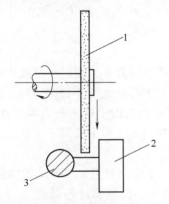

图5-24　砂轮片切割内浇道示意图
1—砂轮片　2—铸件　3—直浇道

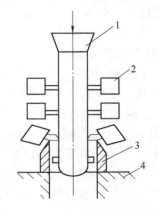

图5-25　液压机切割浇道示意图
1—直浇道　2—铸件　3—环形切片　4—机座

3. 去除铸件上所黏附的残留耐火材料

常用化学清理法去除铸件上残留的耐火材料，应用较多的化学清理法有以下两种。

（1）碱溶液清理法　因铸件上残留的耐火材料中有很多SiO_2，当它与含20%~30%NaOH或40%~50%KOH的沸腾水溶液接触时，会发生如下化学反应

$$2NaOH+SiO_2=Na_2SiO_3+H_2O \tag{5-13}$$

$$2KOH+SiO_2=K_2SiO_3+H_2O \tag{5-14}$$

Na_2SiO_3与K_2SiO_3为水玻璃的主要组成，它们可溶于水，故铸件上的残留耐火材料可被沸腾的NaOH和KOH溶液清理干净。此法应用较普遍，又称为碱煮。碱煮后铸件需用热水清洗，以免碱液腐蚀铸件。铝能被碱严重腐蚀，故不能用碱液清理铝合金铸件。

（2）熔融碱清理法　即将铸件放在熔融的NaOH和KOH（400~500℃）中进行清理。此法反应剧烈，速度快，但耗碱量多，工作条件较恶劣。此法常用于清理陶瓷型芯和石英玻璃型芯。铸件在清理后需用酸液中和并清洗，以防止铸件被腐蚀。

形状简单、能用喷砂法或喷丸法（如铸件的精度要求不高）清理干净的铸件，可不用化学清理法。

本情境中的吊锤铸件的清理选用振击脱壳法脱去型壳，然后用砂轮片切割法切去浇口，并可用碱溶液清理法清洗铸件上多余的耐火材料。

5.4　项目实施

1. 熔模压制及组装

（1）模料配制　模料配制按以下工艺进行：

1）按比例称取石蜡及硬脂酸。

2）将石蜡、硬脂酸放入干净的电热水浴式不锈钢或者铝制坩埚内通电熔化，熔化温度不超过 90℃。

3）待模料全部熔化后，搅拌均匀。

4）用 0.053mm 筛过滤去除模料中的杂质。

5）将过滤后的模料加入固体模料片或者碎末，搅拌成均匀的糊状（模料温度保持为 42~48℃）备用。

（2）熔模压制及组焊

视频：熔模
压制（吊锤）

1）单个熔模制备。单个熔模制备工艺过程主要包括合模、注射和开模取出熔模三个步骤。在合模时，首先应该在压型分型面上涂分型剂，使之便于分型，然后扳动手柄加压，将模料压入压型内，充填并复制型腔，静置冷却后取出熔模放入冷却水中冷却。一般来讲，可以用两个压型轮流操作，一个注射后冷却的过程中将另一个压型中的熔模取出，注射并冷却，反复循环操作。

视频：模组
组装（吊锤）

2）浇口棒制备。先将铝制芯棒模放在冷水中（长期放置），再往其中浇入 45~50℃ 的模料，稍等片刻再将铸铝芯棒插入液态模料中，待模料冷却凝固之后，打开浇口模，将带有模料的芯棒拔出即可。这种浇口棒的特点是不易产生裂纹，涂挂性好，强度高，但要制造一批芯棒模，生产率较低。此外，浇口棒熔模表面粗糙度有时欠佳，且脱蜡时模料膨胀较大。

3）熔模修整。在熔模组焊之前，应对熔模进行修整，主要修整对象是压型分型面在熔模上产生的飞翅。另外应对熔模表面进行检验。对于精度要求较低的铸件，其表面小型凹坑、麻点或者表面缩凹可以使用蜡料进行适当修补，无法修补的熔模则报废；对于精度要求高的铸件，熔模表面存在较大缺陷时，熔模不进行修补，直接报废。

4）熔模组焊。在制壳前，要将散乱的小型熔模组焊到浇口棒上，以便一次浇注多个铸件。熔模组焊采用的工具一般是低压电热刀，用加热到温度的低压电热刀熔融熔模与浇口棒组焊的焊接面以后，直接将熔模焊接在浇口棒上。

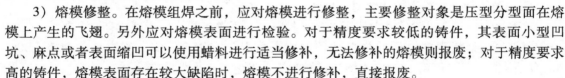

2. 型壳制备

视频：水玻
璃面层
涂料配制

（1）耐火涂料配制　黏结剂所需的原材料有耐火粉料（硅石粉）、水玻璃（要求密度 1.27~1.34g/cm³，模数 3.0~3.4）、表面活性剂（JFC 聚氧乙烯烷基醇醚）和消泡剂（正辛醇）。本情境所选择的表层和加固层涂料配比见表 5-23。

视频：水玻
璃背层
涂料配制

涂料配制时，在专用涂料桶内加入所需量的水玻璃，在搅拌情况下加入粉料，加完粉料后继续搅拌 30min 以上，使粉料充分分散并和水玻璃充分润湿，搅拌不能太剧烈，以免引起温度上升。然后加入表面活性剂和消泡剂，但必须将它们溶成溶液后加入。涂料混好后应静置一段时间待其气体逸出，黏度逐步稳定后使用，一般静止时间大于 2h。

表 5-23　黏结剂涂料成分配比

涂料名称及用途	涂料组分/kg			流杯黏度/(s/100mL)
	耐火粉料	水玻璃	湿润剂(外加质量分数,%)	
水玻璃-硅石粉表层涂料	1.05	1	JFC0.03~0.05	20~30
水玻璃-硅石粉-黏土加固层涂料	硅石粉0.5~0.6,黏土0.4~0.5	1	JFC0.03~0.05	25~40

(2) 模组脱脂　在涂挂涂料之前,先要将模组浸泡在洗衣粉的水溶液 (质量分数为 0.5%) 中。在模组涂挂涂料前浸入脱脂液中进行脱脂。

(3) 涂挂涂料及撒砂　在挂涂料之前应先将涂料搅拌均匀并对其流杯黏度和密度进行测量,对不合格的涂料进行相应的工艺调整。挂涂料一般采用浸渍法,将清洗后的模组或者带有型壳层的模组浸入涂料中,适当摇晃、转动,使涂料充分润湿模组表面,排除可能夹入的气泡,涂挂一层涂料后取出。涂挂表层涂料时,应仔细检查涂料层分布是否均匀、涂料有无堆积、涂料层中有无气泡,必要时进行相应的处理。

视频:涂料、撒砂(水玻璃面层)

撒砂即通过在所挂涂料层外面粘上一层耐火砂粒,迅速增厚型壳,使砂粒层成为型壳的骨架,分散型壳在随后工序中可能产生的应力。撒砂后的粗糙表面也利于后续涂料的黏附。撒砂粒度通常是表层最细,一般为 0.150~0.425mm,而后逐步增加,加固层的粒度可达 0.425~3.35mm。

(4) 干燥硬化　每涂撒好一层型壳后,就要对这一层进行干燥和硬化,促使其中的黏结剂变成凝胶,将耐火材料牢固地粘接在一起,使其具备一定的湿强度。水玻璃型壳一般采用先自然干燥后化学硬化的工艺。结晶氯化铝硬化制壳工艺见表 5-24。

视频:干燥、硬化(水玻璃面层)

表 5-24　结晶氯化铝硬化制壳工艺

层次	硬化剂性能				撒砂粒度/mm	硬化时间/min	干燥时间/min	
	质量分数(%)	密度/(g/cm³)	碱化度B(%)	pH值			硬化前	硬化后
1	30~33	1.16~1.18	<10	1.4~1.7	0.212~0.425	15	3~4	8
2					0.212~0.425	15	3~4	8
3~6					0.850~1.70		3~4	25

(5) 脱蜡　制备好的型壳完全硬化以后,即可进行脱蜡,以脱去熔模获取型壳。本情境选用热水脱蜡法,将带有模组的型壳放在吊笼中,浸入用蒸汽加热的温度高于 95℃但不沸腾的热水中,使熔模熔化,模料自型壳浇口处流出。在脱蜡的过程中,应避免砂粒等杂物掉入型壳内。在采用热水脱蜡法时,蜡模截面直径相差不应太大,型壳应经过足够硬化,以免型壳胀裂或者溃烂。

视频:脱蜡(水玻璃型壳)

(6) 焙烧　水玻璃型硅砂-黏土型壳的焙烧温度应控制为 850~900℃,焙烧时间应控制为 1~2h,焙烧后直接浇注。焙烧温度过高时容易将型壳烧裂,温度过低时容易导致型壳夹生。

3. 熔炼及浇注

(1) 合金熔炼　根据前面确定的熔炼方法熔炼铜合金,并进行相关检验。

(2) 型壳浇注　当熔炼的合金经过检验达到工艺要求以后,就可以进行浇注,

视频:焙烧(水玻璃型壳)

浇注应在老师指导下进行，并应注意安全。

视频：ZCuZn38 铜合金熔炼   视频：ZCuZn38 铜合金浇注

4. 清理

铸件清理工艺卡见表 5-25。

表 5-25   铸件清理工艺卡

工　步	工 步 内 容
清除型壳	用振击式脱壳机进行清理： 1. 将带有型壳的铸件组直浇道的一端放在脱壳机的机座上 2. 开动气缸将风锤压下，顶住直浇道的上端 3. 起动风锤，振击铸件组，使型壳脱落
切除浇冒口	一般可用气割、砂轮片切割、锯割等方法将铸件与浇冒口分离
清除耐火材料	用碱溶液清理法进行清理： 1. 将铸件装筐，浸入含 20%～30%NaOH 或 40%～50%KOH 的沸腾水溶液，使碱液与耐火材料中的 SiO_2 发生化学反应 2. 待铸件上的耐火材料被基本清除干净后，将装框的铸件由碱溶液中取出 3. 最后用热水冲洗铸件，以避免碱液腐蚀铸件

5.5　吊锤铸件质量检验及评估

5.5.1　铸件质量检验

1. 熔模铸造常见缺陷及其检验方法

熔模铸造产生缺陷的原因比较多，从类型上说可以分为表面或内部缺陷和表面粗糙度或尺寸超差，具体缺陷类型、检测方法、产生原因和防止方法见表 5-26。

表 5-26   熔模铸造常见缺陷

缺陷类型	检测方法	产 生 原 因	防 止 方 法
浇不到（欠注）：液体金属未充满型腔造成铸件缺肉	目测	1. 浇注温度和型壳温度低，金属液流动性差 2. 金属液含气量大，氧化严重以致流动性下降 3. 铸件壁太薄 4. 浇注系统大小和设置位置不合理，直浇道高度不够 5. 型壳焙烧不充分或型壳透气性差，在铸件中形成气袋 6. 浇注速度过慢或者浇注时金属液断流 7. 浇注量不足	1. 适当提高浇注温度和型壳温度 2. 采用正确的熔炼工艺，减少金属液的含气量和非金属夹杂 3. 对于薄壁件，设计浇注系统时，应减少流动阻力和流程，增加直浇道高度 4. 型壳焙烧要充分，提高型壳透气性 5. 适当提高浇注速度，并避免浇注过程断流 6. 保证充足的浇注量
冷隔：铸件上有未完成的缝隙，其交接边缘圆滑	目测、渗透、射线		

（续）

缺陷类型	检测方法	产 生 原 因	防 止 方 法
结疤（夹砂）：铸件表面上有大小不等、形状不规则的疤片状突起物	目测	由于型壳内层局部分层剥离，浇注时金属液充填已剥离的型壳部分，致使铸件表面局部突起 　1. 撒砂时浮砂太多或砂粒粉尘、细砂多，在砂粒之间产生分层 　2. 涂料黏度大，局部堆积，硬化不透，在涂料之间产生分层 　3. 气温高或涂料与撒砂间隙时间长，撒砂时涂料表面已结成硬皮，涂料与砂粒之间产生分层 　4. 第2层或加厚层涂料黏度大，流动性差，涂料不能很好地渗入前层细砂间隙，在后层涂料与前层砂粒之间产生分层 　5. 型壳前层产生的硬化剂太多，后层涂料不能很好地渗入前层砂粒间隙，在后层涂料和前层砂粒之间产生分层 　6. 硬化温度大大高于工作环境温度，硬化后骤冷收缩造成型壳局部开裂剥离 　7. 熔模与面层涂料的润湿性差，在型壳层和熔模之间形成空隙 　8. 型壳焙烧、浇注时膨胀收缩变化大，造成内层开裂剥离 　9. 涂料黏度小，涂料层过薄或撒砂不足，造成型壳硬化过度开裂剥离 　10. 面层和加固层耐火材料差异太大，膨胀收缩不一致，使面层分层剥离	1. 撒砂砂粒不可过细且要尽量均匀，粉粒要小，湿度不宜过高，撒砂时要抖去浮砂 　2. 严格控制涂料黏度，涂料要涂均匀，力求减少局部堆积，并应合理选择硬化工艺参数 　3. 缩短涂料与撒砂的间隙时间 　4. 适当减少第2层或加固层涂料的黏度，采用低黏度的过渡层涂料 　5. 干燥时间要控制适当。在加固层涂料中适当加入少量表面活性剂。必要时可在干燥后用水淋洗外表面，洗去残留硬化剂 　6. 选择合适的硬化温度和工作环境温度 　7. 熔模表面进行脱脂处理，面层涂料中加入表面活性剂，改善熔模与面层涂料的润湿性 　8. 选择线收缩率变化小的耐火材料，避免焙烧后型壳降温太多 　9. 控制涂料黏度，撒砂时应尽量使涂料层上均匀黏附上砂粒 　10. 尽量避免面层与加固层采用膨胀系数相差大的耐火材料
夹皮：铸件表面局部出现翘舌状疤块，疤块与铸件间夹有片状壳层	目测	产生原因同"结疤"。型壳内层局部分层开裂但未剥离，浇注时金属液通过裂纹钻入型壳夹层形成夹皮。其中因涂料局部堆积、硬化不透，在熔失熔模时型壳内层开裂、内陷而产生的夹皮则更为常见	防止措施同"结疤"。其中特别要注意严格控制涂料黏度，并要防止涂料堆积及硬化不透
凹陷：铸件表面出现不规则的凹陷和条纹状沟痕	目测、渗透	其产生原因同"夹皮"。产生原因的轻度表现，由于尚未产生裂纹或裂纹较细、较浅，因此浇注时金属液未钻入裂纹或钻入裂纹较浅（此时凹陷中间可见与裂纹部分一致的尾翘）	防止措施同"夹皮"

（续）

缺陷类型	检测方法	产 生 原 因	防 止 方 法
蛤蟆皮:铸件表面局部呈现严重的凹凸不平	目测	1. 水玻璃型壳热水脱蜡时,脱蜡液碱性偏大,模料皂化,造成型壳内层局部酥软溃烂 2. 面层涂料黏度过大,局部堆积,硬化不透,热水脱蜡时,局部面层涂料不规则脱落 3. 模料熔失不充分,焙烧不彻底,使皂化物和其他有害杂质沉积在型壳内表面某个部位 4. 水玻璃型壳的模数高,密度大,硬化不充分,造成型壳局部钠盐聚集	1. 及时补充 NH_4Cl,脱蜡液应维持一定酸性 2. 面层涂料和第2层涂料应涂挂均匀,避免涂料局部堆积和硬化不透 3. 脱蜡后的型壳用热水冲洗,并保证充分焙烧 4. 采用低密度、高粉液比的水玻璃涂料,尽量减少水玻璃型壳表面的自由 Na_2O 含量
鼓包:铸件表面局部鼓胀,鼓胀表面光洁	目测	1. 铸件表面不合理,平面较大 2. 同"结疤"产生原因中的第1~5条,型壳外层产生分层但未剥离,导致型壳局部强度降低 3. 涂料配比、硬化、风干参数与焙烧工艺不匹配,导致型壳"发酥",强度降低 4. 涂料黏度小,型壳层薄,型壳整体强度较低 5. 型壳高温强度低,浇注时无法承受金属液压力	1. 改进结构,增设工艺肋及工艺孔等 2. 采用"结疤"防止措施中的第1~5条,避免型壳分层,提高强度 3. 进行工艺试验,改善操作工艺 4. 适当提高涂料黏度或适当增加层数,保证必需的型壳厚度 5. 改进涂料配方,适当增加型壳层数,必要时可采用一些局部强化措施
铁刺:铸件表面上出现许多分散或密集的突刺	目测	1. 面层涂料中粉料量少,黏度低 2. 面层涂料相对熔模的涂挂性差 3. 面层涂料配制时搅拌不充分,涂挂时面层涂料中的粉料趋向撒砂砂粒分布 4. 表面层撒砂砂粒较大	1. 适当增加面层涂料中的粉料加入量,提高面层涂料黏度。对于水玻璃型壳的面层,其水玻璃密度应稀释至 $1.26\sim1.29g/cm^3$ 2. 改善面层涂料对熔模的涂挂性 3. 保证面层涂料充分搅拌 4. 采用较细小、均匀的面层砂
麻点:铸件表面上的密集、圆点状凹坑	目测、渗透	型壳中残留钠盐多,浇注时,钠盐受金属液热作用而挥发,产生的气体存在于型壳和金属液之间,或与金属表面发生氧化反应而形成密集的麻点	1. 采用合理的制壳工艺,保证充分硬化,充分风干 2. 保持一定的脱蜡液温度和足够的脱蜡时间,脱蜡后用热水冲型壳 3. 选择合理的焙烧工艺,保证焙烧充分,并适当降低金属液的浇注温度
铁珠:铸件的凹槽或拐角处,有多余的金属光滑颗粒	目测	1. 涂挂面层涂料时操作不当,易在熔模的拐角及凹槽处存有气泡 2. 面层涂料含气量高 3. 涂料对熔模的涂挂性差	1. 涂挂面层涂料时模组缓慢进入料浆,并用软毛刷涂刷,以消除拐角部位的气泡 2. 涂料配制后给予足够的镇静时间,也可以加消泡剂 3. 熔模充分脱脂,适当降低涂料黏度,便于涂挂

（续）

缺陷类型	检测方法	产 生 原 因	防 止 方 法
嵌豆:嵌在铸件内且和铸件不完全熔合的金属颗粒	目测、渗透	因浇注系统设置不当或浇注操作不当,引起金属液飞溅,飞溅出的金属液滴凝固、氧化后黏附在型腔的内壁上,且未能与铸件完全熔合	1. 改进浇注系统的设置,使金属液平稳地充满型腔 2. 浇注操作要平稳,避免金属液飞溅
缩松:铸件内部形成不规则的表面粗糙的孔洞,其中微小密集的孔洞称为缩松	超声波、射线	1. 铸件结构不合理,有难以补缩的热节 2. 浇冒口系统设计不合理 3. 浇注温度过高,金属液收缩率大 4. 金属液含有较多的气体和氧化夹渣,使流动性和补缩能力下降 5. 模组组装不合理,型壳局部散热条件差 6. 浇注时冒口、浇口杯未充满	1. 改进铸件结构,尽可能减少热节 2. 合理设计浇冒口系统,形成顺序凝固 3. 选择恰当的浇注温度 4. 改进熔炼工艺,减少金属液的含气量和氧化物 5. 合理组装,改善散热条件 6. 浇注时应保证冒口和浇口杯充满金属液
集中气孔:铸件上有明或暗的光滑孔眼	目测、超声波、渗透、射线	1. 型壳透气性差,浇注时型腔内气体来不及排除 2. 型壳焙烧不充分,未充分排除模料残余物及制壳材料中的发气性物质 3. 冷型壳浇注,型壳受潮 4. 金属液含气量过高,脱氧不良 5. 浇注系统设计不合理,浇注时卷入气体	1. 改善型壳透气性,必要时可在型壳上设置排气孔 2. 充分焙烧型壳 3. 热型壳浇注,型壳不得受潮 4. 改进脱氧方法 5. 改进浇注系统结构
多孔性气孔和针孔:铸件上的细小、分散或密集的孔眼	目测、渗透、超声波	1. 炉料不干净,有锈蚀和油垢 2. 金属液脱氧不良,镇静时间不够,含气量高 3. 铝合金液精炼除气不充分 4. 型壳焙烧不充分或焙烧后型壳受潮 5. 浇包烘烤不充分 6. 金属液中含有易与型壳面层发生化学反应的组元	1. 炉料要清理干净 2. 改进脱氧方法,浇注前有适当的镇静时间,并控制金属液温度,防止过热吸气 3. 改进铝合金液的精炼除气方法 4. 充分焙烧型壳且应防止型壳受潮 5. 浇包应烘烤充分 6. 选择合适的面层耐火材料
脱皮夹砂(冲砂):铸件表面或内部有被耐火材料或型壳等充填的孔洞	目测、超声波、射线	1. 由于"结疤"的原因型壳局部开裂剥离,落入型腔中 2. 模组组装质量不高,焊接处形成缝隙,致使面层涂料渗入接缝,造成涂料飞翅,浇注时涂料飞翅被金属液冲入型腔 3. 热水熔失熔模时浇口杯未清理干净或熔失时热水翻滚 4. 模料脏,未经过滤 5. 在型壳运输、焙烧过程中落入造型材料 6. 浇注时浇口杯面层或炉子、浇包的炉衬材料掉入型腔	1. 防止措施同"结疤" 2. 模组焊接处应为圆角,无接缝、凹坑和孔洞 3. 热水熔失熔模前浇口杯上的浮砂、料皮应清理干净,并经常清除热水熔失装置内的砂粒。熔失时避免热水翻滚 4. 严格控制模料回收工艺 5. 型壳运输、焙烧过程中应小心,避免掉入造型材料,浇注前要摇砂、倒砂、吸砂 6. 浇注时小心操作,尽量避免掉入耐火材料

（续）

缺陷类型	检测方法	产生原因	防止方法
夹渣:铸件表面或内部有被熔渣充填的孔洞	目测、超声波、射线	1. 金属熔炼时浮渣不良,扒渣不干净 2. 浇包中的残渣没有除尽 3. 浇注时未很好挡渣 4. 浇注系统设置不合理,挡渣作用不良	1. 金属液应有足够的出炉温度并进行适当镇静,以利于熔渣上浮 2. 浇包使用前要清理干净 3. 必要时采用茶壶式或底注式浇包 4. 合理设计浇注系统
粘砂:铸件表面上金属与型壳材料牢固黏合,分机械粘砂和化学粘砂两种	目测	机械粘砂: 1. 面层涂料黏度低,撒砂粒度过粗 2. 面层涂料对熔模的涂挂性差,涂挂不均匀,加固层涂料和撒砂直接与金属液接触 3. 浇注温度较高,浇注压头过大 4. 金属液对撒砂砂粒有良好的润湿性和渗透力	1. 适当提高面层涂料黏度,采用较细的撒砂砂粒 2. 熔模进行脱脂处理,改善涂料对熔模的涂挂性 3. 适当降低浇注温度和浇注压头 4. 合理选用耐火材料
		化学粘砂: 1. 面层耐火材料纯度低,耐火度不高 2. 面层耐火材料选择不当,易与金属液发生化学反应 3. 金属熔炼质量不高,含有较多的氧化物夹杂 4. 浇注温度过高 5. 铸件结构不合理或浇注系统设计不合理,造成型壳局部过热	1. 提高型壳面层耐火材料的纯度 2. 面层耐火材料应与铸件材料相匹配 3. 改进熔炼工艺,减少氧化物夹杂 4. 适当降低浇注温度 5. 改进浇注系统设计,改善型壳散热条件,防止局部过热
热裂:铸件表面或内部产生不规则的晶间裂纹,裂纹表面呈氧化色	目测、渗透、超声波	1. 铸件结构不合理,壁厚相差大,转角处圆角半径太小 2. 浇注系统设计不合理,增大了铸件不同厚薄处的温差或使铸件收缩受阻 3. 型壳高温强度过高,退让性差 4. 金属液的凝固区间大,有害杂质含量高,热裂倾向大 5. 浇注时型壳温度偏低,浇注温度过高 6. 型壳局部散热条件差	1. 改进铸件结构,如减小壁厚差,增大圆角半径,设置工艺肋等 2. 合理设计浇注系统 3. 适当降低型壳的高温强度 4. 改进熔炼工艺,降低有害杂质含量和氧化物夹杂 5. 适当提高型壳温度,降低浇注温度 6. 改善铸件易裂部位的冷却条件
冷裂:铸件上有连续贯穿性裂纹,裂纹端口光亮或有轻度氧化	目测、渗透、超声波	1. 铸件结构和浇注系统设计不合理,在铸件冷却过程中收缩受阻,产生的热应力和相变应力超过弹性状态时铸件材料的强度 2. 在落砂清理、切割浇冒口或校正铸件过程中,有残余应力的铸件受到外力作用而开裂 3. 金属液质量不高,杂质含量多	1. 改进铸件结构,减小壁厚差,增设加强肋等。合理设计浇注系统,提高型壳的退让性,避免收缩受阻或减小阻力,减小铸造应力 2. 铸件生产过程中应避免受剧烈撞击 3. 改进熔炼工艺,提高金属液质量,减少杂质含量

（续）

缺陷类型	检测方法	产 生 原 因	防 止 方 法
跑火：金属穿透型壳，在铸件上形成不规则的多余金属突起	目测	1. 型壳整体强度低，无法承受热应力和金属压力 2. 铸件深孔、凹槽窄细，制壳操作效果不佳，涂挂不完全，壳层变薄 3. 型壳受机械损伤 4. 浇注温度较高，浇注速度过快	1. 提高型壳的整体强度，特别是高温强度 2. 适当降低涂料黏度，采用较细的砂，细心操作以改善深孔、凹槽处的涂挂质量 3. 型壳在运输过程中应注意避免碰撞和掉件 4. 适当降低浇注温度和浇注速度
拉长：铸件的几何尺寸超出图样规定范围	采用游标卡尺等量具	1. 压型设计不合理，各种收缩因素考虑不够 2. 压型长期使用后磨损 3. 由于模料收缩大且有波动或未保持规定的制模条件，致使熔模尺寸不精确 4. 型壳强度不高 5. 制壳原材料及焙烧、浇注温度有较大的波动 6. 机械加工铸件时改变了工艺基准	1. 认真考虑各种收缩因素后正确设计压型 2. 修整或更换压型 3. 改进模料并保证规定的制模条件 4. 严格制壳工艺，避免型壳分层，提高型壳质量 5. 严格原材料管理，控制焙烧及浇注温度 6. 确定合理的加工工艺基准
变形：铸件的平面度、平行度、同轴度及各单元的相对位置超出图样规定范围	采用千分表	1. 铸件结构不合理或浇注系统设计不合理，引起熔模和铸件在不同工艺阶段变形 2. 模料的热稳定性差或制模工作环境温度过高 3. 压型结构不合理，压型装配不正确，活动部位未紧固 4. 压型温度过高，保压时间太短 5. 取模方式不当或取模过早 6. 熔模存放不合理或存放时间过长 7. 制壳工艺不合理，造成型壳分层变形 8. 耐火材料的耐火度不够或型壳高温强度低 9. 型壳焙烧温度过高 10. 浇注温度过高或金属液压力过大 11. 铸件出型、脱壳过早 12. 铸件清理方式不当 13. 铸件热处理方式不合理	1. 改进铸件结构或改进浇注系统设计 2. 改进模料或适当降低制模工作环境的温度 3. 改进压型设计，检查并仔细装配压型 4. 适当降低压型温度，增加保压时间 5. 改进取模方法或适当延长取模时间 6. 改善存放条件，缩短存放时间 7. 严格制壳工艺，防止型壳分层变形 8. 采用耐火度较高的耐火材料，设法提高型壳的高温强度 9. 严格控制焙烧温度 10. 严格控制浇注温度，采用合适的金属液压力 11. 确定合理的出型、脱壳时间 12. 改进铸件清理方法 13. 改进热处理工艺

（续）

缺陷类型	检测方法	产生原因	防止方法
表面粗糙：铸件表面粗糙度值超出图样规定范围	样块比较法；显微镜比较法；电动轮廓仪比较法；光切显微镜测量法；干涉显微镜测量法	1. 由于以下原因造成熔模粗糙： 1）压型型腔表面粗糙，压型清理不干净 2）模料配制不均匀，旧模料使用过多，处理时过滤不充分 3）分型剂过多或不均匀 4）压型温度低，模料注入温度低，注入压力小 5）模料皂化 2. 面层涂料与熔模的润湿性差 3. 铸件表面出现了铁刺、麻点 4. 面层涂料粉液比低，黏度小，撒砂砂粒粗 5. 模料灰分含量高，熔模熔失不充分 6. 型壳焙烧不充分 7. 型壳存放时间过长，型壳内表面析出茸毛 8. 铸件表面粘砂 9. 铸件的清整工艺不合理（如喷砂砂粒过粗、喷砂压力过大等）	1. 采取以下相应措施改善熔模表面粗糙度： 1）压型型腔应有合适的表面粗糙度，清洁压型 2）配制模料要搅拌均匀，控制使用旧模料并充分过滤 3）分型剂使用要均匀、稀薄 4）适当提高压型温度、模料注入温度及注入压力 5）对模料进行回收处理 2. 保证熔模表面脱脂处理质量，确定合理的面层涂料配方 3. 采取相应措施防止铁刺、麻点产生 4. 提高面层涂料粉液比和黏度，采用较细的面层撒砂砂粒 5. 改进模料质量，充分熔失熔模 6. 充分焙烧型壳 7. 型壳存放时间不宜过长 8. 采取相应措施防止表面粘砂 9. 选用合理的清理方法和清整工艺

2. 铸件检验

（1）铸件尺寸精度检验 铸件尺寸精度检验主要是检验铸件尺寸偏差、表面粗糙度，这些检验是铸件评分的主要标准。

（2）铸件表面缺陷检验 铸件常见的表面缺陷有缩孔、缩松、麻点、飞翅等，这些缺陷一般可以通过目测、手检和硬度检验来进行，必要时也可进行渗透检验，这些检验也是铸件评分的主要标准。

（3）铸件内部缺陷检验 借助超声检测仪检测铸件内部缺陷。

（4）做好文明生产 生产结束后，清理场地，检查工具设备是否遗失或者损坏，并将其整齐摆放于指定位置，如有损坏请向指导教师说明原因。

5.5.2 评估与讨论

1）熔模压制过程中常见的缺陷是什么？产生原因及防止措施是什么？
2）型壳制备过程中常见的缺陷是什么？产生原因及防止措施是什么？
3）水玻璃型壳生产过程中铸件常见的缺陷是什么？产生原因及防止措施是什么？
4）水玻璃硬化前为什么要进行自然干燥？
5）针对水玻璃型壳、硅溶胶型壳、硅酸乙酯型壳三种型壳的生产成本、对环境的影响、生产铸件的质量、生产效率等生产工艺选用的原则展开评估和讨论，并以此培养学生的质量意识、成本意识、环保意识，进一步提升学生分析和解决实际问题的能力。

 思考题

1. 试述熔模铸造的工艺特点及应用范围。
2. 试述常用两类模料的基本组成、特点、应用范围及回收处理工艺。
3. 对制壳耐火材料有哪些要求？
4. 试述常用制壳耐火材料的种类、性能及应用范围。
5. 型壳脱蜡的方法及工艺是什么？
6. 熔模铸造常用的浇注系统有哪些类型？
7. 熔模铸件清理包括哪些内容？
8. 铸件清理有哪些方法？各有哪些优缺点？

铜合金铸件硅溶胶型壳熔模铸造

知识目标	能力目标	素质目标	重点、难点
1. 熟悉硅溶胶型壳制备工艺 2. 熟悉压型的结构 3. 掌握熔模铸造生产工艺过程	1. 独立设计熔模压型并能够分析其合理性 2. 能够根据现有压型生产合格的熔模 3. 能够制订合理的熔模铸造工艺	1. 良好的生活习惯、行为习惯和自我管理能力，遵规守纪 2. 责任意识、竞争意识、创新意识、团队合作精神 3. 尊重劳动、热爱劳动、较强的实践能力	重点： 1. 熔模工艺设计 2. 压型设计 3. 硅溶胶型壳制备 难点： 1. 熔模工艺设计 2. 压型设计

6.1 铜合金管接头铸造工艺分析

6.1.1 任务提出

本情境学习图 6-1 所示管接头的工艺设计和生产。根据情境 1 分析，由于零件结构相对复杂，表面粗糙度要求高，并要求可以批量生产，因此选用熔模铸造。

为实施本任务，对铸件的特点和铸造合金的特点进行分析如下。

1. 铸件特点分析

如图 6-1 所示，铸件中没有工艺肋结构，有孔槽结构；铸件上端面为方台，因为有配合要求，要求表面粗糙度为 $Ra0.8\mu m$，需要进行后续加工；两端面中心内孔周围均需加工凹台，以保证配合精度，采用机械切削加工；铸件下端的法兰盘和上端方台上各分布有 4 个直径为 $\phi10mm$ 的通孔，所有的通孔均直接铸出。该铸件全部尺寸均为标准公差，公差等级为 DCTG4~DCTG6 级。

2. 铸造铜合金特点分析

铸件所用的铜合金为 ZCuZn40Mn2，收缩率为 1.03%。该合金的液相点为 881℃，壁厚小于 30mm 时的浇注温度为 1020~1060℃，适用的铸造方法有砂型铸造、石膏型铸造、熔模铸造等。该合金凝固特征为：凝固范围较窄，约为 50℃；凝固时体积收缩大，容易产生大的集中性缩孔，确定此类合金铸造工艺时，应设法使合金顺序凝固，并使用大冒口使之得到充分补缩。

6.1.2 铸造工艺分析

由于情境 5 中介绍了熔模铸造的基本知识并初步介绍了熔模铸造的生产过程，因此本情境在分析铸件特点的基础上，可以直接选择模料和型壳涂料。

考虑到管接头表面粗糙度要求高，尺寸精度要求高，因此在选择模料和型壳涂料时选择用高精度模料和型壳材料。

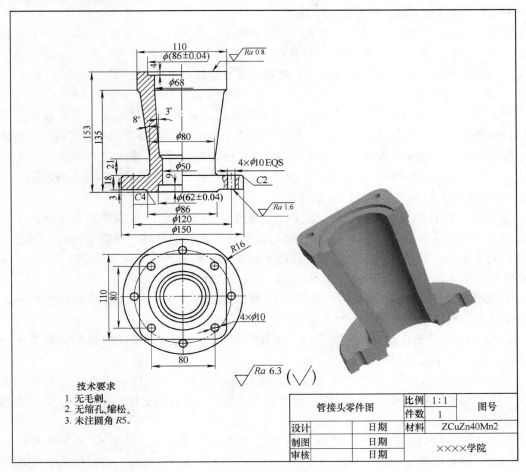

图 6-1　管接头零件图

采用的模料为松香基中温模料，具体配方成分见表 6-1。分型剂成分（质量分数）为蓖麻油 50%+酒精 50%。

表 6-1　模料成分表（质量分数）

松香	改性松香	地蜡	聚乙烯	川蜡
30%	27%	5%	3%	35%

本情境采用的型壳为硅溶胶型壳。

6.2　必备理论知识

6.2.1　铸造工艺设计

同一般铸造工艺设计相似，熔模铸造工艺设计的任务如下：

1）分析铸件结构的工艺性。

2）选择合理的工艺方案，确定工艺参数。

3）设计浇冒口系统，确定模组结构。

在考虑上述三方面的问题时，主要的依据仍然是一般铸造过程的基本原则，尤其在确定工艺方案、工艺参数（如铸造圆角、起模斜度、加工余量、工艺肋等）时，除了具体数据由于熔模铸造的工艺特点不同而稍有不同之外，设计原则与砂型铸造完全相同。

1. 铸件工艺分析

（1）铸件工艺分析的依据 在进行产品生产之前，必须对铸件的结构工艺性能进行分析，也就是在满足工作要求的前提下，希望铸件结构能兼顾到熔模铸造的工艺特点，使之尽量与熔模铸造的工艺要求相吻合。在保证铸件工作性能的前提下，铸件的结构应尽可能满足下述两方面的要求：①铸造工艺应越简化越好；②铸件在成形过程中应不易形成缺陷。

1）为简化工艺对熔模铸件结构的要求。

① 铸件上铸孔的直径不要太小、太深，以便制壳时涂料和砂粒能顺利充填熔模上相应的孔槽（尽可能避免陶瓷型芯的使用），同时也可简化铸件的清理。熔模铸造时一般希望铸孔直径大于 2mm。铸通孔时，孔深 h 与孔径 d 的最大比值 $h/d = 4 \sim 6$；铸不通孔时，$h/d \approx 2$。如必须要求小孔，则通孔直径可小到 0.5mm，h/b 的值也可增大。

② 熔模铸造时铸槽不要太窄、太深。铸槽的宽度应大于 2mm，槽深可为槽宽的 2 ~ 6 倍。槽越宽，槽深相对槽宽的倍数可越大。

③ 铸件的内腔和孔壁应尽可能平直，以便使用压型上的金属型芯直接形成熔模上的相应孔腔。铸件上不应有封闭的孔腔。

④ 因熔模铸造时采用热型浇注，冷铁的效果有所减弱，同时冷铁在型壳上的固定也较麻烦，故熔模铸件的分布应尽可能满足顺序凝固的要求，不要有分散的热节，以便用直浇道进行补缩。

⑤ 铸件的外形应有利于熔模易于自压型中取出（图 6-2a），有利于分型面的简化（图 6-2b），尽可能使熔模在一个压型型腔内形成（图 6-2c），以简化压型的结构和制模时的操作。

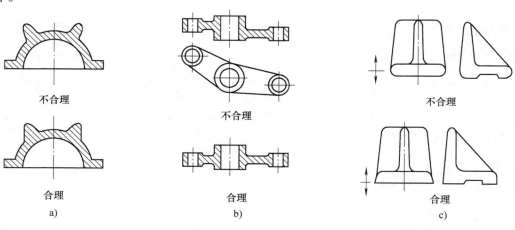

不合理

合理

a)

不合理

合理

b)

不合理

合理

c)

图 6-2 铸件外形设计

a）有利于熔模自压型取出 b）可使分型面简化 c）熔模在一个型腔内形成

2）为使铸件不易形成缺陷对熔模铸件结构的要求。

① 熔模型壳在高温焙烧时强度较低，而平板形的型壳更易变形，故熔模铸件上应尽可能避免有大的平面。必要时，可将大平面设计成曲面或阶梯形的平面，或在大平面上设工艺孔（图 6-3a）或工艺肋（图 6-3b），以增大壳型的刚度。

② 为减小熔模和铸件的变形，减少热节，应注意铸件相互连接部位的合理过渡。铸件壁的交叉相接处要做出圆角，厚、薄断面要逐步过渡。

③ 为防止产生浇不到缺陷，铸件壁不要太薄，一般为 2~8mm。

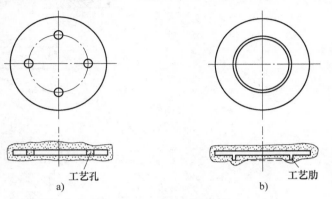

图 6-3　铸件大平面上的工艺孔和工艺肋
a）工艺孔　b）工艺肋

（2）壁厚和壁连接

1）最小壁厚。可铸出的最小壁厚与合金种类、浇注工艺及铸件的轮廓尺寸等因素有关。表 6-2 所示为大气中重力浇注时，碳钢、铜和铝合金铸件可铸出的壁厚尺寸。

表 6-2　熔模铸件壁厚尺寸

铸件外形尺寸/mm		10~50	50~100	100~200	200~350	>350
壁厚 /mm	一般	2.0~2.5	2.5~4.0	3.0~5.0	3.5~6.0	5.0~7.0
	最小	1.5	2.0	2.5	3.0	4.0

2）壁厚的均匀性和壁的连接。铸件壁厚设计要力求均匀，减少热节。图 6-4 所示为重 7.5kg 的壳体铸件，原设计如图 6-4a 所示，在 A、B、C、D、E 5 处壁过厚，易形成各种铸造缺陷。后改成图 6-4b 所示结构，即将上述 5 处壁厚减薄，形成 6~7mm 壁厚的箱形结构。$\phi9H7$ 及 $\phi17D6$ 两孔铸出以消除该处热节。F 孔不铸，内浇道设在此处。修改后铸件壁厚均匀，重量减轻至 2.3kg。壁的交接处要做出圆角，不同壁厚间要均匀过渡，这是防止熔模和铸件产生变形和裂纹的重要条件。图 6-5 所示为铸件壁的几种常用连接形式及其相关尺寸。

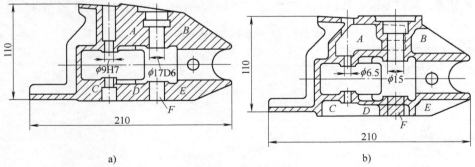

图 6-4　壳体铸件结构设计修改
a）原设计　b）修改后设计

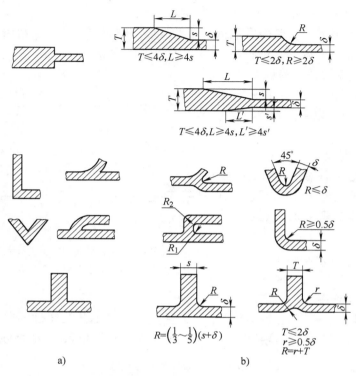

图 6-5 铸件壁的几种常用连接形式及其相关尺寸

a) 不好的设计 b) 较好的设计

(3) 孔和槽 熔模铸造可铸出比其他任何精密铸造法都复杂的孔型和内腔，从而可以大大节约加工工时和金属，并可减轻零件重量。对于铸钢件，可铸出直径为 $\phi1.0 \sim \phi1.5\mathrm{mm}$ 的小孔。但是，孔和内腔的存在往往使工艺复杂化，增加生产成本。故从工艺性角度考虑，孔腔形状不宜过于复杂，且数量要少。有内腔的铸件，要有两个或更多的通孔，以利于上涂料和撒砂，并使内、外型壳能牢固地连接在一起，保证焙烧和浇注时内部型壳（即型芯）位置稳定，也便于内腔的清砂。

铸件上要力求避免有不通孔和铸槽。铸槽的宽度和深度要有一定限制。过窄、过深的铸槽上涂料层过薄，强度不够，清砂也比较困难。表6-3所示为最小铸出孔的孔径和深度的关系。

表6-3 最小铸出孔的孔径和深度 （单位：mm）

孔的直径	最 大 深 度	
	通 孔	不 通 孔
3~5	5~10	5
>5~10	>10~30	>5~15
>10~20	>30~60	>15~25
>20~40	>60~120	>25~50
>40~60	>120~200	>50~80
>60~100	>200~300	>80~100
>100	>300~350	>100~120

（4）平面　熔模铸件要尽可能避免大的平面，因为大平面上极易产生夹砂、凹陷、桔皮、蠕虫状铁刺等表面缺陷，所以铸件上的平面一般应小于 200mm×200mm。

铸件的大平面最好设计成曲面或阶梯形平面，或在平面上开设工艺槽、工艺肋、工艺孔等，以防止涂料堆积或型壳分层、鼓胀。

图 6-6 所示铸件原来在 A、B、C 处均有大平面，C 处有不通孔。在制壳流水线上生产时，几个平面均易产生缺陷，而且不通孔处在上涂料、撒砂和硬化时均不便，铸件废品率较高。后将平面 A 改成凸面作为熔模预变形（2mm），并增设圆环形工艺肋 2；B 平面做出工艺槽 1，C 平面做出两个工艺孔 3，变不通孔为通孔，如图 6-6 所示。在工艺条件相同的情况下，铸件废品率由 20%~50% 降至 5% 以下，并能稳定地进行生产。

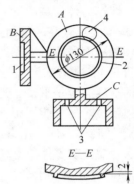

图 6-6　中心板铸件大平面结构的
改进（直浇道组焊，每组两件）
1—工艺槽　2—工艺肋
3—工艺孔　4—内浇道

（5）凝固要求　铸件结构设计要力求避免分散和孤立的热节，便于实现顺序凝固，以防止产生缩孔和缩松。图 6-7 所示为两种拖拉机零件设计修改举例。其中，上图的零件为增加局部壁厚（E—E 截面），以增大内浇道对 A 处的补缩通道，下图的零件为缩短补缩通道示意图，二者都可消除 A 处缩孔缺陷。

需要指出，铸件结构设计工艺性与生产技术水平有关，工艺性本身并不是一个一成不变的概念。随着熔模铸造生产技术水平的不断提高、新材料和新工艺的创造和应用，工艺性的概念也将发生改变，使原来难以铸造的铸件变得简易可行。

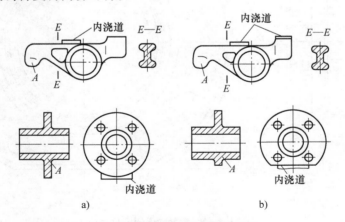

图 6-7　保证实现顺序凝固举例
a）原设计　b）改进后设计

2. 工艺方案和工艺参数的确定

（1）基准面选择　熔模铸造可获得精度较高和表面粗糙度值较低的铸件，有些尺寸虽然要由机械加工来保证，但一般加工余量不大，所以基准面选择比较重要。特别是利用高效自动机床加工时，对基准面的要求较为严格。因此，在铸造工艺上要保证基准面的几何形状和尺寸精度。

铸件上的外圆、平面、内孔和端面等都可以作为基准面。从零件的精度要求出发，最适宜的定位基准一般由设计、加工和铸造三方面共同商定。在确定基准面时，要考虑以下几方面：

1）基准面应选择与待加工表面有精度要求的面，并尽量使产品零件的设计基准和加工工艺基准重合，以保证零件的加工精度。

2）熔模铸件的基准面一般选非加工面，若选为加工面时，最好是加工余量较小的面，以保证精度要求较高的待加工面为同一基准面。

3）基准面的数目应能约束 6 个自由度，故一般均选择 3 个基准面（回转体零件则选择 2 个基准面），并力求划线与加工为同一基准面。

4）基准面应是平整、光洁、尺寸稳定的表面，其上不应有浇口残余、斜度和毛刺（压型分型痕迹）。尽可能不用顶杆和活块形成的面，以保证定位精度。

对于回转体零件，用自定心卡盘或单动卡盘定位时，基准面一般选外圆和某一端面。图 6-8 所示为前支架零件的毛坯图。基准面 A 与 B 用工艺符号标注于图中。这样的基准面可使工艺基准与设计基准重合，先加工余量大的面，后加工余量小的面，可保证最后加工面的余量足够，且使 A、B 面平整、光洁。

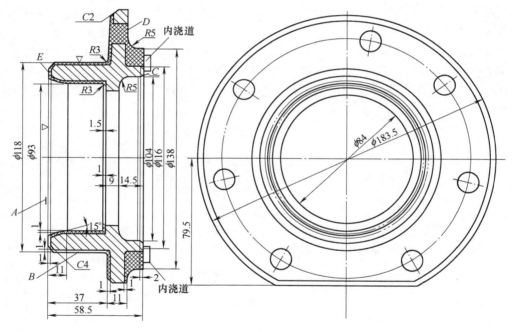

图 6-8 前支架零件的毛坯图

（2）铸件的精度和表面粗糙度

1）铸件的精度。铸件的精度有两个方面的含义，一个是铸件尺寸，另一个是几何形状。几何形状不正确，尺寸必然要超差；尺寸不合格，即使形状正确也同样不符合要求。

影响铸件尺寸的因素很多，主要是熔模、型壳和铸件 3 个方面的尺寸变化（收缩和膨胀）。这些变化中，有些因素较为固定，有些则是多变的，这就使得铸件尺寸在一定范围内发生波动，波动范围越小，尺寸就越精确。

几何形状的变化是决定熔模铸件精度的主要因素。几何精度指的是表面的平面度，两平面的平行度、垂直度，圆度，两圆中心线的平行度、垂直度，孔或圆对其端面的垂直度等。这些变化除了受到熔模、型壳和合金的影响之外，还与铸件的清理、切割浇冒口和热处理等工序有关。在实际生产中，铸件变形引起的几何形状误差往往比收缩和膨胀引起的尺寸偏差要大得多（其范围一般比尺寸公差等级的范围大 1~2 级）。因此在工艺设计中必须充分考虑各种因素对铸件变形的影响，并通过生产试验采取有效措施加以克服。

由于铸件品种繁多，形状多样，故选择公差等级时，也要综合考虑质量、工艺和经济三方面的因素。过高地提高验收铸件的精度标准，必然会增加废品率，提高铸件成本；要求过低时，会增加加工工时和费用，失去熔模铸造的优越性，使铸件最终成本提高，这也是不适宜的。

铜合金铸件的尺寸公差等级应符合国家标准 GB/T 6414—2017 的规定，见表 6-4。

表 6-4　铸件尺寸公差等级（GB/T 6414—2017）　　　　　　（单位：mm）

公称尺寸		铸件尺寸公差等级（DCTG）及相应的线性尺寸公差值															
大于	至	DCTG1	DCTG2	DCTG3	DCTG4	DCTG5	DCTG6	DCTG7	DCTG8	DCTG9	DCTG10	DCTG11	DCTG12	DCTG13	DCTG14	DCTG15	DCTG16
—	10	0.09	0.13	0.18	0.26	0.36	0.52	0.74	1	1.5	2	2.8	4.2	—	—	—	—
10	16	0.1	0.14	0.2	0.28	0.38	0.54	0.78	1.1	1.6	2.2	3	4.4	—	—	—	—
16	25	0.11	0.15	0.22	0.3	0.42	0.58	0.82	1.2	1.7	2.4	3.2	4.6	6	8		12
25	40	0.12	0.17	0.24	0.32	0.46	0.64	0.9	1.3	1.8	2.6	3.6		5	7		11	14
40	63	0.13	0.18	0.26	0.36	0.5	0.7	1	1.4	2	2.8	4	5.6	8	10		16
63	100	0.14	0.2	0.28	0.4	0.56	0.78	1.1	1.6	2.2	3.2	4.4	6	9	11	14	18
100	160	0.15	0.22	0.3	0.44	0.62	0.88	1.2	1.8	2.5	3.6	5	7	10	12	16	20
160	250	—	0.24	0.34	0.5	0.7	1	1.4	2	2.8	4	5.6	8	11	14	18	22
250	400	—	—	0.4	0.56	0.78	1.1	1.6	2.2	3.2	4.4	6.2	9	12	16	20	25

2）表面粗糙度。熔模铸件的表面粗糙度与压型的表面粗糙度、熔模材料、制模方法、型壳材料、制壳方法、铸件材料、浇注时合金与型壳的相互作用以及铸件结构等因素有关。

用硅酸乙酯刚玉粉制型壳时，表面粗糙度值可达 $Ra0.8 \sim 6.3\mu m$；用水玻璃硅石粉制型壳时，表面粗糙度值可达 $Ra3.2 \sim 6.3\mu m$。此外，一般厚大铸件的表面粗糙度差些，薄小铸件则较好；同一铸件薄处较光洁，热节处则粗糙些。

应当指出，熔模铸件的精度和表面粗糙度标准也不是一成不变的。随着工艺技术水平的不断提高，铸件的精度和表面粗糙度标准也会逐步提高，这时，质量要求和检验标准也会相应提高。

(3) 加工余量　熔模铸件的加工余量与能达到的尺寸精度和表面粗糙度有关，也与铸件尺寸、结构特点、浇注位置和加工方法等因素有关。一般熔模铸件的精度和表面粗糙度比较高，所以加工余量较小，而且只有达不到图样要求的精度和表面粗糙度时才留加工余量。

选取加工余量时要考虑以下因素：

1）浇注时铸件的上表面可能有气孔和夹渣，故加工余量可大些，侧面可小些。

2）大铸件及容易变形且带大平面的铸件几何精度较低，故加工余量应大些。

3）铸造中碳钢零件时，常会出现表面脱碳层。铸件壁越厚，热节越集中，则型壳散热不良的部位脱碳层也越厚。根据生产经验，壁厚 10mm 左右的铸件，用高强度型壳浇注时，脱碳层一般为 0.3~0.5mm，故铸件加工面不允许有脱碳层时，加工余量应计入脱碳层厚度。

4）加工余量也与加工方法有关。表 6-5 列出了不同加工方法的单面加工余量，供参考。

表 6-5 中数值是指重量小于 2kg、轮廓尺寸小于 250mm 的铸件。重量和尺寸更大时，加工余量应相应增大。此外，表中数值不包括消除铸造缺陷（如脱碳层、麻点）和打磨余量以及浇冒口残根的余量。

表 6-5 不同加工方法的单面加工余量　　　　　　（单位：mm）

加工方法	平　　面	外　　圆	内　　孔
车削	1~2	0.7~2.0	—
铣削	1~2	—	—
磨削	0.2~0.5	0.2~0.5	0.2~0.5
拉削	0.5~1.0	—	1~2
扩孔	—	—	1~2
镗孔	—	—	0.5~1.5

5）加工余量数值与铸件轮廓尺寸有关。铸件尺寸越大，余量也越大。设有浇冒口的面上，加工余量应适当加大。

熔模铸件的加工余量因生产特点、铸件结构、合金类型等因素而在较大范围内变化，具体选择时应考虑上述各方面影响因素。

（4）起模斜度 当压型设计合理并附有起模机构时，为了保证铸件几何形状正确，一般外表面可不给斜度。带有孔和槽的铸件，为便于起模和拔芯，应根据孔长和槽深给出斜度。

在铸件上选取斜度时，可采用增大壁厚、减小壁厚或者同时增减壁厚的方法。取减小壁厚或同时增减壁厚的斜度时，应保证铸件壁厚在规定的公差范围内。表 6-6 为熔模铸造起模斜度的 3 种形式和选取规范。

表 6-6 熔模铸造起模斜度

种类		增大铸件壁厚	减小铸件壁厚	增减铸件壁厚
斜度形式	图例			
	适用范围	1. 加工面 2. 壁厚小于 5mm 的非加工面	壁厚为 5~10mm 的非加工面	壁厚大于 10mm 的非加工面
规范	铸件高度/mm		非加工面斜度 α	
			外表面	内表面
	<20		0°21′	1°
	>20~50		0°15′	0°30′
	>50~100		0°10′	0°30′
	>100		0°10′	0°15′

（5）铸造圆角　铸件壁的连接处应做出圆角。圆角可以防止薄厚断面急剧过渡，防止熔模与铸件形成应力集中或熔模尖端过热而产生热裂。圆角也有助于形成良好的液流流线，防止因涡流而卷入空气和夹杂物。

圆角设计不宜过大，以免增大热节，但也不可过小，一般 $R>1\text{mm}$。适宜的圆角半径可按下式计算

$$R=(1/3\sim1/5)(S+\delta) \tag{6-1}$$

式中　S、δ——分别为铸件连接处壁厚（mm）。

铸件上的凸缘、法兰外缘及分型面处，若无特殊要求，不应做出外圆角，以简化压型结构并减少熔模修饰的工作量。

3. 浇注系统分析

（1）熔模铸造浇注系统的作用和要求　对于熔模铸造而言，浇注系统的作用和要求如下：

1）浇注系统应能平稳地把液体合金引入型腔，不产生喷射、飞溅和涡流及由此而引起的卷入气体、夹杂物和合金二次氧化等缺陷。

2）熔模铸件以生产小件为主，多数情况下合金的液态收缩和凝固收缩直接靠浇冒口补缩，浇口和冒口合二为一，所以要求它具有良好的补缩作用，以防止铸件产生缩孔和缩松。

3）在组焊模组和制壳时，浇注系统起着支撑熔模和型壳的作用，所以要求它有足够的强度，防止制壳过程中熔模脱落。

4）浇注系统也是熔失熔模时液体模料流出的通道，所以浇注系统应能顺利地排除模料，使其不致胀裂型壳。

5）浇注系统结构应尽量简化压型结构，并使制模、组焊、制壳和切割等工序操作方便，生产率高。

6）在保证铸件质量和工艺操作方便的前提下，要尽可能减小浇注系统的重量，提高工艺出品率，节约金属，减小模组外形尺寸。

另外，浇注系统还影响着铸件的凝固、收缩和冷却时的温度场。许多铸造缺陷如缩孔、缩松、气孔、夹渣、热裂和变形等，都与浇冒口系统有密切的关系，所以它对铸件的质量影响很大。

（2）浇注系统的类型　浇注系统按组成情况可分为以下5种典型结构。

1）由直浇道和内浇道组成的浇注系统。直浇道兼起冒口作用（图6-9），它可经由内浇道补缩铸件热节。这种系统操作方便，广泛应用于只有1~2个热节的小型铸件的生产中。

2）带有横浇道的浇注系统（图6-10）。横浇道兼起冒口的作用。

3）底注式浇注系统（图6-11）。该系统能使液态合金平稳地充满型腔，不产生飞溅，并能创造顺序凝固的条件，有利于获得致密铸件。

4）专设冒口补缩的浇注系统（图6-12）。它主要用于生产重量较大、形状复杂的铸件。

5）设冒口节的浇注系统（图6-13）。这种浇注系统在直浇道上与铸件相连的部位做出较粗大的冒口节。图6-13所示铸件有可能产生缩孔，在直浇道上设2个冒口节，每组4件，补缩效果良好。

（3）设计浇注系统时应注意的事项　在选定浇注系统时，不仅要考虑保证铸件质量，还应使其在工艺过程各道工序中简易地实施，为此应注意以下事项：

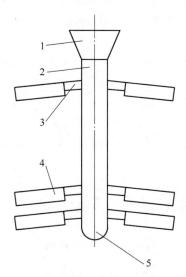

图 6-9   直浇道和内浇道组成的浇注系统
1—浇口杯   2—直浇道   3—内浇道
4—铸件   5—缓冲器

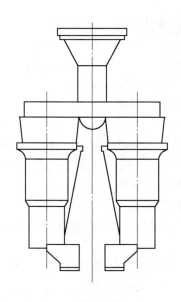

图 6-10   带有横浇道的浇注系统

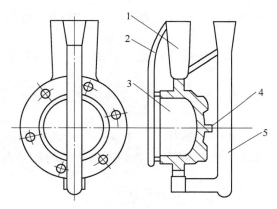

图 6-11   底注式浇注系统
1—冒口   2—排气道   3—铸件
4—集渣包   5—直浇道

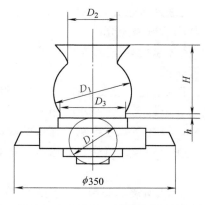

图 6-12   专设冒口补缩的浇注系统

1）兼作冒口的直浇道或横浇道应具有良好的补缩能力。

2）结构应力求简单，尽可能做到标准化、系列化，以便于制模、组装、制壳和清理时的切割。

3）浇注系统应保证模组有足够的强度，使模组在运输、涂挂时不会断裂。

4）浇注系统与铸件间的相互位置应保证铸件的变形和应力最小。如图 6-14 所示，左边的铸件由于在冷却时两面的冷却条件不同，铸件本身又薄，故易出现实线所示的变形，而右边的铸件虽然两面的冷却速度也不一样，但它本身抗变形的刚度大，故不易变形。

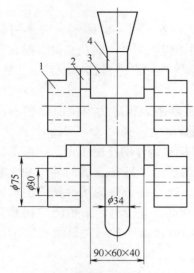

图 6-13　设置冒口节的浇注系统
1—铸件　2—内浇道　3—冒口节　4—直浇道

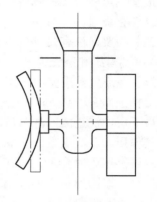

图 6-14　由于铸件结构和浇口位置
而造成变形的示意图

5）浇注系统和铸件在冷却发生线收缩时要尽可能不互相妨碍。如铸件只有一个内浇道，问题尚不大；如铸件有两个或两个以上的内浇道，则易出现相互妨碍收缩的情况。由于它们的壁厚不同，因此冷却速度也不一样。如浇冒口系统妨碍铸件收缩，则易使铸件出现热裂；反之，受压的铸件易发生变形。

6）尽可能减少消耗在浇注系统中的金属液比例。

7）为防止熔失熔模时因模料不易外溢而产生的型壳膨胀现象，并使浇注时型内气体易于外逸，可在模组相应处设置排蜡口和出气口。

（4）浇注系统各单元的设计　熔模铸造浇注系统通常由以下几个单元组成：浇口杯、直浇道、横浇道、内浇道；此外，还附设一些其他的单元，如撇渣器、缓冲器、出气口等。

1）浇口杯。浇口杯的作用是盛接来自浇包的液态金属，并使整个浇注系统建立一定压力，以进行充填和补缩。

为了防止热水脱蜡和焙烧时砂粒进入型腔，浇口杯外缘要做出边缘。图 6-15 所示为 3 种形式的边缘。图 6-15a 所示结构容易掉砂；图 6-15c 所示结构较好，但浇口棒在挂蜡和上涂料时，R 处易集存气泡；图 6-15b 所示结构比较常用。

为了防止在浇注时产生涡流及由此而引起的夹渣和气体的裹入，可在锥形浇口杯上做出飞刺（图 6-16a），或者在直浇道与浇口杯连接处做出肋条（图 6-16b）。这种形式的浇口杯还可以加

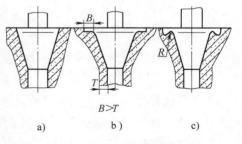

图 6-15　浇口杯的形式

固浇口杯与直浇道型壳之间的连接，防止浇口杯根部发生断裂。

2）直浇道。直浇道是制壳操作中的支柱，且多数情况下兼有冒口的作用，所以直浇道设计很重要。直浇道常用形状为柱状。如图 6-11 所示，上模组所用的即为圆柱形直浇道，

使用最广泛。有时还可做成方形或三角形截面等。

熔模铸件尺寸一般不大（多数情况下重 1kg 左右，外廓尺寸 <200mm），故不可能每种铸件都设计一种直浇道。特别是产品种类繁多时，为便于组织生产、简化设计，通常根据产品特点，把直浇道做成几种规格，在组焊熔模时，根据铸件特点进行选择；对于特殊铸件，则可单独设计直浇道。

直浇道断面要保证有足够的补缩能力，建议直浇道断面面积应为内浇道总断面面积的 1.4 倍。考虑到模组和型壳强度，并便于壳操作，常用直浇道直径为 33~52mm，高为 250~320mm。为了保证金属液流动时能很好地充填型腔并保持对铸件的补缩压力，一般都把熔模焊在距浇口杯顶面 70~100mm 以下的位置（图 6-9）。为了减少液态金属的冲击和飞溅，直浇道底至最下层内浇道之间的距离应不小于 20~40mm，这个部分称为缓冲器或浇口窝。为了防止吸气作用，直浇道最好有 0.5° 的斜度。图 6-17 和表 6-7 所示为常用浇口杯和直浇道结构尺寸，可供选用时参考。为了便于组焊熔模，直浇道截面形状可为圆形、方形、三角形、多边形等，以圆形和方形应用较多。

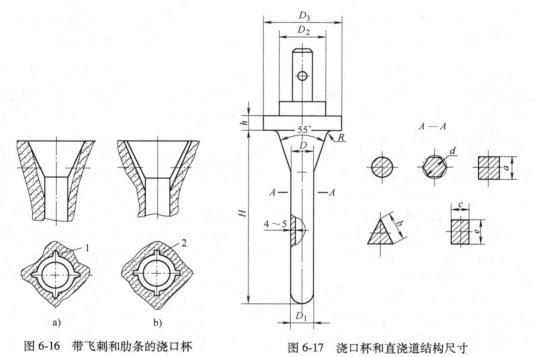

图 6-16　带飞刺和肋条的浇口杯
1—飞刺　2—肋条

图 6-17　浇口杯和直浇道结构尺寸

为了节约金属，又要充分发挥直浇道的补缩作用，可在直浇道与铸件相连的部位做出较粗大的冒口节。这时，直浇道断面可相应细些。如图 6-13 所示，铸件重 1.7kg，壁厚 22.5mm，为了防止产生缩孔，在直浇道上设 2 个冒口节，每组 4 件，补缩效果良好。

浇注非铁合金铸件时，为了使液流能平稳地进入型腔，防止产生二次氧化和夹渣，可用带过渡直浇道（或称分支直浇道）的浇注系统（图 6-18）。此时，熔模组焊在过渡直浇道 1 上，液流从直的直浇道（图 6-18a）或蛇形直浇道（图 6-18b），通过撇渣器 4 和缓冲器 5 平稳地经过渡直浇道 1 进入型腔。蛇形直浇道多用于易氧化的铝合金、镁合金或铝青铜等铸件。

表 6-7　浇口杯和直浇道结构尺寸　　　　　　　　　（单位：mm）

公用尺寸					断面						
					圆形		正方形	三角形	长方形		六边形
D_2	D_3	H	h	R	D	D_1	a	b	c	e	d
50	63	250	10	5	20	18		30			
58	70	250	10	5	25	23	24	35	20	26	
66	78	300	10	5	30	28	26				
73	85	300	10	5	35	33	30				
80	92	300	12	5	40	37	35				46
87	98	320	12	5	45	42					
94	106	320	12	5	50	47					
100	113	320	12	5	55	52					
108	120	320	12	5	60	57					

这种浇注系统也常用于组焊小于 100g 的小型铸件。小铸件直接在直浇道上组焊时，由于件小而组焊密度大，在内浇道根部难以上涂料、撒砂和硬化，清砂也不方便，而且由于铸件间距小，制壳后连成一个整体，故散热慢且脱碳严重。这时采用带过渡直浇道的浇注系统组焊是比较合理的。

在直浇道上组焊的熔模数量，应考虑有足够的液体金属补缩量，力求减小模组轮廓尺寸、降低掉件率、易于清砂和切除铸件，提高工艺出品率等。

3）内浇道。内浇道是直浇道或横浇道与型腔连接的通道。它不仅影响着铸型的充填、凝固、补缩、铸造应力和由此所引起的缩孔、缩松、热裂和变形等缺陷，而且还影响着铸件的清理、加工和表面质量。所以，内浇道设计是熔模铸造浇冒口设计中最主要的环节。内浇道是金属液进入型腔的最后通道。选定内浇道的位置、数量及形状时，应综合考虑对铸件质量及生产工艺有重要影响的一些因素。

内浇道设计包括确定其位置、数量、形状、长度和截面尺寸等内容。

①内浇道的位置。内浇道位置的选择是设计内浇道的中心环节，它需要考虑铸件质量和操作工艺等多方面的因素。从型壳充填方面考虑，内浇道位置的设置要力求避免液流冲击型芯、型壳中的凸起和细薄部分，以防止金属液飞溅和喷射引起的涡流、吸气和夹渣，并应避免这些部分被冲坏或产生过热而软化变形。

从补缩方面考虑，由于熔模铸造的直浇道大多数兼有冒口的作用，这时，内浇道就是冒

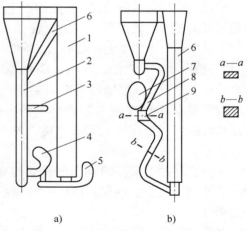

图 6-18　带过渡直浇道的浇注系统
1、6—过渡直浇道　2—直浇道　3—型壳连接桥
4—撇渣器　5—缓冲器　7—集渣包
8—蛇形直浇道　9—细颈部分

口颈。所以，为了实现顺序凝固，内浇道宜设在铸件热节处。当铸件上单独设置冒口时，内浇道最好靠近冒口或通过冒口，以便更好地发挥冒口的补缩作用。

图6-19所示为喷油嘴壳体铸件图，铸件材质为ZG340-640。ϕ19mm端面的表面粗糙度为Ra0.80μm，硬度>58HRC。内部高压油孔须能经受12.5MPa油压而不渗漏，故要求致密度高，不允许有缩孔和缩松缺陷。按照顺序凝固的原则，该铸件内浇道位置可有三种设计方案：一是设在A端面，二是设在ϕ19mm端面，三是ϕ18mm不通孔不铸出，内浇道开在此处。

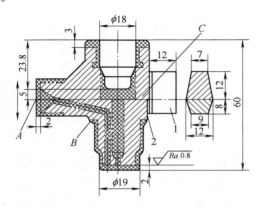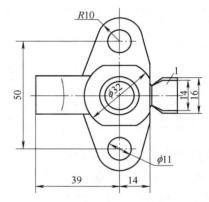

图6-19　喷油嘴壳体铸件图
1—内浇道　2—工艺补贴

按照前两种方案设计时，B处因产生缩松而渗漏，且ϕ19mm端面处因开设内浇道而导致该处晶粒粗大，硬度低；按第三种方案时，加工余量过大。最后选定内浇道开在C处。为增大补缩通道，将不通孔底部加工余量加大至5mm。在内浇道1下部增设局部工艺补贴2，铸件按图示位置浇注，选用ϕ42mm的直浇道，每组12件，浇出的铸件质量完全合格。此种浇注系统设计压型结构简单，也便于上涂料和撒砂操作。

对于壁薄而尺寸较大的铸件，开内浇道时，要使铸件温度场分布有利于防止铸件发生变形和热裂缺陷。

②内浇道的数量。内浇道数量的选择要兼顾浇注、补缩、制壳、制模、脱蜡、切除和防止铸件变形等方面的要求。

对于一些形状简单、热节比较集中的小铸件，通常只要一个内浇道即可。但对于形状复杂而热节分散的铸件，特别是要求致密度高时，往往要开设两个或两个以上的内浇道。

图6-20所示为凸轮轴花键套毛坯，有两处热节，中间壁又较薄，为保证两处热节都能得到补缩，开设两个内浇道是比较适宜的。

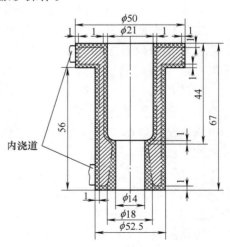

图6-20　凸轮轴花键套毛坯图

内浇道数量也不宜过多，内浇道越多，制模、组焊和切割工作量也越大，并且内浇道数量太多也会影响某些铸件质量。

图 6-21 所示为一细长拨杆零件，最初设计上下两个内浇道，同时浇入钢液，但由于零件细薄，冷却很快，夹在中部的气泡不易逸出，易形成气孔。改用一个顶注内浇道后仍不能克服气孔缺陷。最后改成图 6-21b 所示结构，一个内浇道底注，铸件上部开设集气包 3，以集存熔渣和气体。每组两排，每排八件并与内浇道 5 在同一压型中压出，组焊也很方便。为了防止掉件，在顶部集气包 3 处焊上两根拉条 2。这样的浇注系统可克服铸件中气孔的缺陷。

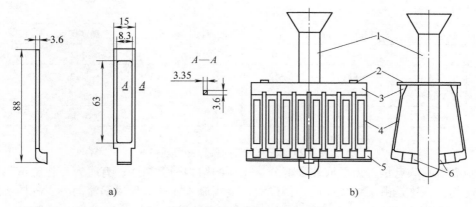

图 6-21　拨杆零件浇注系统设计

a）拨杆零件图　b）模组图

1—直浇道　2—防止掉件的拉条　3—集气包　4—铸件　5—内浇道　6—横浇道

③ 内浇道的形状。内浇道的形状随铸件注入部位的结构形状而定，可为矩形、圆形、扇形等（图 6-22）。矩形内浇道（图 6-22a）应用较为普遍。有长方块和圆柱形热节的铸件，注入部位呈板条形、棒形、圆环形、圆筒形等的铸件从外缘注入时，均可使用此种内浇道；其优点是易清除，补缩效果也较好。对于薄壁铸件，还可使注入处热量不致过于集中，有助于防止热裂。圆形内浇道（图 6-22b）的凝固模数大，补缩效果很好，多用于方块形、球形或短圆柱热节及壁厚螺母等铸件。扇形内浇道（图 6-22c）是矩形内浇道的变形，适用于带法兰盘的铸件，内浇道从法兰盘端面注入。当铸件上有较小通孔，而孔边壁较厚，金属液从上部端面注入时，内浇道的一部分避开型芯而呈新月形（图 6-22d）。

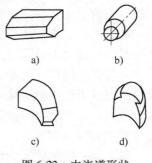

图 6-22　内浇道形状

a）矩形　b）圆形

c）扇形　d）新月形

对于中碳钢铸件，为便于消除浇道，许多工厂广泛采用易割浇道（也称为缩颈浇道），其结构尺寸如图 6-23 所示。

易割浇道的突出优点是：铸件清砂后，用铜锤或铝锤即可将浇道打断，有时甚至用振壳机清砂时铸件即可脱落；内浇道长度短，在铸件上的残留量很小，这就大大减少了铸件浇道表面的打磨工作量；与气割相比，此种内浇道可防止因气割而引起的铸件变形；内浇道缩颈处截面虽小，但由于内浇道短，且该处型壳温度很高，故设计合理时，不致阻塞补缩通道。为了提高补缩效果，一般将连接直浇道一端的直径放大 30% 左右。

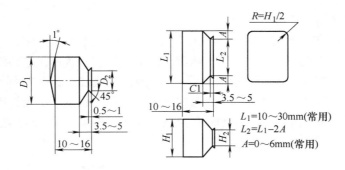

易割浇口	直浇道直径/mm			易割浇口	直浇道直径/mm		
尺寸/mm	$\phi38$	$\phi42$	$\phi50$	尺寸/mm	$\phi38$	$\phi42$	$\phi50$
D_1	$>\phi10$ $\leqslant\phi16$	$>\phi12$ $\leqslant\phi18$	$>\phi12$ $\leqslant\phi20$	H_1	>10 $\leqslant16$	>12 $\leqslant18$	>12 $\leqslant20$
D_2	$\phi4\sim\phi14$	$\phi6\sim\phi16$	$\phi10\sim\phi15$	H_2	$3\sim12$	$5\sim14$	$8\sim16$

图 6-23 易割浇道的两种常用规格

易割浇道的缺点是：为形成缩颈部分，压型的结构稍复杂些；有时容易在浇道与铸件连接处出现气孔，这是由于缩颈处设计得过深，金属流入该处时形成涡流而卷入气体所致。

④ 内浇道的长度。在熔模铸造中，内浇道在多数情况下起着冒口颈的作用。为了使补缩通道通畅，内浇道的长度应在便于切割的条件下越短越好。采用气割时，其长度多为 10~15mm；采用易割浇道时，多为 8~12mm。

4）浇注系统的其他附件。

①撇渣器。撇渣器的作用是阻挡熔渣和气泡，并具有缓冲作用，以避免金属液的冲击和飞溅。撇渣器在非铁合金铸件中应用较多。

②出气孔。出气孔用于浇注时排出型腔内的气体，并在脱蜡时兼有排除蜡料之用。出气孔一般设置在型腔最高处并与直浇道相连通。

③型壳连接桥。采用直浇道直接组焊大型铸件或带有过渡直浇道时，为了加强直浇道与熔模或过渡直浇道的连接强度，可在直浇道上设连接桥（图 6-18 中件 3）。连接桥断面可为圆形或矩形，它不与铸件连通，在涂挂前几层涂料时，即可将该处型壳连成一体，防止涂挂后几层涂料时熔模脱落。

以上以一些生产实例分析了熔模铸件浇注系统各单元的设计要点。在实际生产中，要正确地设计浇注系统，还必须同各项工艺参数相配合，才能获得最佳效果。铸件中因浇注系统引起的废品和缺陷是多种因素交互作用的结果，而且各项工艺参数常在较大范围内波动，要精确地控制某一参数，在生产中是较难实现的。手工浇注时，在浇注速度和压力的控制上就更难统一把握，这就为浇注系统的设计带来更大的复杂性。尽管如此，也绝不可忽视浇注系统各单元的合理结构，因为浇注系统结构和尺寸合理时，对上述工艺与操作因素变化的敏感性小，因而铸件质量就较为稳定，成品率就高；反之，设计不良的浇注系统，工艺参数稍有变动就会产生大量废品，从这个意义上来说，充分重视和正确设计浇注系统各单元的结构是十分重要的。

（5）浇注系统标准尺寸 浇口杯和直浇道的尺寸在工厂生产中已标准化，表6-7中的数据可供参考选用。

横浇道起补缩作用时，其横截面积要比直浇道大，一般取直浇道截面积的 1.1~1.3 倍；不起补缩作用时，可取直浇道的 0.7~1.0 倍。

内浇道的尺寸可参照表6-8确定。

表6-8 内浇道尺寸参考

	铸件热节圆直径	D_c
	铸件热节圆面积	$\pi D_c^2 / 4$
	内浇道截面积	
	内浇道长度 L_g/mm ——手工锯、管形铣刀切除	6~8
	砂轮切除，圆盘铣刀切除	8~10
	氧气切割，冲切	10~15
	通常方法去除	8~15

（6）浇注系统计算

1) 比例系数法。根据铸件热节圆直径或热节圆面积，可由下式确定相应内浇道的直径或截面积

$$D_g = (0.6 \sim 1) D_c \tag{6-2}$$
$$A_g = (0.4 \sim 0.9) A_c \tag{6-3}$$

式中 D_c、A_c——分别为铸件热节圆直径（mm）和热节圆面积（mm^2）；

　　　D_g、A_g——分别为内浇道的直径（mm）和截面积（mm^2）。

2) 亨金法。

①对于单一浇道的直浇道-内浇道式浇注系统，可按下列经验公式计算直浇道和内浇道尺寸

$$M_g = \frac{k \sqrt[4]{M_c^3 m} \sqrt[3]{L_g}}{M_s} \tag{6-4}$$

式中 M_g——内浇道截面的热模数（mm）；

　　　M_s——直浇道截面的热模数（mm）；

　　　M_c——铸件热节部位的热模数（mm）；

　　　m——单个铸件的质量（kg）；

　　　L_g——内浇道的长度（mm）；

　　　k——系数，对于中碳钢，$k \approx 1.8$；对于铝硅合金，$k \approx 1.6$。

图6-24所示为与式（6-4）相应的直浇道、内浇道截面热模数计算图。

这种浇注系统的铸件组的最大允许铸件数量 $n_{\max}$ 为

$$n_{max} = \frac{A_s H(0.2-\beta)}{\beta m}\rho \tag{6-5}$$

式中 A_s——直浇道截面积（cm^2）；

    H——直浇道总高（cm）；

    β——合金的体收缩系数，对于中碳钢，$\beta \approx 4\%$；对于硅黄铜，$\beta \approx 5\%$；对于铝硅合金，$\beta \approx 5.6\%$；

    m——单个铸件的质量（kg）；

    ρ——合金的密度（g/cm^3）。

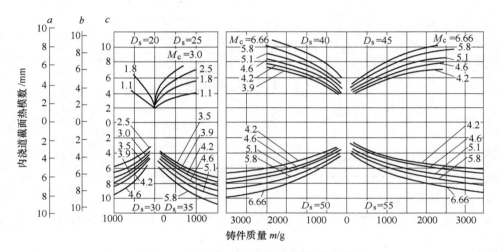

图6-24 直浇道、内浇道截面热模数计算图

$a—L_g=15mm$ $b—L_g=12mm$ $c—L_g=10mm$ D_s—直浇道的直径

 ② 对于带有补缩环的直浇道-内浇道式浇注系统，其补缩环直径 D_1 和高 h_1 由下式确定

$$D_1 \approx 4.6D_s \qquad h_1 \geqslant D_1 \tag{6-6}$$

式中 D_s——直浇道的直径（cm）。

 采用补缩环时，每个补缩环上的最大允许铸件数量 n_{max} 为

$$n_{max} = \frac{V(0.2-\beta)}{\beta m}\rho \tag{6-7}$$

式中 V——补缩环的体积（cm^3）。

 ③对于横浇道-内浇道系统，横浇道截面积 A_{ru} 可由下列两式确定

一般情况时 $A_{ru}=(0.7\sim0.9)A_s \tag{6-8}$

代替冒口起主要补缩作用时 $A_{ru}=(1.0\sim1.3)A_s \tag{6-9}$

 (7) 冒口、补贴和冷铁的应用   冒口、补贴和冷铁都是促进顺序凝固、防止铸件产生缩孔和缩松的有效工艺措施。冒口是补缩铸件的金属来源；补贴是铸件的局部加厚部分，其作用是增大补缩通道，提高直浇道或冒口的补缩效果；冷铁的作用是改变型壳的局部蓄热能力，增加铸件的局部冷却速度，增加末端效应，以提高冒口的补缩效果。

 1）冒口。对于中小型熔模铸件，多数情况下是利用直浇道或横浇道实现补缩的。有些

尺寸较大、结构复杂或热节较多的铸件，或者形状虽简单但热节较大或质量要求较高时，往往需要单独设置冒口进行补缩。

熔模铸件的冒口有顶冒口、侧冒口、明冒口和暗冒口之分。考虑到熔模铸造型壳无分型面，落入的杂物不易清除，故以暗冒口应用较多。至于选择顶冒口还是侧冒口，则根据铸件被补缩部分的位置和结构形状而定。

冒口形状可为圆柱形、腰圆形、球形、花瓶形等。球形冒口的凝固模数最大，具有最好的补缩能力；花瓶形冒口是一种球形明冒口，补缩效果也较好，可用于单个铸件上或直浇道上。图 6-25 所示为单件重 1.5kg 的厚壁轴座，材质为 ZG310-570，每组两件，采用带花瓶形冒口的直浇道浇注，补缩效果良好。

冒口位置应当尽量靠近直浇道，以便于用连接桥或上部内浇道使二者连通，这样可使直浇道中的热金属靠近冒口或者直接引入冒口，以提高补缩效果，并可增加浇冒口之间型壳的连接强度，脱蜡时也便于排除模料，如图 6-26 所示。设在铸件上的冒口最好带冒口颈。否则，由于冒口根部砂尖散热慢，易使铸件上形成新的热节，从而增大实际热节圆直径（图 6-27a），这时，缩孔就可能留在铸件内。此外，有冒口颈还可使铸件与冒口的界限分明，便于切割。

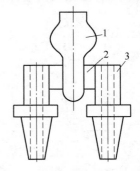

图 6-25　带花瓶形冒口的直浇道
1—带花瓶形冒口的直浇道
2—内浇道　3—铸件

在应用暗冒口时，其顶部最好做出 60°~90° 的砂尖（表 6-9 左图）。由于砂尖处过热，不易过早凝固成硬皮，故可使补缩时冒口中的液体金属始终与大气相通，这相当于增大了一定的压力，可大大提高补缩效果。

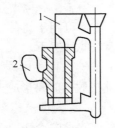

图 6-26　带冒口的模组
1—顶冒口（明冒口）　2—侧冒口（暗冒口）

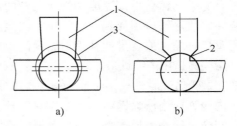

a)　　　　　　　b)

图 6-27　冒口颈的作用
a）无冒口颈　b）有冒口颈
1—冒口　2—冒口颈　3—热节圆

冒口尺寸设计一般采用热节圆比例法，即根据铸件被补缩部位热节圆直径来确定冒口各部分的尺寸，经试铸修改后定型。冒口尺寸各项比例关系可见表 6-9。

2）补贴。工艺补贴是利用改变铸件局部结构的方法，来发挥浇冒口补缩作用的工艺措施。铸件在局部增大加工余量，可扩大内浇道与铸件热节的补缩通道，这种补贴在熔模铸造中比较常用。

图 6-28 所示是一个轮盘铸件，材料为 ZG65Mn，热节处

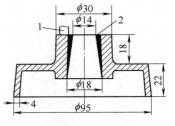

图 6-28　工艺补贴
1—内浇道　2—工艺补贴

产生缩松。在 ϕ18mm 孔处向内浇道方向增设补贴后，可有效防止缺陷的产生。

补贴的应用必然要增加铸件的加工余量，故过多应用补贴，将失去少切削或无切削的意义。

表 6-9　熔模铸造冒口尺寸计算表

铸件热节圆直径		D_c
冒口颈	高度 h	4~10mm
	直径 D_1	$(0.7 \sim 1.0)D_c$
冒口根部直径 D_2		$(1.3 \sim 1.5)D_c$
冒口高度 H	明冒口	$(1.8 \sim 2.5)D_c$
	暗冒口	$(1.5 \sim 2.0)D_c$
出气口直径（失蜡口）直径 d		$(0.1 \sim 0.2)D_c$
连接桥位置 H_1		H/3
D_3		$(0.3 \sim 0.5)D_c$

（图示：暗冒口、明冒口）

3）冷铁。冷铁是提高冒口补缩效果、防止铸件产生缩孔和缩松的有效措施。此外，冷铁还具有平衡铸件冷却速度和细化晶粒的作用。在熔模铸造中，由于型壳需要焙烧且多为热型浇注，故冷铁应用受到一定限制。在浇注非铁合金铸件时，冷铁可用于铸件结构复杂，无法用冒口补缩，或者虽能补缩但熔模的组焊、制壳和清理较困难的情况下。

熔模铸造中内冷铁应用较多。内冷铁材料通常为不锈钢或铜合金，而不用碳钢。因为碳钢冷铁在型壳焙烧时易氧化而难与铸件本体焊合在一起，而且氧化皮脱落时易形成夹渣缺陷。

内冷铁应当清除锈污，在制模时安放在压型中。内冷铁要有足够的"芯头"长度，以便在制壳时能稳固地支持，防止脱蜡时冷铁脱落。有些镶件本身就是内冷铁。

图 6-29 所示是铝合金导风轮铸件应用内冷铁的例子。该铸件轮毂部分较厚大，为防止产生缩孔和缩松，在中部安置一块冷铁 5 并兼作型芯之用。浇注时将内冷铁 5 安放在焙烧后

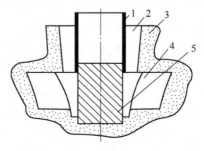

图 6-29　导风轮（铝合金）铸件应用内冷铁
1—钢板套圈　2—环形冒口　3—型壳　4—铸件　5—内冷铁

的型壳 3 中，其上套以薄钢板制成的钢板套圈 1，以形成上部的环形冒口 2，型壳填砂后采用离心浇注法浇注。这种冷铁可不受型壳焙烧的影响，其材质可用碳钢或铸铁。在一般情况下，由于在型壳中不便支撑，故外冷铁应用较少。

还有一种隔砂外冷铁，一般是在涂挂两层涂料后将冷铁用铁丝固定在需要快冷的部位，待全部涂料层涂挂完毕后，将冷铁外部的砂壳去掉，以改善冷却效果。这种外冷铁材料可用碳钢或铸铁，表面要求不高，也具有较好的冷却效果，但仅适用于手工制壳的情况下。

(8) 冒口计算　中小型熔模铸件多数情况下是利用直浇道（浇口杯）或横浇道实现补缩的。但对于较大的、结构复杂的铸件，往往需要单独设置冒口进行补缩。

专设冒口设计原则与砂型铸造相同，表 6-9 介绍了一种根据补缩热节圆设计冒口的方法，可供参考。

浇冒口系统尺寸的确定，常用经验方法，最合理的尺寸应通过实践调整后确定。

6.2.2　压型设计

1. 常见压型介绍

用来制造熔模的模具是压型。压型的材料可以是金属材料（易熔合金、钢、铜合金、铝合金等），也可以是非金属材料（石膏、塑料、橡胶等）。钢、铜合金、铝合金的压型主要用机械加工方法制成，故压型型腔尺寸精度较高（达 IT6～IT7 级），表面粗糙度值较小（$Ra0.8～1.6\mu m$），必要时还可镀铬抛光，使用寿命也长，但制造周期长，成本高，适用于批量大、精度高、结构复杂铸件的生产。

常见的压型种类很多，按使用材料和制造方法分，常用的有铝或钢质机械加工压型，此外还有易熔合金压型、石膏压型和塑料压型等。

压型种类的选择主要取决于对铸件精度和表面粗糙度的要求、模料的性能及生产的性质。

易熔合金压型制造方便，制造周期短，成本低，有较好的导热性，压型报废后材料可回用，而且可重复使用数千次，适用于生产批量较大的小型精铸件或加工困难且复杂的压型，或用于试生产。国内常用的合金材料有锡铋合金（Sn42%[⊖]，Bi58%）、铅锡铋合金（Pb30%，Sn35%，Bi35%）。

石膏压型的特点是制造方便，周期短，成本低，但由于强度低，脆性大，故寿命短（仅能用 50～150 次），一般用于单件小批量生产精度要求较低的铸件及试生产件。石膏压型的配方为：熟石膏 65%，水 35%。

塑料压型所用的原料是环氧树脂（常用610#）和固化剂（乙二胺）、增塑剂（邻苯二甲酸二丁酯）、填料（铁粉、刚玉、硅石粉等），其结构分全塑料压型和塑料-金属组合压型两种。塑料压型一般适用于生产批量较小、精度要求较低的铸件或试生产铸件，也常用于制作加工困难的复杂压型。

钢质和铝质机械加工压型的特点是尺寸精度高，表面光洁，寿命长（钢质使用寿命达10 万次以上，铝质达数万次），但成本高，适用于大批量生产或批量虽不大但尺寸精度和表面质量要求很高的铸件。

⊖　此处百分数均表示质量分数。

2. 压型的主要结构组成

图 6-30 所示为一种手工操作的压型结构。该压型由上、下两个半型 3、10 组成，由图可见压型的主要结构组成有以下几部分。

1）型腔：模料在此形成熔模。

2）注模料口：模料由此进入型腔。

3）内浇道：它既是压注熔模时的内浇道，也是浇注铸件时的内浇道。

4）型芯：用于形成熔模内腔，如熔模内腔是弯曲的，或熔模的内腔壁不平直，金属型芯在熔模形成后不能自熔模内取出，则可用可熔型芯，也可用陶瓷型芯。

5）型芯固定机构：如图 6-30 中的型芯销 5，它的主要作用是固定型芯在压型中的位置（也可用其他方法固定型芯）。

6）压型定位机构：如图 6-30 中的定位销 6，可防止合型时上、下压型发生错位。

7）压型锁紧机构：如图 6-30 中的活节螺栓 1、蝶形螺母 2，它们把压型各部连接为一个整体，可防止压注熔模时压型上的零件移位，或压型被胀开。

8）排气道：主要利用压型分型面和型芯头与压型接触面上的缝隙进行排气，以利于注入模料时压型型腔内气体的排除。也可在上述两个接触面上开一个深度为 0.3~0.5mm 的排气槽进行排气。有时还可通过改变型腔结构进行型腔中某部位的排气。

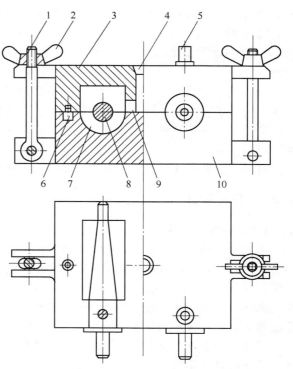

图 6-30　手工操作压型结构图
1—活节螺栓　2—蝶形螺母　3—上半压型
4—注模料口　5—型芯销　6—定位销
7—型腔　8—型芯　9—内浇道
10—下半压型

制熔模用压型的结构式样很多，各部分所用零件也多种多样，但一个完整的压型必须具备上述各组成部分，具体资料可参考有关手册。

在复杂的压型上还可增添如下机构。

1）起模机构：一般用顶板或顶杆自压型中顶出熔模（图 6-31），此时应注意，在开型后压型机构要保证熔模留在起模机构的半型中。

2）冷却系统：大量生产时，为加速熔模在压型中的冷却，提高熔模质量，可在压型中设冷却水通道。

3. 压型分型面的确定

为使熔模能从压型中顺利地取出，将密封的压型分成若干个型块，这些型块的结合面称为分型面。正确地选择分型面，是保证制模工艺正常进行和获得优质熔模的先决条件，也是决定压型结构是否经济合理的基本条件。在保证铸件质量的前提下，只有结构简单的压型才是经济合理的。只有合理的分型面，才能设计出合理的压型。确定分型面，应遵循以下几个原则：

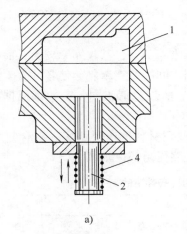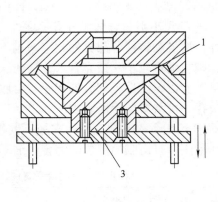

a)　　　　　　　　　　　　　　　　b)

图 6-31　压型上的起模机构

a）顶杆起模机构　b）顶板起模机构

1—型腔　2—顶杆　3—顶板　4—弹簧

视频：机械
加工压型
结构设计

1）分型面应尽可能在同一平面上，如果曲线分型面不可避免，也应做成有规则的曲面分型。这样不但可以减少压型加工工时，也便于分型面的吻合和压型清理。

2）尽可能地减少压型中可拆件（活块）的数量。过多的可拆件不仅使压型结构复杂，而且会影响熔模的几何精度，降低压型寿命，降低生产率。因此，用稍复杂的分型面比用过多的活块有利，特别是铝制压型易于磨损，这一点就更为重要。

3）分型面应尽量取在熔模的某个完整平面上，因为分型面不可避免地要在熔模上留下分型痕迹和铸造斜度。

4）开型过程中应使熔模保持在设计者预先确定的位置上。设有起模装置的压型，熔模应留在设有起模装置的压型内。

5）上压型内型腔体积应尽量小，以减小上压型的体积并减轻重量，便于操作。

一个分型面要同时满足上述要求一般比较困难，但至少应保证熔模能从压型内顺利取出并满足铸件的基本要求。

4. 压型型腔、型芯尺寸和表面粗糙度的设计

熔模的几何形状由压型型腔和型芯直接构成，故型腔和型芯的尺寸精度和表面粗糙度对熔模铸件的精度有极大的影响，因此下面对压型型腔、型芯的尺寸和表面粗糙度进行介绍。

（1）压型型腔和型芯尺寸的设计　从制造熔模开始到形成铸件，型腔和型芯的尺寸要经历三次变化：模料在复制压型型腔尺寸后的冷却收缩，型壳在复制熔模尺寸后在焙烧加热过程中的膨胀，以及铸件金属在复制型腔、型芯尺寸后的冷却收缩。所以在决定型腔、型芯尺寸时应周密考虑模料平均收缩率 ε_1、型壳的平均线膨胀率 ε_2 和铸件金属的平均线收缩率 ε_3。因此，设计压型型腔和型芯尺寸时的铸件综合平均收缩率 ε 应为

$$\varepsilon = \varepsilon_1 - \varepsilon_2 + \varepsilon_3$$

(6-10)

ε_1 的大小与模料成分和制模工艺有关，如蜡基模料的 ε_1 大于松香基模料；而在制模时如用液态浇注或压注法，ε_1 便大于糊状模料压注时的 ε_1。一般 ε_1 的变动范围为 $0.38\% \sim 2.05\%$。ε_2 的大小与型壳的材料组成、制壳工艺、浇注时的型壳温度有关，如铝矾土型壳的 ε_2 小于硅石粉型壳；水玻璃型壳的 ε_2 小于硅酸乙酯型壳。一般 ε_2 的值在 $0.50\% \sim 1.20\%$ 范围波动。ε_3 的大小则与合金成分有关。

此外，熔模和铸件各部分的收缩率也不同。如自由收缩部分，其收缩率较大；而收缩受阻部分，则收缩率较小。型壳各部分的膨胀率也因它们之间的相互牵制而使各处发生的膨胀出现差异。所以，铸件各部分的实际综合收缩率 ε_s 与 ε 的理论值不同。一般都根据实际经验数据选择，可从有关手册查到。

表 6-10 给出了一些合金铸件在用不同模料、不同型壳材料生产时的实际综合收缩率 ε_s 值的变动范围。自由收缩部位的综合收缩率取大值，收缩受阻部位则取小值。

表 6-10　不同合金铸件在不同模料、型壳条件下的 ε_s 值

铸件合金	铸件壁厚/mm	模料、型壳条件	ε_s（%）
碳钢 合金钢	<3	蜡基模料，硅酸乙酯水解液硅石粉型壳	0.2~1.2
		蜡基模料，水玻璃硅石粉型壳	0.8~1.8
		松香基模料，硅酸乙酯水解液刚玉粉型壳	1.1~2.2
	3~10	蜡基模料，硅酸乙酯水解液硅石粉型壳	0.4~1.4
		蜡基模料，水玻璃硅石粉型壳	1.0~2.0
		松香基模料，硅酸乙酯水解液刚玉粉型壳	1.3~2.4
锡青铜	<3	蜡基模料，硅酸乙酯水解液硅石粉型壳	0.4~1.3
		松香基模料，硅酸乙酯水解液刚玉粉型壳	0.8~1.5
	3~10	蜡基模料，硅酸乙酯水解液硅石粉型壳	0.8~1.8
		松香基模料，硅酸乙酯水解液刚玉粉型壳	0.9~2.0
铝合金	<3	蜡基模料，硅酸乙酯水解液硅石粉型壳	0.3~1.2
		松香基模料，硅酸乙酯水解液刚玉粉型壳	0.3~1.3
	3~10	上述两种模料和型壳	0.5~1.5

根据 ε_s 值，可计算压型型腔和型芯的名义尺寸 l

$$l \pm a = l_p(1 + \varepsilon_s) \pm a \tag{6-11}$$

式中　　l_p——铸件平均尺寸，$l_p = L \pm \Delta'/2$，其中，L 为铸件的名义尺寸，Δ' 为上、下偏差的代数和；

　　　　a——制造公差，由压型的制造公差等级决定，一般为铸件尺寸公差的 $1/5 \sim 1/3$。为使压型试制后留有修刮余量，型芯的制造公差取正值，型腔的制造公差取负值。

（2）压型型腔和型芯表面粗糙度的设计　熔模的表面粗糙度值应比铸件的表面粗糙度值小，而熔模的表面粗糙度又与压型型腔的表面粗糙度及压注熔模时的工艺有很大的关系。同一压型一般涂挥发性熔剂后，采用液态模料压注的熔模表面粗糙度值最小，而用油质分型剂、采用糊状模料压注的熔模表面粗糙度值最大。与此同时，熔模的表面粗糙度值随压型型

腔的表面粗糙度值变小而变小，但当压型表面粗糙度值小到一定程度后，熔模的表面粗糙度则取决于压注熔模的工艺条件。

一般压型型腔和型芯的表面粗糙度应比铸件所要求的表面粗糙度高 3~4 级。机械加工金属压型各部位的表面粗糙度要求见表 6-11。

表 6-11　压型各部位的表面粗糙度 *Ra* 值

压型部位	型腔、型芯	芯头、活块配合面、定位面	分型面	浇注系统	非工作表面
Ra/μm	0.2~0.8	0.8~3.2	0.8~1.6	1.6~6.3	6.3~12.5

6.2.3　硅溶胶黏结剂及其涂料

1. 硅溶胶

硅溶胶是典型的胶体结构，胶粒直径为 6~100μm，是由无定形二氧化硅的微小颗粒分散在水中而形成的稳定胶体，如图 6-32 所示，又称胶体二氧化硅，外观为清淡乳白色或稍带乳光。

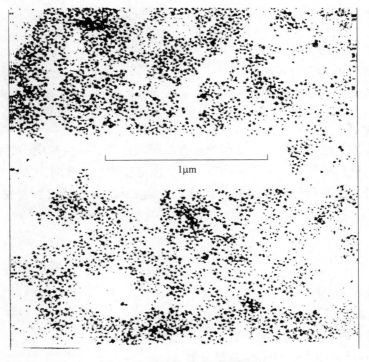

1μm

视频：硅溶
胶黏结剂

图 6-32　硅溶胶电子显微镜照片

表 6-12 所列为熔模铸造用硅溶胶的技术要求。硅溶胶中的 SiO_2 含量及密度都反映其胶体含量的多少，即黏结力的强弱。一般来说，硅溶胶中 SiO_2 含量越高，密度越大，则型壳强度也越高。而硅溶胶中的 Na_2O 含量和 pH 值则反映了硅溶胶及其涂料的稳定性。硅溶胶的稳定性与 pH 值的关系如图 6-33 所示。硅溶胶的黏度反映其黏稠程度，将影响所配涂料的粉液比。

黏度低的硅溶胶可配成高粉液比涂料，所制型壳表面粗糙度值小，强度高（图6-34）。硅溶胶粒子大小影响型壳强度和溶胶的稳定性，硅溶胶粒子越小，型壳强度越高，但溶胶稳定性越差。

表 6-12　熔模铸造用硅溶胶的技术要求

型号	化学成分（质量分数,%）		物理性能			
	SiO_2	Na_2O	密度（25℃）/(g/cm³)	pH 值	黏度（25℃）/(MPa·s)	SiO_2 胶粒直径/nm
JN-25	25.0~26.0	≤0.30	1.15~1.17	9.0~10.0	≤6	10~20
JN-30	30.0~31.0	≤0.30	1.19~1.21	9.0~10.0	≤7	10~20

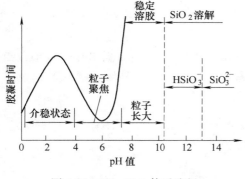

图 6-33　SiO_2-H_2O 体系胶凝
时间与 pH 值关系

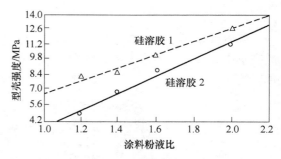

图 6-34　涂料粉液比与型壳
强度的关系曲线

2. 硅溶胶涂料

（1）涂料配方　硅溶胶可不经任何处理直接配制涂料。在生产很小的钢铁铸件时，出于经济考虑可将硅溶胶稀释到 w_{SiO_2}＝28%左右。在浇注铝合金件时，为了便于清理，不损坏铸件，面层和背层涂料分别使用 w_{SiO_2}＝25% 和 w_{SiO_2}＝20% 的硅溶胶。稀释应用蒸馏水，加水量 B 为

$$B = A\left(\frac{a}{b} - 1\right) \tag{6-12}$$

式中　B——水的加入量（kg）；

　　　A——硅溶胶量（kg）；

　　　a——硅溶胶中 SiO_2 的质量分数；

　　　b——稀释后硅溶胶中 SiO_2 的质量分数。

硅溶胶涂料有三种：面层涂料、过渡层涂料和背层涂料。面层涂料直接与金属液接触，必须保证面层涂料不与金属液及其氧化物发生反应，以保证铸件表面质量。背层涂料不直接接触金属液，应保证型壳有良好的强度和抗变形能力等综合力学性能。过渡层涂料可更好地将面层和背层结合起来。涂料的种类不同，其组成也不同。面层涂料一般由黏结剂、耐火材料、润湿剂和消泡剂等组成。因面层涂料是涂挂在熔模组上的，为使水基硅溶胶涂料能很

好涂覆，必须加入润湿剂以改善涂料涂挂性。但润湿剂常常具有发泡性，使涂料含气泡，所以又必须加入消泡剂。在生产高性能铸件（如涡轮叶片）时，为细化铸件晶粒，提高力学性能，常在面层涂料中加入晶粒细化剂。有时为了其他目的，如需了解型壳干燥情况时，还要加入干燥指示剂。背层涂料一般由黏结剂和耐火材料组成，有时还根据一些特殊要求加入一些附加物，如干燥指示剂、缓凝剂等。过渡层也是由黏结剂和耐火材料组成的。生产高质量铸件时，过渡层与面层用同种耐火材料；铸件质量要求不高时，过渡层与背层使用相同的耐火材料。表6-13列出了几种硅溶胶涂料配方。涂料中最基本的两个组成是耐火材料和黏结剂，两者之间加入的比例即为涂料的粉液比。涂料粉液比对涂料性能、型壳性能均有很大的影响，从而也影响铸件质量。涂料粉液比过低，即表示涂料中耐火粉料过少，黏结剂过多。黏结剂中除含有可起粘接作用的硅胶外，还含有大量水，在制壳干燥、焙烧过程中，去除水将会造成涂层出现很大的收缩，但熔模又不允许涂层自由收缩，使得粉液比低的涂层产生裂纹的倾向大，同时涂层中的空隙也就多。对面层涂层而言，低粉液比将使涂层不致密、空隙多、易裂，从而使铸件表面质量差。同时，粉液比低还会造成型壳强度低（图6-34）。但粉液比过高，涂料过稠，则其流动性差，操作性能变坏，很难获得厚度均匀、合适的涂层，也会使型壳性能变坏。

表6-13　几种硅溶胶涂料配方

	序号	1	2	3	4	5
涂料组成	硅溶胶（$w_{SiO_2}=30\%$）/kg	12.1	12.1	10	10	10
	电熔刚玉/kg	32~36	—	—	—	—
	熔融石英/kg	—	17~18	—	—	—
	锆石粉/kg	—	—	36~40	—	—
	高岭石类熟料/kg	—	—	—	16~17	14~15
	润湿剂/mL	24	24	16	—	—
	消泡剂/mL	16	16	12	—	—
涂料密度/(g/cm³)		2.3~2.5	1.7~1.8	2.7~2.8	1.82~1.85	1.81~1.83
涂料黏度/(s/100mL)		33~37	22~26	32±1	19±1	13±1
用途		表面层	表面层	表面层	过渡层	背层

　　（2）涂料配制　涂料的配制也是保证涂料质量的重要一环，配制时应使各组分均匀分散，相互充分混合和润湿。硅溶胶涂料常采用低速连续式沾浆机搅拌配制，一般先加硅溶胶，再加润湿剂混匀，在搅拌中缓慢加入耐火粉料，注意防止粉料结块，最后加入消泡剂。为保证涂料质量，面层全部为新配料时，搅拌时间应大于24h，如部分为新配料，搅拌时间可缩短为12h。过渡层、背层涂料，全部为新配料时搅拌10h，部分为新配料时可搅拌5h。

视频：涂料
配制
（硅溶胶）

　　为控制硅溶胶涂料的性能，需进行多项性能测定：黏度、密度、温度、pH值、耐火材料含量、涂料中的固体总含量、黏结剂中的w_{SiO_2}、胶凝情况等。其中涂料黏度是需要控制的主要性能，可以用流杯黏度计来测定。

6.3 铜合金管接头铸造工艺计划

6.3.1 铸件工艺分析

1. 铸件分析

（1）铸件壁厚 由于熔模铸造的型壳内表面光洁，并且一般为热型壳浇注，因此熔模铸件壁厚允许设计得较薄。表 6-14 所示为铜合金的熔模铸件的最小壁厚推荐值和可能铸出的最小值。对于局部尖锐部位，可以铸出比表中最小值小 30%~50% 的壁厚。

表6-14 熔模铸件的最小壁厚 （单位：mm）

铸件材料	铸件轮廓尺寸									
	>10~50		>50~100		>100~200		>200~350		>350	
	铸件最小壁厚									
	推荐值	最小值	推荐值	最小值	推荐值	最小值	推荐值	最小值	推荐值	最小值
铜合金	2.0~2.5	1.5	2.5~4.0	2.0	3.0~4.0	2.5	3.0~5.0	3.0	4.0~6.0	3.5

本情境中的铸件为管接头，如图 6-1 所示。由表 6-14 可知，管接头铸造最小壁厚为 2.5mm。从图 6-1 可知，管接头铸件的最小壁厚皆大于 2.5mm，因而充型良好，但是由于其最大壁厚为 21mm，因而工艺设计时应加大浇注系统补缩的能力。

（2）铸孔 熔模铸件上细而长的孔，由于制壳时其内部不易上涂料和撒砂，所以一般孔径 $d<2.5mm$、孔高与孔径比 $h/d>5$ 的通孔和 $h/d>2.5~3.0$ 的不通孔不易铸出。对于特殊要求的、小而复杂的孔和内腔，可采用陶瓷型芯或石英玻璃管型芯铸出。

管接头的铸孔有：直径为 $\phi10mm$ 的 8 个通孔，以及中心圆锥孔（管径上端为 $\phi68mm$，下端为 $\phi50mm$，高度为 153mm），皆可直接铸出。

（3）铸件精度和表面粗糙度 成批和大量生产铸件的尺寸公差按表 6-15 进行选择。

表6-15 成批和大量生产铸件的尺寸公差等级 DCTG

铸造工艺方法	铸钢	灰铸铁	铜合金	锌合金
砂型手工造型	11~13	11~13	10~12	—
砂型机器造型	8~10	8~10	8~10	—
金属型	—	7~9	7~9	7~9
低压铸造	—	7~9	7~9	7~9
压力铸造	—	—	6~8	4~6
熔模铸造	5~7	—	4~6	—

由于管接头的铸造方法为熔模铸造，合金种类为铜合金，所以选用铸件的公差等级为 DCTG4~DCTG6。

（4）加工余量 本铸件的收缩率为 1.03%，所以整体基本无需加工，只有一个端面有配合，加工余量为 3mm，还有两个凹台需加工，见图 6-35 中剖面线为网格的部分。

（5）铸造圆角　铸件的铸造圆角可根据公式 $R = \left(\dfrac{1}{3} \sim \dfrac{1}{5}\right)$ $(S+\delta)$ 取 R 为 5mm，式中，S、δ 为铸件连接处壁厚。

（6）基准面　此管接头为回转体零件，故需选择两个基准面便可约束 6 个自由度，这里选择法兰盘的端面和中心线作为基准。

（7）绘制铸件图　根据分析结果，在零件图的基础上绘制铸件图，如图 6-35 所示。

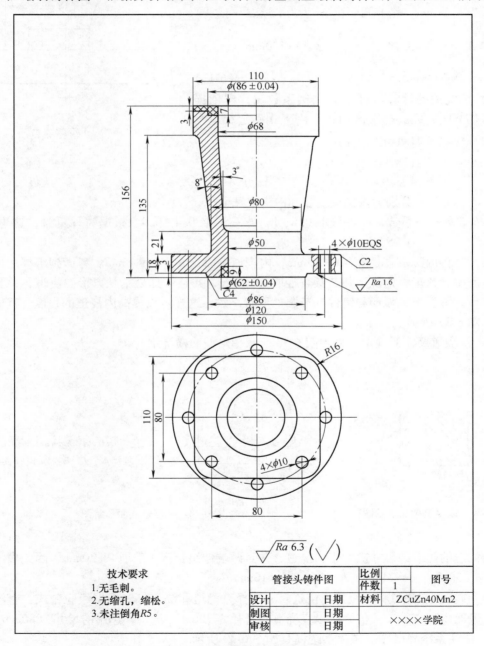

图 6-35　铜合金管接头铸件图

2. 浇注系统设计

(1) 浇注系统结构型式 根据铸件的结构特点，这里选用T形浇注系统（横浇道-内浇道式的单一横浇道），如图6-36所示。根据铸件结构、重量及材料的特点，确定合金液从铸件热节处注入，采用浇口杯补缩铸件的顶注法浇注系统。

(2) 浇注系统计算 本铸件重量为7.5kg，热节圆直径 $D_c=21$mm，热节圆面积 A_c 为

$$A_c = \pi r^2 \approx 3.14 \times \left(\frac{D_c}{2}\right)^2 \approx 3.14 \times 100 \text{mm}^2$$

$$= 314 \text{mm}^2 \qquad (6\text{-}13)$$

1）内浇道的计算。可采用比例系数法，即依据铸件上热节圆直径或热节圆面积，由下式确定相应内浇道的直径或截面面积

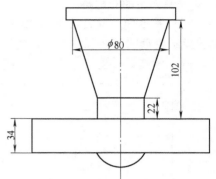

图6-36 T形浇注系统

$$\left.\begin{array}{l} d_g = k_1 D_c \\ A_g = k_2 A_c \end{array}\right\} \qquad (6\text{-}14)$$

式中 d_g、A_g——分别为内浇道直径和内浇道截面积；

k_1、k_2——系数，k_1 一般取 0.6~1，k_2 一般取 0.4~0.9。根据铸件重量，这里 k_1 取 0.85，k_2 取 0.7。

经计算得内浇道直径 $d_g=17.85$mm，内浇道截面积 $A_g=219.8$mm。考虑到组焊后内浇道的强度问题，这里将内浇道热节圆直径取为20mm，并且选择易割长方形内浇道，并且将其一边设计为圆弧形，弧形与铸件热节圆处形状一致，这样可以提高内浇道的强度，其横截面形状如图6-37所示。

2）横浇道尺寸的确定。采用图6-38所示梯形截面横浇道。

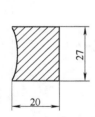

图6-37 内浇道截面形状图

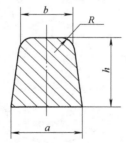

注：$b=0.8a$；$h=a$、$1.2a$、$1.5a$ 且 $h \geqslant 4e$；$R=3\sim5$mm；e 为内浇道厚度。

图6-38 横浇道截面形状图

横浇道的热节圆尺寸应大于内浇道，并且两端伸出长度一般取8~20mm，因此横浇道参数为：$a=30$mm，$b=24$mm，$R=4$mm，$h=10$mm。

3）直浇道和浇口杯。根据内浇道尺寸选择直浇道和浇口杯，根据经验公式，直浇道的直径一般取内浇道的1.4倍，所以直浇道的直径为30mm，浇口杯选用的尺寸为80mm。

4）浇注系统模具图。浇注系统模具如图6-39所示。

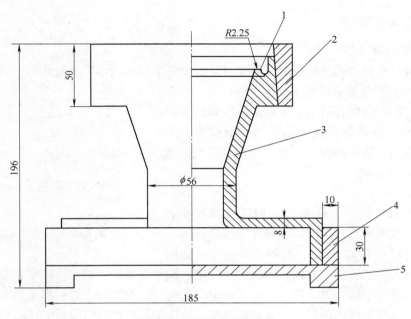

图 6-39　浇注系统模具图
1—活块　2—锁紧环　3—模体　4—挡板　5—底座

3. 绘制铸造工艺图

根据铸件工艺设计结果绘制铸造工艺图，如图 6-40 所示。

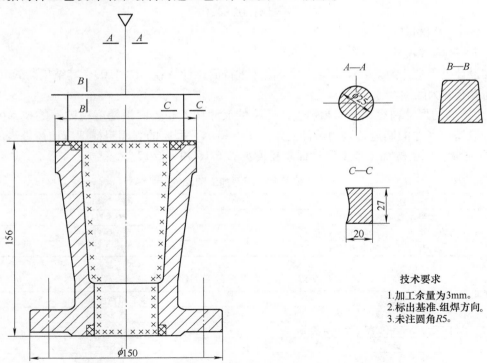

技术要求

1. 加工余量为3mm。
2. 标出基准、组焊方向。
3. 未注圆角R5。

图 6-40　铸造工艺图

6.3.2 压型设计分析

1. 分型面选择

通过对管接头铸件的结构分析、观察可知，上、下型体的内腔是对称的，而且为铸件的最大截面；由于铸件表面粗糙度要求严格，同时中心孔为一型芯，因而在保证其上、下型定位准确的前提下，选择图6-41所示的通过中心孔的平面作为分型面，不仅可以确保铸件的技术要求，而且可以大大地提高制造熔模的效率。

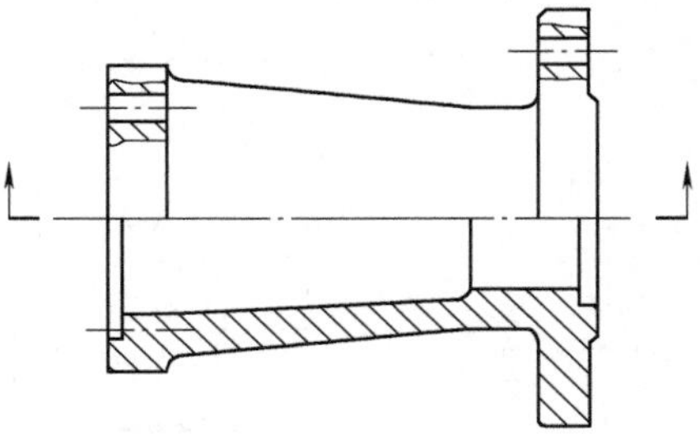

2. 型体设计

（1）型腔尺寸计算 压型的型腔工作尺寸要兼顾铸件的综合收缩率、铸件的尺寸精度等因素。

图6-41 分型面选择图

1）综合线收缩率的确定。在熔模铸造中，影响铸件总收缩率的因素有3个方面，即合金收缩率、模料收缩率、型壳的膨胀和变形。这三方面的因素都与铸件结构有关，同时它们之间也相互制约，而且每个因素都受具体工艺操作过程的影响，当压型和模料确定后，它们还取决于压注工艺参数及取模后的环境等。

管接头的熔模铸造采用低温模料，涂料为硅溶胶-硅石粉，多层型壳。由于本铸件最小壁厚为10mm，而其他大部分的壁厚都要大于10mm，故选用铸件壁厚为10~20mm的线收缩率，选定蜡模收缩率为1%，黄铜的收缩率为1.8%。在设计中，型体内腔所有尺寸都要进行收缩补偿，其补偿量为

$$a = l \times 1.02 \times 1.01 \tag{6-15}$$

式中 a——补偿量；

l——内腔尺寸。

在设计过程中，为了计算简便，对补偿量进行简化计算：$a = l \times 1.03$，其结果与式（6-15）结果并没有太大区别。

2）压型的尺寸精度和表面粗糙度。压型的尺寸精度和表面粗糙度视铸件的技术要求而定。一般型腔尺寸的制造公差为铸件公差的1/6~1/4。型腔的表面粗糙度应比铸件表面粗糙度高3~4级。压型的加工精度和表面粗糙度见表6-16和表6-17。

表6-16 压型加工精度

压型部位	尺寸精度
型腔及型芯的成形部位	IT6~IT10
活块、镶块、顶杆等的配合部位	IT6~IT9
影响铸件尺寸的自由尺寸	IT12~IT14

表6-17 压型各部分的表面粗糙度

压型部位	表面粗糙度 $Ra/\mu m$
型腔表面	0.2~0.8
芯销、活块、镶块的配合面、定位面	0.8~3.2
分型面	0.8~1.6
浇注系统表面	1.6~6.3
非工作部分表面	6.3~12.5

（**2**）**压型厚度** 在保证强度和刚度的前提下，为了减轻重量、便于操作，压型型体壁厚应尽可能小，如图 6-42 和图 6-43 所示。

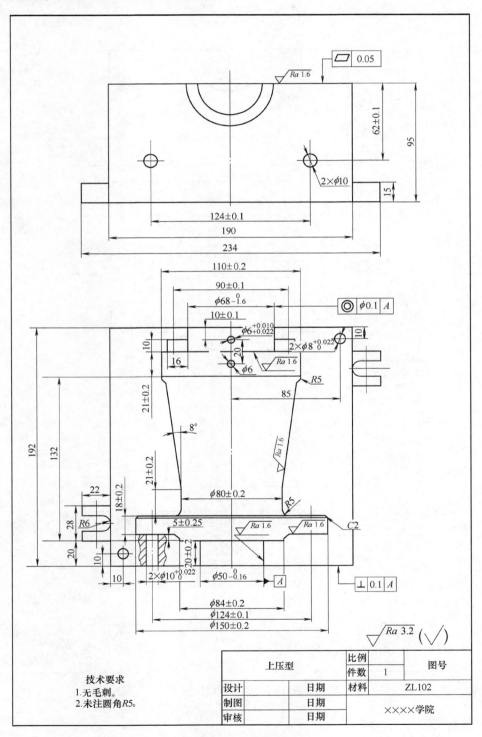

图 6-42 上压型结构图

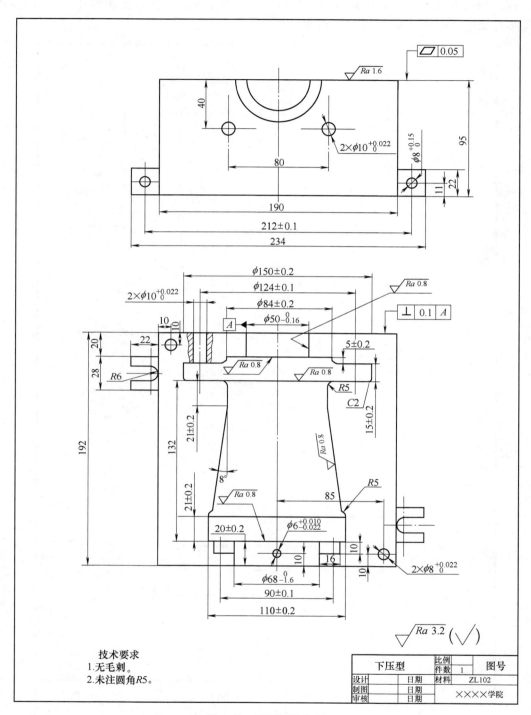

图 6-43　下压型结构图

3. 其他机构

（1）型体定位　上、下型体之间的定位面一般需要设置两个以上定位销才能限制其自由度，但过多的定位销会引起过定位。定位销之间的间距越大，定位精度越高。在本情境中，采用 ϕ8mm 的定位销，如图 6-42、图 6-43 所示，其一在压型左上方，另一个在其右下方，采用对角线布置。两型体与圆柱销的配合原则是：上型体与圆柱销采用间隙配合，下型体与圆柱销采用过盈配合。本设计中，上型体与圆柱销采用 H8/f7 的配合，下型体与圆柱销采用 H8/s7 的配合，如图 6-44 所示。

（2）型体锁紧　本情境采用碟形螺母、活节螺栓锁紧，选择 M10 的活节螺栓和蝶形螺母，活节螺栓的长度为 218mm，螺纹长度为 26mm。图 6-45 为设计图中的活节螺栓锁紧图，在整个模具中共有两副此锁紧机构。采用直径为 ϕ8mm 的圆柱销，将活节螺栓固定在型体上，其中圆柱销与凸耳的配合采用过盈配合 H7/s6。

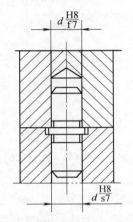

图 6-44　型体定位部件装配图

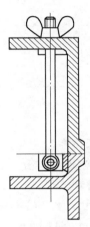

图 6-45　活节螺栓锁紧图

（3）型芯设计　本情境采用结构为两端支承的型芯，每端定位段的长度可以小至 10mm。冷却过程中收缩时，会把型芯紧紧地包住，因此开型前首先要将型芯拔出。为了拔芯方便，型芯上做出手柄部分。本情境采用金属型芯。如图 6-46 和图 6-47 所示，型芯 1 为型腔主芯，型芯 2 为铸造通孔芯。

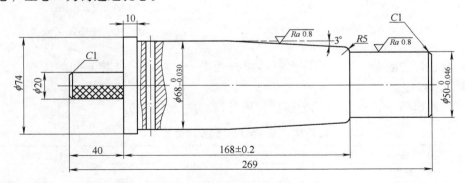

图 6-46　型芯 1 结构尺寸图

固定金属型芯的方法很多，在本情境中采用芯销定位，芯销的结构如图 6-48 所示。

（4）压型排气　模料注入压型时，如果型腔内的气体来不及排出或者在型腔深处形成气袋，往往会造成易熔模成形不良，因此压型应具有良好的排气条件。设计中可采用型芯间

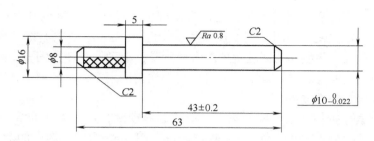

图 6-47 型芯 2 结构尺寸图

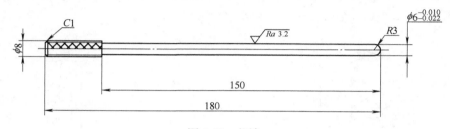

图 6-48 芯销

隙排气，排气部位在型芯与型体的配合处，如图 6-49 所示。

（5）**压型冷却** 本熔模尺寸较小，因此压型设计时不考虑冷却系统，采用两个压型轮流操作，淋水冷却。

（6）**注蜡孔设计** 熔模铸造中，注蜡孔的位置对蜡模质量有极大影响。在本情境中，将孔设置在 110mm×110mm 方体外侧面的中间部分。图 6-50 所示为注蜡孔的示意图。

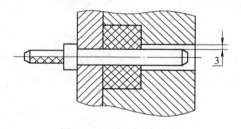

图 6-49 型芯间隙排气

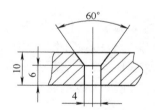

图 6-50 注蜡孔示意图

（7）**组合件的配合** 压型由许多部件组合而成，这些组合件相互间的配合，应根据熔模的动作要求确定。

（8）**材料选择** 表 6-18 所示为压型常用材料及热处理要求。

表 6-18 压型常用材料及热处理要求

零件名称	材料	热处理要求
型体、型芯	45 钢	—
定位销、芯销	45 钢	淬火 35~40HRC
浇注系统	45 钢	—

4. 绘制压型装配图

根据设计结果绘制压型装配图，如图 6-51 所示。

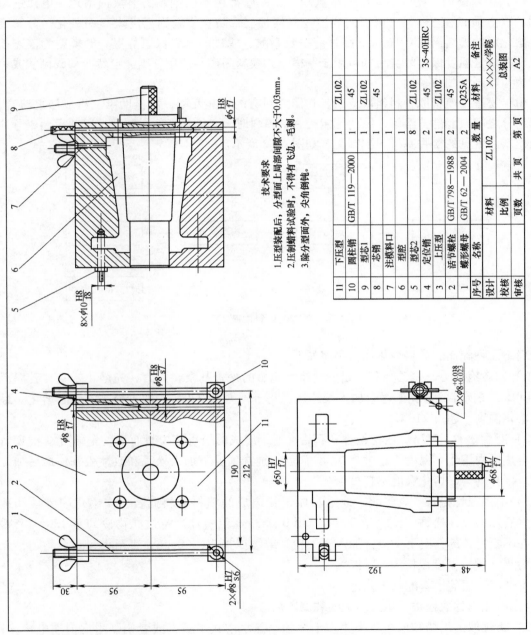

技术要求

1. 压型装配后,分型面上局部间隙不大于0.03mm。
2. 压制蜡料试验时,不得有飞边、毛刺。
3. 除分型面外,尖角倒钝。

序号	名称		数量	材料	备注
11	下压型		1	ZL102	
10	圆柱销	GB/T 119—2000	1	45	
9	型芯1		1	ZL102	
8	芯销		1	45	
7	注模料口		1		
6	型腔		1	ZL102	
5	型芯2		8	45	35-40HRC
4	定位销		2	ZL102	
3	上压型		1	ZL102	
2	活节螺栓	GB/T 798—1988	2	45	
1	蝶形螺母	GB/T 62—2004	2	Q235A	
设计		材料	ZL102		×××学院
校核		比例			总装图
		页数	共 页	第 页	A2
审核					

图 6-51　压型装配图

6.3.3 生产工艺计划

1. 模组压制及组装

(1) 模料配制 松香基模料的熔点较高，一般都用不锈钢制的电热锅熔化，电热锅可转动，以便倾倒液态模料，可以用温度控制器控温，防止模料因温度太高而氧化、分解变质。熔化后的模料需经 0.053mm 筛过滤去除杂质，滤过的模料保温静置。如模料为液态使用，则在规定温度保温静置后即可用于制模；如模料为糊状使用，则需自然冷却成糊状或边冷却边搅拌制成糊状备用。

由于松香基模料原材料组成复杂，它们之间有的不能互溶，需借助第三组成使之溶合；有的组分之间只能部分溶解，因此配制松香基模料时，必须注意加料顺序，以便得到成分均匀的模料。常见的松香基模料配制工艺如图 6-52 所示。

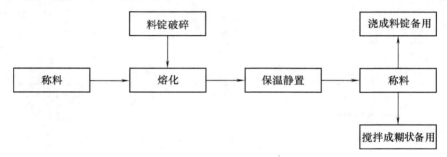

图 6-52 松香基模料配制工艺图

现举几种配比的模料熔化加料顺序如下：

1) 对含有松香、聚乙烯和石蜡、川蜡、地蜡的松香基模料而言，先熔化蜡料，升温至约 140℃，在搅拌的情况下逐渐加入聚乙烯，再升温至约 220℃，加入松香，使之熔化。最后的熔化温度不超过 210℃。

2) 对由松香、EVA、改性松香和石蜡、地蜡组成的松香基模料而言，先将石蜡和 EVA 放进电热锅内熔化，温度不超过 120℃，而后在搅拌情况下加入松香和改性松香，最后加入地蜡，搅拌均匀，熔化温度不超过 180℃。

3) 对由改性松香、硬脂酸、地蜡和尿干粉组成的填料模料而言，先熔化硬脂酸和地蜡，然后加入改性松香，升温至 200℃，用 0.053mm 筛过滤。待过滤物冷却至 120~135℃时，在不断搅拌的情况下，慢慢加入尿干粉，继续搅拌 20~30min，直至模料混合均匀，无气泡为止（模料温度保持为 80~90℃）。

本情境选用的模料配制工艺为：

1) 按比例称取松香、川蜡、地蜡和聚乙烯。

2) 将称取的川蜡和地蜡各半放入干净的电热水浴式不锈钢或者铝制坩埚内通电熔化；当川蜡、地蜡化清后，慢慢加入聚乙烯并仔细搅拌，使聚乙烯全部熔化并混合均匀后加入松香，搅拌至全部熔化，最后加入剩余的川蜡和地蜡，搅拌混合均匀，熔化温度不超过 200℃。

3) 熔化好的模料冷却至 180℃，用 0.053mm 筛过滤去除模料中的杂质。

4）最后浇成料锭或搅拌成糊状，或自然冷却至糊状后使用。

（2）制备熔模及组焊　松香基糊状模料使用的熔模压注参数见表6-19。

表6-19　压注熔模主要工艺参数

模料类型	压注温度/℃	压型温度/℃	压注压力/MPa	保压时间/s
松香基糊状模料	70~85	20~25	0.3~1.5	0.5~3

分型剂成分（质量分数）为蓖麻油50%+酒精50%。

浇口棒制备方法采用直接浇注法。

熔模组焊方法为焊接法。

（3）模料回收　松香基模料在使用时，其中某些组分会因受热而挥发、分解、树脂化、碳化，还可能混入各种杂质，如砂粒、粉尘、水分等。处理时，将液态模料先置于水分蒸发槽中，在120℃温度下使模料中的水分蒸发干净，然后用离心分离器从模料中排除杂质，经检查模料的灰分、针入度、强度和熔点（或滴点）合格后，即可回用。如用来制造浇道的熔模，处理后模料可直接回用；用于制造铸件的熔模时，则需在模料中加入质量分数为20%~30%的新料。

2. 型壳制造

本情境选用的涂料见表6-20。

（1）涂料配制　涂料的配制可参见6.2.3节相关内容。

（2）除油脱脂　为了提高涂料润湿模组表面的能力，需去除模组表面的油脂。

动画：硅溶
胶制壳
工艺过程

表6-20　制壳用硅溶胶涂料配料表

硅溶胶/mL	粉料	润湿剂	消泡剂	涂料密度/(g/cm³)	用　　途
1000	石英玻璃粉 1.7~1.8kg	0.3%	—	1.7~1.8	表面涂料层
1000	铝矾土粉 2.1~2.2kg	0.1%~0.3%	—	2.0~2.1	加固层

一般模组的除油和脱脂是通过将模组浸泡在表面活性剂的水溶液中完成的，JFC（聚氧乙烯烷基醇醚）润湿剂可以有效地在熔模表面形成亲水膜，改善涂料对熔模的涂挂性。

（3）制壳　在对熔模清洗后，即可进行制壳，硅溶胶制壳过程主要包括挂涂料、撒砂、干燥三个工序。

1）挂涂料。在挂涂料之前应先将涂料搅拌均匀并测量其流杯黏度和密度，对不合格的涂料进行相应的工艺调整。挂涂料一般采用浸渍法，上面层涂料时应根据熔模结构特点在涂料桶中转动和上下移动，防止熔模上出现凹角、沟槽、小孔、集气泡，或涂不上涂料。涂挂表层涂料时，应仔细检查涂料层分布是否均匀、涂料有无堆积、涂料层中有无气泡，必要时进行相应的处理。

2）撒砂。通过在所挂涂料层外面粘上一层耐火砂粒，迅速增厚型壳，使砂粒层成为型壳的骨架，分散型壳在随后工序中可能产生的应力。撒砂后的粗糙表面也利于后续涂料的黏附。撒砂粒度一般来说是表层最细，通常为0.150~0.425mm，然后逐步增加，加固层的粒度可达 0.425~3.35mm。

3）干燥。撒砂后应对硅溶胶型壳进行干燥，使硅溶胶形成凝胶，将耐火材料固定在一起。影响型壳干燥的因素有制壳时的温度、湿度和风力等。硅溶胶型壳的制备工艺见表 6-21。

表 6-21　硅溶胶型壳制备工艺

涂料层次	涂料密度 /(g/cm³)	撒砂粒度 /mm	干　　燥			
			温度/℃	风速/(m/min)	相对湿度(%)	时间/h
1 层，2 层	1.7~1.8	0.850	18~27	风扇吹风	<50	2~3
3~7 层	2.1~2.2	0.600	22~24	240~300	40~60	2

（4）脱蜡　制备好的型壳完全硬化以后，即可进行脱蜡，以脱去熔模获取型壳。本情境采用的是水蒸气脱蜡法，其操作要点如下：

1）清理浇口杯涂料与浮砂。

2）检查脱蜡装置的压力表、溢流阀和其他部件是否正常。

3）将模组放入装置内，关闭炉门，通入水蒸气，保压压力为 0.294~0.490MPa，保压时间为 8~15min。

（5）焙烧　硅溶胶面层-水玻璃加强层型壳焙烧温度应控制为 850~900℃，焙烧时间应控制为 1.5~2h，焙烧后直接浇注。焙烧温度过高时，容易将型壳烧裂；温度过低时，容易导致型壳夹生。

3. 合金熔炼及浇注

（1）炉型选择　本情境选用炉型为中频感应熔炼炉。

（2）计算铜合金配料单　根据情境 5 的方法计算并填写铜合金管接头材料配料单，见表 6-22。

表 6-22　铜合金管接头材料配料单

铸件名称	铜合金管接头				
铸件特点	轮廓尺寸为 ϕ150mm×156mm。铜合金管接头结构从上到下为中空圆台状，上端存在方台面，下端为法兰面，两端面上各有 4 个直径为 ϕ10mm 通孔，总体铸件体积不大，结构较复杂 要求铸铜牌号：铸造锰黄铜 ZCuZn40Mn2。抗拉强度 R_m=345MPa，断后伸长率 A>20%，布氏硬度 >785HBW				
合金成分（质量分数）控制	Cu57.0%~61.0%，Mn1.0%~2.0%，Zn 余量				
配料					
炉料总重 /kg	各炉料重/kg				备注
	电解铜	锌锭	Cu-Mn	同牌号回炉料	
203.42	93.1	73.6	16.72	20	

（3）熔炼工艺选择　熔炼黄铜 ZCuZn40Mn2 时，使用的炉型为中频感应熔炼炉，熔炼工艺如下：

1）送电预热炉膛，加铜和质量分数为 0.3% 的 $Na_2B_4O_7$（铺底）。

2）升温熔化并过热至 1120~1150℃，加降温铜。

3）在 1150~1200℃ 分批压入预热的锰块，搅拌，分批加预热的锌块。

4）再加木炭作为覆盖剂，防止锰黄铜氧化、脱氧并起保温作用。

5）升温沸腾 2min，炉前检验，调整温度，扒渣。

6）调整温度为 1000~1050℃，出炉浇注。

当熔炼合金经过检验达到工艺要求以后，即进行浇注，浇注应在老师指导下进行，浇注过程应注意安全。

4. 铸件清理

清理过程同情境 5。

6.4　项目实施

根据计划内容执行下列生产。

1. 模料配制

根据如下工艺配制模料：

1）按比例称取松香、川蜡、地蜡和聚乙烯。

视频：管接头熔模压制

2）将称取的川蜡和地蜡各半放入干净的电热水浴式不锈钢或者铝制坩埚内通电熔化；当川蜡 地蜡化清后，慢慢加入聚乙烯并仔细搅拌，使聚乙烯全部熔化并混合均匀后加入松香，搅拌至全部熔化，最后加入剩余的川蜡和地蜡，搅拌混合均匀，熔化温度不超过 200℃。

3）熔化好的模料冷却至 180℃，用 0.053mm 筛过滤去除模料中的杂质。

4）最后浇成料锭或搅拌成糊状，或自然冷却至糊状后使用。

视频：管接头模组组焊

2. 熔模制造及组焊

1）熔模压制。对于松香基糊状模料，使用的熔模压注参数见表 6-19。

分型剂成分（质量分数）为蓖麻油 50%+酒精 50%。

2）浇口棒制备。浇口棒制备采用直接浇注法。

3）模组组焊。模组组焊方法为焊接法。

视频：硅溶胶面层涂料配制

3. 涂料配制

根据工艺计划配制涂料。

4. 熔模脱脂

根据工艺计划进行脱脂。

视频：硅溶胶面层型壳制备

5. 制备型壳

硅溶胶型壳制备工艺见表 6-21。在对涂料进行检查后，使用浸渍法挂涂料，然后采用流态化撒砂，并按照工艺参数进行干燥，最终获得型壳。

视频：硅溶胶背层型壳制备

视频：脱蜡
（硅溶胶型壳）

6. 脱蜡

采用高温蒸汽脱蜡法脱蜡。

7. 焙烧

按照给定的工艺，焙烧后的型壳直接浇注。

6.5　管接头铸件质量检验及评估

6.5.1　铸件质量检验

1. 缺陷检验

检验内容包括尺寸或表面粗糙度是否超差和内、外部缺陷。尺寸精度根据铸件图进行检验；内、外部缺陷可以根据情况进行目测、渗透检测、超声检测等。这些检验是铸件评分的主要标准。

2. 做好文明生产

生产结束后，清理场地，检查工具、设备是否遗失或者损坏，并将其整齐摆放于指定位置。如有损坏，请向指导教师说明原因。

6.5.2　评估与讨论

1）分析管接头铸件的结构特点，并根据分析结果研讨铸件生产过程中所采用的浇注系统是否合理？可能引起哪些缺陷？

2）硅溶胶型壳熔模铸造生产的管接头铸件的尺寸和表面粗糙度是否符合预期要求？如果符合，该工艺还存在着哪些不足？

3）针对学习、生产过程中每人的考勤情况、责任意识、工作态度、技能水平、安全文明生产等方面开展自评和互评后，每小组推选出一位"技术能手"进行经验交流并给予表扬，培养学生崇德向善、尊重劳动、热爱劳动、勇于担当、乐于奉献，以及精益求精的工匠精神。

 思 考 题

1. 松香基模料的基本特点是什么？适用于哪种材料的铸造过程？松香基熔模制备的工艺过程是什么？与蜡基熔模制备过程有什么区别？这些参数的差别是由两者之间的哪些性能差别引起的？

2. 硅溶胶黏结剂的配制过程中要考虑哪些参数？如何调节？

3. 如果要熔炼 150kg 的 ZCuZn40Mn2，选择配料为 20kg 的同牌号金属回炉料，剩余为新金属，请计算各种材料的用量，并给出熔炼配料表。

4. 请详细说明松香基模料的制备过程。

5. 请详细说明硅溶胶黏结剂配制的全过程，并说明各成分的作用。

6. 硅溶胶型壳的制备过程与水玻璃型壳的制备过程有何区别？主要特点是什么？

铜合金铸件复合型壳熔模铸造

知识目标	能力目标	素质目标	重点、难点
1. 了解硅酸乙酯型壳制备工艺 2. 掌握复合型壳制备工艺 3. 掌握熔模铸造生产工艺设计要点	1. 能够根据所给的零件图进行结构工艺性分析，并完成熔模铸件的结构设计 2. 能够根据所给的铸件设计压型，并绘制装配图及零件图 3. 能够根据现有压型生产合格的铸件	1. 较强的语言、文字表达能力和社会沟通能力 2. 崇德向善、诚实守信、爱岗敬业，吃苦耐劳、勇于奉献、精益求精的工匠精神 3. 质量意识、成本意识、环保意识、创新意识，树立"人人能够成才，人人都可创新，人人都能创新"的理念 4. 较强的创业能力和社会适应能力	重点、难点： 1. 熔模铸造工艺设计 2. 复合型壳熔模铸造生产

7.1 铜合金卡环铸造工艺分析

7.1.1 任务提出

本情境选择的载体为铜合金卡环铸件，其材质为硅黄铜 ZCuZn16Si4（其力学、物理性能及铸造工艺参数见表 7-1～表 7-3）。图 7-1 为卡环零件图。该卡环生产精度要求高，中心孔有配合要求，加工表面粗糙度值为 $Ra1.6\mu m$，与底面的垂直度公差为 0.01mm，底面为配合面，加工表面粗糙度值为 $Ra1.6\mu m$，平面度公差为 0.01mm，因此这两个部位均需铸造后进行后续加工。下端面法兰两侧孔为两个直径为 $\phi 10mm$ 的通孔。该铸件生产批量大，因此在综合考虑铸件技术要求、生产成本及交货时间的条件下，选用复合型壳熔模铸造。

表 7-1 ZCuZn16Si4 硅黄铜的力学性能

铸造方法	抗拉强度 R_m/MPa	断后伸长率 A（%）	硬度（HBW）
砂型铸造	≥345	≥15	≥885
熔模铸造	≥390	≥20	≥980

表 7-2 ZCuZn16Si4 硅黄铜的物理性能

固相点/℃	液相点/℃	密度 ρ /(g/cm³)	比热容 c /[J/(kg·℃)]	热导率 λ /[W/(m·℃)]	电阻率 ρ /μΩ·m
821	917	8.32	404	84	0.265

表 7-3　ZCuZn16Si4 硅黄铜的铸造工艺参数

螺旋线长度/cm	线收缩率（%）	熔化温度/℃	浇注温度/℃	
			壁厚<30mm	壁厚≥30mm
60	1.65	821~917	1040~1080	980~1040

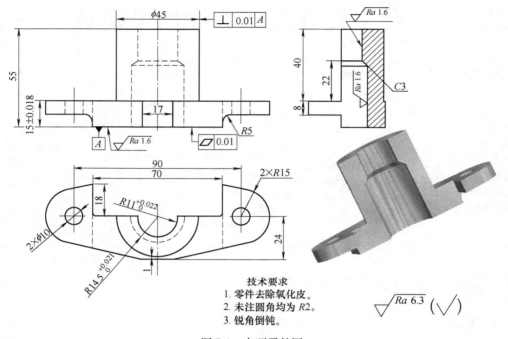

技术要求
1. 零件去除氧化皮。
2. 未注圆角均为 R2。
3. 锐角倒钝。

图 7-1　卡环零件图

7.1.2　铸造工艺分析

根据情境 5 中介绍的模料及型壳相关知识，对本情境的模料和型壳工艺进行选择。本情境选用的模料见表 7-4。

表 7-4　模料成分表（质量分数,%）

松香	改性松香	地蜡	聚乙烯	川蜡
30	27	5	3	35

由于卡环铸件形状复杂，尺寸精度和表面粗糙度要求高，为了在保证型壳强度、铸件质量的前提下，降低生产成本，提高生产率，并使学生在掌握水玻璃型壳、硅溶胶型壳、硅酸乙酯型壳工艺的基础上，进一步掌握复合型壳工艺，通过分析、比较，最终采用硅酸乙酯-水玻璃复合型壳。该复合型壳采用硅酸乙酯、水玻璃作黏结剂，面层采用两层硅酸乙酯涂料，确保面层型壳表面质量，加强层涂料在对原水玻璃型壳工艺做适当调整的情况下，继续采用水玻璃涂料，确保型壳强度。

7.2　必备理论知识

7.2.1　硅酸乙酯制壳工艺

1. 硅酸乙酯黏结剂

对于重要的合金钢铸件、铜合金铸件和陶瓷型芯，多用硅酸乙酯配制涂料，因为它的涂挂性好，型壳强度高，热变形小，铸件的尺寸精度和表面质量高。

(1) 硅酸乙酯及其水解　硅酸乙酯又称正硅酸乙酯，其分子式为 $(C_2H_5O)_4Si$，它是四氯化硅 $(SiCl_4)$ 和乙醇 (C_2H_5OH) 的聚合物，其反应式为

$$SiCl_4 + 4C_2H_5OH = (C_2H_5O)_4Si + 4HCl \tag{7-1}$$

在实际制造硅酸乙酯的过程中，总有水分参与反应，所以工业用的硅酸乙酯中不单是正硅酸乙酯，还有其他类型的缩聚物，如二乙酯、三乙酯、……、八乙酯。它们的化学通式为 $(C_2H_5O)_{2(n+1)}Si_nO_{n-1}$，$n = 1$，2，3，4，5，6。其中 n 称为聚合度，$n = 1$ 得 $(C_2H_5O)_4Si$，称为单乙酯即正硅酸乙酯；$n = 2$ 得 $(C_2H_5O)_6SiO$，称为二乙酯，以此类推。n 越大，其中 SiO_2 的含量也越多，意味着其缩聚程度越高，相对分子质量越大，分子结构也越复杂。

所提供的硅酸乙酯常指出其中 SiO_2 的含量，但硅酸乙酯中并不存在单独的 SiO_2 质点或离子，只是因为要测定其中 Si 的含量，需要把它水解得到 SiO_2 固体粉末才能确定，因而习惯地把硅酸乙酯中 Si 的含量用 SiO_2 的含量表示。与此同时，硅酸乙酯水解作黏结剂使用时，也正需要控制水解液中的 SiO_2 含量，所以熔模铸造应用硅酸乙酯时必须先确定其中 SiO_2 的含量。正硅酸乙酯中 SiO_2 的质量分数为 28.8%，目前国内提供的硅酸乙酯中 SiO_2 的质量分数平均为 32%，故称硅酸乙酯 32。国外广泛采用硅酸乙酯 40，SiO_2 的质量分数为 38%～42%，SiO_2 含量比较高，粘接力强，因而用硅酸乙酯 40 水解液黏结剂制成的型壳，其强度远比用硅酸乙酯 32 高。国外还有的用硅酸乙酯 50 作黏结剂，可以不进行水解，只加溶剂稀释即可使用。表 7-5 所示为熔模铸造用硅酸乙酯的技术要求。

表 7-5　熔模铸造用硅酸乙酯的技术要求

性能	硅酸乙酯 32	硅酸乙酯 40
外观	无色或淡黄,澄清或微浑浊	
SiO_2(质量分数,%)	32～34	40.0～42.0
HCl(质量分数,%)	≤0.04	≤0.015
110℃ 以下馏分(质量分数,%)	≤2	≤3
密度/(g/cm³)	0.97～1.00	1.04～1.07
运动黏度/(m²/s)	≤1.6×10⁻⁶	(3.0～5.0)10⁻⁶

硅酸乙酯能溶于酒精、丙酮、汽油等有机溶剂中，但不溶于水，而能与水起水解反应。硅酸乙酯本身不是溶胶，不能起粘接作用，只有经过水解后，才能形成硅酸溶胶从而起粘接作用。

硅酸乙酯水解的实质是其中的乙氧基 (C_2H_5O) 被水中的氢氧根所置换而制得硅酸胶体溶液。加水量不同，所得产物也不同，当参与水解的水量足够时，才能生成硅酸 $(nH_2O \cdot mSiO_2)$ 和乙醇，即硅酸在乙醇中的溶液。硅酸中 n/m 的值与参加水解反应的

视频：硅酸
乙酯水解原理

H_2O 量有关，生产实践证明，$n/m=0.25$、0.5、0.75 比较适宜。得到此种硅酸的正硅酸乙酯的水解反应式为

当 $n/m=0.25$ 时　　$4(C_2H_5O)_4Si+9H_2O=H_2O\cdot4SiO_2+16C_2H_5OH$　　　　(7-2)

当 $n/m=0.5$ 时　　$2(C_2H_5O)_4Si+5H_2O=H_2O\cdot2SiO_2+8C_2H_5OH$　　　　(7-3)

当 $n/m=0.75$ 时　　$4(C_2H_5O)_4Si+11H_2O=3H_2O\cdot4SiO_2+16C_2H_5OH$　　　(7-4)

不同缩聚物的硅酸乙酯要获得相同的硅酸，则水解时需要的 H_2O 量是不相同的，以四乙酯和五乙酯水解为例，即

$$(C_2H_5O)_{10}Si_4O_3+6H_2O=H_2O\cdot4SiO_2+10C_2H_5OH \qquad(7-5)$$

$$4(C_2H_5O)_{12}Si_5O_4+29H_2O=5(H_2O\cdot4SiO_2)+48C_2H_5OH \qquad(7-6)$$

水解时确定 H_2O 量是关键，它影响黏结剂质量和型壳的工艺性能。当 $n/m=0.5$ 时，水解液的性能最好，制出的型壳干燥速度较快，强度较大，水解液性能稳定。当室温和湿度较高时，可采用 $n/m=0.25$ 的水解液；而室温和湿度较低时，可采用 $n/m=0.75$ 的水解液。

硅酸乙酯与水不互溶，水解时只在接触面上进行，在硅酸乙酯不能与水充分接触的地方，会生成不完全水解产物，不仅水解速度缓慢，而且水解液质量极差。所以常用酒精或丙酮作溶剂，使水与硅酸乙酯能均匀接触及发生反应，同时还起稀释的作用，使水解液中有适宜的 SiO_2 含量。用酒精作溶剂，并用盐酸作催化剂来水解硅酸乙酯32时，水解液中 SiO_2 最佳的质量分数为17%～20%，在此含量范围内，制壳时黏结剂的渗透性好，型壳强度高，黏结剂放置时间长。用硅酸乙酯40制备水解液，其中 SiO_2 质量分数为10%～14%时，可获得与硅酸乙酯32一样的型壳强度。

加入的盐酸溶液为催化剂，水解液中盐酸的质量分数一般可取0.3%，熔模铸件的轮廓尺寸较大时可取0.3%～0.4%，熔模铸件的轮廓尺寸较小时可取0.2%～0.3%。因此水解硅酸乙酯的配料计算主要是计算水解1kg硅酸乙酯所需的水、溶剂酒精和盐酸的加入量。

（2）硅酸乙酯水解的计算

1）计算1kg硅酸乙酯所需的加水量 $B(g)$，公式为

$$B=1000\alpha\times18M/45=400M\alpha \qquad(7-7)$$

式中　α ——硅酸乙酯中 C_2H_5O 基的质量；

M ——置换 $1mol\,C_2H_5O$ 基所需的水的物质的量；

18、45 ——H_2O 和 C_2H_5O 基的相对分子质量。

乙氧基含量 α 可由化学分析测出，也可由硅酸乙酯中 SiO_2 的质量分数计算求得

$$\alpha=125.2-132\%\times w_{SiO_2} \qquad(7-8)$$

表7-6列出了硅酸乙酯中 SiO_2 与 C_2H_5O 基质量分数的关系。

表7-6　硅酸乙酯中 SiO_2 与 C_2H_5O 基质量分数的关系

w_{SiO_2}（%）	28.8	30	31	32	33	34	35	36	37	38	39	40	41	42	43
$w_{C_2H_5O}$（%）	86.5	85.1	84.0	82.6	81.5	80.2	79.0	77.9	77.6	75.4	74.2	72.9	71.8	70.6	69.3

一般在炎热、潮湿的环境中，应选较小的 M 值；在寒冷、干燥的生产环境中，选较大的 M 值。夏季作业可选较小 M 值，冬季则选较大 M 值。这些考虑主要是为了较合适地控制黏结剂和涂料的稳定性。配制涂料的耐火粉料的酸、碱性也对硅酸乙酯水解液涂料的稳定性

有影响，如铝矾土中含有碱性杂质，对水解液有促凝作用，故应选较小的 M 值。

2）计算 1kg 水所需溶剂加入量 $C(g)$。一般水解液中 SiO_2 的质量分数在 20%左右时型壳强度最高。生产中多取 18%~22%。有时为了改善型壳的退让性和脱壳性，在允许适当降低型壳强度的情况下，可取 SiO_2 的质量分数为 15%。水解液中 SiO_2 过多会使涂料层硬化太快、壳层开裂，反而降低型壳强度。

根据水解前后 SiO_2 总质量不变的原理，可得

$$C = 1000(S/S'-1)-B \tag{7-9}$$

如换算成乙醇的体积 $V(cm^3)$，则

$$V = [1000(S/S'-1)-B]/\rho_y \tag{7-10}$$

式中　S——硅酸乙酯中 SiO_2 的质量分数；

　　　S'——水解液中 SiO_2 的质量分数；

　　　ρ_y——乙醇的密度（g/cm^3）。

表 7-7 列出了乙醇质量分数与其密度的关系。

表 7-7　乙醇的质量分数与其密度的关系

质量分数（%）	98.2	96.5	94.4	93.0	91.1	89.2	87.3	85.4	81.4	79.4	77.3	75.3
乙醇密度/(g/cm^3)	0.795	0.80	0.805	0.810	0.815	0.820	0.825	0.830	0.840	0.845	0.85	0.855

3）计算 1kg 硅酸乙酯所需盐酸加入量 $D(g)$。盐酸的催化作用是由于它极易与硅酸乙酯发生酸解反应，如

$$(C_2H_5O)_4Si+HCl = (C_2H_5O)_3SiCl+C_2H_5OH \tag{7-11}$$

而 $(C_2H_5O)_3SiCl$ 的水解速度比硅酸乙酯快得多，其反应式为

$$(C_2H_5O)_3SiCl+H_2O = (C_2H_5O)_3SiOH+HCl \tag{7-12}$$

由式（7-11）和式（7-12）可见，HCl 并未消耗掉，只起了催化作用，一般水解液中 HCl 的质量分数以 0.1%~0.3%为宜。根据水解前后参与水解的 HCl 总量不变，又考虑了硅酸乙酯中原有的 HCl 应扣除，故

$$D = (m_s b'-1000\times b)\rho c \tag{7-13}$$

式中　m_s——水解液总质量（g）；

　　　b'——水解液中 HCl 的质量分数；

　　　b——硅酸乙酯中 HCl 的质量分数；

　　　ρ——HCl 的密度（g/cm^3）；

　　　c——HCl 的质量分数。

表 7-8 列出了盐酸密度与其质量分数的关系。

表 7-8　盐酸密度与质量分数的关系

盐酸密度/(g/cm^3)	1.20	1.198	1.195	1.193	1.190	1.188	1.185	1.183	1.180	1.178	1.175	1.173	1.170
盐酸质量分数（%）	39.11	38.64	38.17	37.72	37.27	36.79	36.31	35.84	35.38	34.90	34.42	33.94	33.46

（3）硅酸乙酯水解工艺　硅酸乙酯的水解工艺对水解液性能影响极大，常用的水解工艺主要有以下 3 种。

视频：硅酸
乙酯水
解液配制

1）一次水解法。也称为单相水解法，水解时将水、酸倒入溶剂中，搅拌1~2min，然后在搅拌情况下逐渐加入硅酸乙酯。水解过程放热，故水解时可通过控制加硅酸乙酯的快慢和打开或关闭水解筒夹层中冷却水阀，控制水解温度。水解硅酸乙酯32时，合适的温度为42~52℃；水解硅酸乙酯40时，因已有一定聚合物，温度可稍低，为32~42℃。温度过高时，水解反应剧烈，不利于得到线型聚合物，水解液的稳定性会降低。硅酸乙酯全部加完后，继续搅拌超过30min以上，当水解液温度降至室温时停止搅拌，密封保存备用。此法简单、方便，水解液质量稳定，应用广泛。

2）二次水解法。二次水解法有两种工艺：

①先加入质量分数为15%~30%的乙醇，在搅拌情况下交替加入硅酸乙酯和配制好的酸化水，保持水解液温度在38~52℃之间，直至加完所有硅酸乙酯和酸化水（盐酸加水），继续搅拌30min，最后加入混有醋酸的剩余乙醇，继续搅拌30min。此法工艺简单，型壳强度较高，应用较广。

②在水解器中加入部分硅酸乙酯、酸化水和乙醇，搅拌成不完全水解液，停放1~2周，再加入剩余的硅酸乙酯、酸化水和乙醇，继续搅拌。此法工艺复杂，周期长，水解液稳定，但很少应用。

3）综合水解法。此法将水解硅酸乙酯和制备涂料一起进行。将硅酸乙酯和乙醇全部加入涂料搅拌机中，在搅拌情况下加入耐火粉料用量的2/3，强烈搅拌3~5min（搅拌速度1500~3000r/min），然后加入酸化水，搅拌40~60min，控制温度不超过60℃。然后冷却到34~36℃，再继续搅拌30min，除气30min。在此工艺中，水解在粉粒表面进行，黏结剂与粉粒结合好，故型壳强度可提高0.5~2倍，但工艺复杂，需专用搅拌装置，故应用并不广泛。

用硅酸乙酯水解液制造的型壳耐火度高，强度大，制得铸件的尺寸精度和表面粗糙度都较好，但硅酸乙酯价格较高，且硅酸乙酯涂料的使用期不能超过两周。

2. 硅酸乙酯涂料

硅酸乙酯涂料也分面层、过渡层和背层。它们都是用硅酸乙酯水解液和耐火粉料组成的。面层和过渡层耐火材料可用锆砂、电熔刚玉、熔融石英；背层则多用高岭石类熟料、铝矾土。由于硅酸乙酯水解液为醇基黏结剂，具有很强的润湿渗透能力，因此无需另加润湿剂。醇类形成的液膜强度低，易挥发，故产生的气泡容易破，也无需加消泡剂。表7-9给出了国内几种常用硅酸乙酯涂料的配比，供参考。

表7-9　几种常用硅酸乙酯涂料的配比

层次	涂料种类								
	刚玉粉（1、2层）/铝矾土（3层以后）			铝矾土粉			锆石粉（1、2层）/煤矸石粉（3层以后）		
	粉液比/(g/mL)	密度/(g/cm³)	流杯黏度/(s/100mL)	粉液比/(g/mL)	密度/(g/cm³)	流杯黏度/(s/100mL)	粉液比/(g/mL)	密度/(g/cm³)	流杯黏度/(s/100mL)
1	2.2~2.7	2.0~2.2	25±5	2.2~2.4	1.9~2.15	25±5	3.5~4.0	2.5~2.8	25±5
2	—	2.0~2.1	—	—	1.85~2.1	—	—	2.4~2.6	—
3层以后	2.0~2.2	1.75~2.0	9±2	2.0~2.2	1.75~2.0	9±2	1.6~1.7	1.62~1.65	9±2

涂料配制时先加硅酸乙酯水解液，在搅拌下每升水解液加入0.8~1.5mL盐酸或硫酸，将pH值调至1~2（用刚玉粉时可不加）。然后继续搅拌并缓慢加入耐火粉料，注意不要有

粉团。一般粉料全部加完后搅拌 0.5～1h。

硅酸乙酯涂料的控制与硅溶胶涂料相似，需测定涂料的黏度、密度、pH 值、涂料黏结剂中的 SiO_2 含量、胶凝情况等。用流杯测定涂料黏度，用堆密度法或密度计测定涂料密度，用 pH 测定仪或 pH 试纸测定涂料 pH 值。涂料黏结剂中的 SiO_2 含量和胶凝情况测定同硅溶胶涂料。

硅酸乙酯涂料中的乙醇容易挥发，使水解液浓度上升，当 SiO_2 含量超过 30% 时，硅酸乙酯就容易胶凝。为保持涂料的稳定性，每天必须补充与蒸发量相同量的乙醇。耐火粉料中所含 Na_2O、K_2O 等会使涂料 pH 值提高，使黏结剂胶凝化、涂料老化。因此，每天应测定涂料 pH 值 2～3次，用盐酸加以调整。图 7-2 所示是硅酸乙酯涂料存放期间黏度和型壳强度的变化规律。一般夏季涂料的保存期不超过 3 天，冬季不超过 7～10 天。

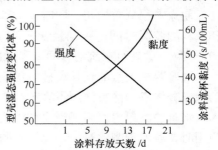

图 7-2　硅酸乙酯涂料存放
期间黏度和型壳强度的变化

3. 硅酸乙酯涂料的配制

硅酸乙酯涂料的配制可以采用复合水解法或者一次水解法。

(1) 复合水解法　硅酸乙酯复合水解液的配方见表 7-10，配料时可以按照表中各种材料的比例进行换算。

表 7-10　复合水解液配方

硅酸乙酯/kg	酒精的质量分数及加入量/mL	硫酸/mL	盐酸/mL	蒸馏水/mL	硅石粉 (0.055mm)/kg
1	93%时，680	6.8	8.3	179	3.9～4
	96%时，654			205	

首先将硅酸乙酯和酒精按所需用量分别称量，并将其倒入涂料桶中搅拌，使其混合均匀，同时分别将盐酸和蒸馏水按所需用量注入另一个容器中混合成酸化水，备用。经搅拌的硅酸乙酯和酒精混合液在搅拌情况下，不断地加入硅石粉（硅石粉重量为硅酸乙酯重量的 3.9～4 倍）。全部加完后，再继续搅拌 10min，使硅石粉与混合液得以充分混合，然后即可在搅拌的情况下加入附加物硫酸，再搅拌 5min 后，即可将准备好的酸化水缓慢地注入涂料桶内，直至加完，继续搅拌 40～60min，停止搅拌 2min 后测量密度应为 1.69～1.71g/cm³（夏季选配下限值，冬季则选配上限值）。在此过程中应控制涂料温度为 (50±5)℃。

(2) 一次水解法　一次水解液的配方见表 7-11。配制一次水解液时，将全部用量的酒精、蒸馏水倒入水解器中搅拌 2min。在搅拌的情况下，依次加入盐酸、醋酸、硫酸，继续搅拌 2～3min 后，缓慢地加入硅酸乙酯，水温应控制在 40～50℃，水温过高时要停加硅酸乙酯，通入冷却水。加完硅酸乙酯后，继续搅拌 1h，通水冷却到 30℃以下，放入瓶中，密封待用。

表 7-11　一次水解液配方

硅酸乙酯中 SiO_2 的质量分数	硅酸乙酯/kg	酒精/kg	蒸馏水/kg	盐酸/mL	醋酸/mL	硫酸/mL
30%～34%	1.0	0.6	0.18	3.0	3.5	3.5

水解后取样分析 SiO_2，当质量稳定时允许抽查，一周内至少抽查一次；水解液存放 2h

之后，方可送去配料，存放期不能超过1周，特别是面层用的水解液质量要求应严格。

硅石粉按1∶2的重量比称料，并将定量的硅酸乙酯水解液加入涂料桶中，在搅拌中逐渐加入硅石粉，搅拌均匀后，测定涂料密度。面层涂料密度为1.62~1.65g/cm³，第二层涂料密度为1.56~1.60g/cm³。配制好的涂料加盖存放，置于阴凉不通风处，静置40min以上，待气体完全排出后，方可使用。

与水玻璃涂料一样，配制好的涂料也应停放一段时间才能使用。为了衡量涂料的质量，可选择一个叶片的熔模，将其表面擦净，浸入搅拌均匀的涂料中并旋转，取出后在空气中转动，使涂料层分布均匀，同时按动秒表记下时间，观察涂料在熔模表面均匀分布的流动时间和涂料的胶凝时间。根据经验，质量好的涂料，其流动终止时间为30~60s，胶凝时间为60~120s。撒砂可在流动时间末和凝胶时间开始时进行。

随着存放天数的延长，硅酸乙酯涂料的黏度增加，涂制型壳的强度显著降低，因此硅酸乙酯复合水解的涂料使用不宜超过3天，冬天允许不超过1周，在使用期限内的涂料允许混入新水解的涂料内使用。当涂料密度过大时，可用普通水解的硅酸乙酯溶液调整。涂料隔日使用时，若发现密度过大，允许用酒精调整。

4. 硅酸乙酯型壳制壳工艺

硅酸乙酯通过水解才能成为黏结剂。为使型壳强度较高，现生产中使用的均为中等或偏低加水量的水解液，其产物仅部分为SiO_2溶胶，其余为有机硅线型聚合物，需在制壳过程中继续进行水解-缩聚反应。因此，硅酸乙酯型壳制壳工艺比硅溶胶型壳复杂。每制一层型壳需要五个工序：上涂料、撒砂、自干（或风干）、氨固化、去味（抽风除氨）。

硅酸乙酯型壳是通过水解液中溶剂乙醇的挥发及继续进行水解-缩聚反应而得到最终的胶凝的。型壳的硬化可用氨气催化，俗称氨干。氨气既可通过碱解反应加快水解，又可通过改变涂层中水解液的pH值而加快缩聚反应。表7-12列出了硅酸乙酯型壳的制壳工艺参数，供参考。

表7-12 硅酸乙酯型壳的制壳工艺参数

层次	撒砂/mm	硬化方法							
		空气+氨气硬化				快速胶凝硬化			
		自干或风干时间①/h	氨固化/min		抽风时间/min	自干或风干时间/min	氨固化/min		抽风除氨时间/min
			氨气②	氨水③			通氨	保持	
1	0.150~0.300 或 0.212~0.425	≥2	15~25	30~50	10~15	15	10	15	10
2	0.212~0.425	1~3	15~25	30~50	10~15	15	10	15	10
3层以后	0.425~0.850	1~3	15~25	30~50	10~15	15	10	15	10
浸加固剂	—	≥3	20~30	40~60	10~15	60~120	10	30	15

① 室温20~28℃，微风1~3m/s，相对湿度65%~75%。

② 氨气流量3~5L/min，通入时间1~2min，箱内氨气体积分数3%~5%。

③ 对于能容纳30个模组的氨干箱，加入氨水体积约250mL。

空气干燥及氨固化配合适当才能获得较高强度的型壳并缩短制壳周期。未经干燥直接氨固化的型壳，由于随后溶剂的挥发使得涂层开裂，因而强度较低。如仅采用空气干燥固化，每层干燥 8~10h 以上，则型壳强度最高，但生产率低。而将空气干燥与氨气硬化相结合就能获得较高强度的型壳，其制壳周期也大为缩短。

　　考虑到生产成本及生产率，目前，熔模铸造生产中广泛使用面层硅酸乙酯、背层水玻璃的复合型壳，或者面层硅溶胶、背层水玻璃的复合型壳。制壳工艺可分别参考两种黏结剂涂料及制壳工艺参数。

7.2.2　硅酸乙酯-水玻璃复合型壳制壳工艺

视频：硅酸
乙酯-水玻
璃复合型
壳制壳

　　为了在保证型壳质量和铸件质量的前提下降低成本，可采用硅酸乙酯-水玻璃复合型壳，复合型壳工艺包括涂挂涂料、撒砂、硬化与干燥等步骤。先涂制两层硅酸乙酯面层，再涂制 3~4 层水玻璃涂料，最后形成坚固的复合型壳。在涂制完最后一层水玻璃涂层后，可以给型壳周围再涂制一层水玻璃涂料，但不进行撒砂，以防止型壳在焙烧、运输过程中出现变形、掉砂现象，影响铸件质量。制壳工艺见表 7-13。

表 7-13　常见的硅酸乙酯-水玻璃制壳工艺

实例	层次	涂料		撒砂种类及粒度/mm	硬化前自干/h	硬化	
		种类	密度/(g/cm³)			硬化剂	时间/min
1	1~2	硅酸乙酯刚玉粉	2.0~2.2	刚玉 0.212	2~4	氨水	30~40
	2~4	水玻璃矸石粉	—	煤矸石 0.212~0.425	1~1.5	结晶氯化铝水溶液	3~4
	5~7	水玻璃煤矸石粉	—	煤矸石 0.850~1.70			
2	1	硅酸乙酯硅石粉	1.67~1.75	硅砂 0.212~0.425	>2	氨水	30~40
	2		1.65~1.70		3		
	3		1.65~1.70		3		
	4~6	水玻璃硅石粉耐火黏土		硅砂 0.850~1.70	—	氯化铵水溶液	5~10

1. 硅酸乙酯面层型壳涂制

　　硅酸乙酯通过水解才成为黏结剂。现生产中使用的均为中等或偏低加水量的水解液，其产物仅部分为 SiO_2 溶胶，其余为有机硅线型聚合物。为使型壳强度较高，需在制壳过程中继续进行水解-缩聚反应。因此，硅酸乙酯型壳面层制壳工艺中，每制一层型壳需要 5 道工序：上涂料、撒砂、自干（或风干）、氨固化、去味（抽风除氨）。操作过程如下：

　　1）在使用前须先搅拌均匀，使涂料无沉淀，复测黏度，并调整至规定范围。

　　2）涂挂涂料时，对于一般模组来说，首先应该将模组倾斜浸入耐火涂料中，缓慢旋转并上下移动数次，稍停片刻后提出模组，于空气中缓慢转动，以利于涂料层均匀分布并使多余涂料自由流回涂料桶，面层要重复涂挂 1~2 次。

　　3）迅速旋转熔模组，使卡环熔模上多余的涂料流出，确保涂料分布均匀。

　　4）面层、第 2 层模组均匀涂挂涂料后，将其平放在沸腾的砂床中挂砂［面层、第 2 层撒砂粒度为 0.425~0.212mm（36~72 目）］；模组前两层硅酸乙酯涂料挂砂后，每层涂料均应经过 2~4h 的自然干燥时间，然后进入氨干箱里面进行 30~40min 硬化。

配制过程的工艺要点可以概括如下：

1）干燥和硬化时，要求制壳工作场地温度为 18～20℃，相对湿度为 45%～80%；质量分数为 25%～30%的氨水，其有效工作期为 5h，当小于 15%时，则不应使用。在氨干箱体积特定的情况下，需用氨水 250～300mL，如用氨气硬化时，其流量为 15L/min。

2）硅酸乙酯涂层的干燥和硬化是熔剂和水分的蒸发及黏结剂成分的转化过程，随着干燥的进行，涂层中的有机硅聚合物将逐渐转变成硅凝胶，使型壳硬化。若涂料层未充分硬化，即开始浸涂下一层，涂料中的乙醇等熔剂在渗入前一层型壳时，会使黏结剂发生溶胀，因而使涂层鼓起、开裂、翘起，甚至剥落。但是，第二层硅酸乙酯涂料的干燥、硬化时间也不宜过长，以免影响与水玻璃涂料的粘接效果。

2. 加固层水玻璃涂料涂制

水玻璃涂料加固层制备参考情境 5 水玻璃型壳制备工艺。型壳制备的工艺要点如下：

1）硅酸乙酯-水玻璃复合型壳中加固层水玻璃的干燥硬化是复合制壳中的重要工序之一。每一层涂料涂挂完毕后，一定要充分干燥、硬化后，才可以涂下一层。加固层的干燥对型壳的强度和质量有较大的影响。因此确保干燥、硬化的时间尤为重要。

2）对于硅酸乙酯-水玻璃复合型壳工艺来讲，为了防止第 2 层与第 3 层型壳因黏结剂的改变而发生分层现象，第 3 层水玻璃涂料的流杯黏度应比原工艺中水玻璃涂料的流杯黏度适当降低，硅砂的粒度应由原来的 1.70～0.850mm（9～18 号）调整为 0.850～0.425mm（18～36 号）。而第 4 层以后的水玻璃涂料的流杯黏度、硅砂粒度继续按原水玻璃型壳工艺执行。

3）由于组合熔模形状、结构复杂，因而水玻璃涂层的外轮廓、叶片之间的凹陷、拐角都要干燥，这就需要在干燥的过程中不时地变换模组的方向，转动模组方位，改变通风方向，根据当日的温度、湿度、空气流速及粉料粒度等因素来决定干燥时间。干燥时间通常为2h，但这并不是定值，而是变量，是个不确定的因素，在不使用颜色指示和热敏电阻、导电率测试仪的条件下，可用手触摸感觉水分含量，或用眼睛观察是否变白进行判断。

4）第 3 层（加固层）涂料由于黏结剂种类不同而改变，与第 2 层间很容易出现分层现象，故第 3 层涂料黏度不宜过大，在适当降低涂料黏度的同时，还需在涂料浸涂并撒砂后，延长自干时间 1～2h，以改善层间结合，然后再进行型壳硬化操作，这样可基本消除分层，确保复合型壳质量。

7.2.3　快速熔模精密铸造技术

3D 打印技术是一种先进的快速成形技术，自 20 世纪 90 年代快速发展起来，是一种服务于制造业新产品开发的关键技术。其核心思想为增材制造，最早起源于美国。3D 打印技术以数字模型文件为基础，运用粉末状金属或塑料等可黏合材料，通过逐层打印的方式来构造物体。它无需模具，产生的废料极少，有效缩短了加工周期，在非批量化生产中具有明显的成本和效率优势。

3D 打印技术的发展对于铸造行业的发展同样具有重要意义，它在铸造行业中的引入推动了传统铸造成形技术的发展和革新，并迅速改变着铸造行业的面貌。快速熔模精密铸造技术（以下简称快速铸造技术）就是将 3D 打印技术与熔模精密铸造工艺相结合，采用 3D 打印原型替代传统的蜡模作为熔模，在其基础上直接制作型壳，再高温焙烧去除 3D 打印原型，即可进行铸件浇注成形。该技术可有效缩短零件的开发周期、降低生产成本，应用前景广阔。

　　3D 打印技术与熔模精密铸造技术的结合使得快速铸造技术不仅"引进"了 3D 打印技术制造周期短、生产成本低、可制造任意复杂形状零件的优点，同时"继承"了熔模精密铸造铸件尺寸精度高、表面质量好、几乎可成形任意金属种类等特点，正好扬长避短，在复杂形状金属铸件的单件、小批量生产方面具有广阔的应用前景。

　　依据打印方式与打印材料的不同，用于熔模铸造的 3D 打印技术主要有熔融沉积成形（FDM）、立体光固化成形（SLA）、激光选区烧结（SLS）、叠层实体制造（LOM）3 种工艺。不同的 3D 打印技术与熔模精密铸造工艺相结合就形成了各自相对应的快速铸造技术。目前国内研究比较常见的有基于 SLA 的快速铸造技术、基于 SLS 的快速铸造技术和基于 FDM 的快速铸造技术。

1. 基于 SLA 的快速铸造技术

　　光固化成形（SLA）的原理为：采用叠层制造的原理，计算机控制特定波长的紫外激光束对光敏树脂进行逐层扫描，使得液态光敏树脂发生光聚合反应而逐层形成固态零件截面，如此重复直至零件原型制造完毕，如图 7-3 所示。

　　基于 SLA 的快速铸造技术的简要工艺过程为：首先将零件三维模型通过光固化成型设备直接打印成形，得到零件树脂原型，并进行清洗、去支撑、打

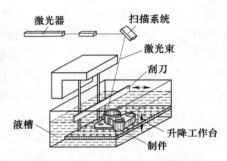

图 7-3　立体光固化成形原理

磨、后固化等后处理工序，最后以零件树脂原型为熔模进行熔模精密铸造，依次进行制壳、焙烧、浇铸、脱壳、铸件后处理等工序，最终制得金属铸件。

　　光固化成型技术所制造的零件树脂原型尺寸精度高、表面质量好、力学强度较高，这也正是基于 SLA 的快速铸造技术的优势所在。但是，由于 SLA 所采用的光敏树脂材料的热膨胀系数较大，在高温焙烧脱树脂的过程中树脂原型的膨胀程度远远高于型壳的膨胀程度，容易胀裂紧紧包覆在树脂原型外表面的型壳，导致铸造过程失败。

2. 基于 SLS 的快速铸造技术

　　激光选区烧结（SLS）的成形原理为：首先在工作平台上铺上一层很薄的粉末材料，激光束在计算机控制下按照零件分层轮廓有选择性地进行烧结成形，逐层累积形成实体模型，最后去掉未烧结的粉末材料即可获得烧结原型，如图 7-4 所示。

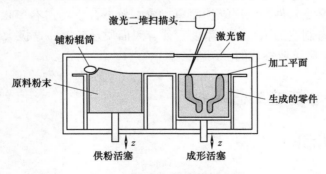

图 7-4　激光选区烧结成形原理

　　基于 SLS 的快速铸造技术的简要工艺过程与基于 SLA 的快速铸造技术基本类似：首先

将零件三维模型通过激光选区烧结设备直接烧结成形，得到零件烧结原型，并以零件烧结原型为熔模进行熔模精密铸造，最终制得金属铸件。

激光选区烧结技术可采用多种材料，较常见的激光烧结材料包括高分子材料粉末、金属粉末、陶瓷粉末、石英砂粉等，其中应用广泛的高分子烧结材料主要包括聚碳酸酯（PC）、聚苯乙烯（PS）、尼龙等。基于 SLS 的快速铸造技术早期曾采用 PC 粉末作为烧结材料，并在熔模铸造方面获得成功应用，但是后期推出的 PS 粉末材料烧结温度较低、烧结变形小、成形性能优良，比 PC 粉末更加适合熔模铸造工艺，因此目前基于 SLS 的快速铸造技术主要采用 PS 粉末作为烧结材料。

基于 SLS 的快速铸造技术的优势在于：由于未烧结的粉末可对模型的空腔和悬臂部分起支撑作用，不必像 SLA 和 FDM 工艺那样另外设计支撑结构，可以直接生产形状复杂的原型及部件；且采用 PS 粉末作为烧结材料制作的烧结原型零件的燃烧分解温度较低，可有效克服高温焙烧过程中型壳易胀裂的技术难题。但是，SLS 技术存在原型零件强度不高、易翘曲变形而导致精度降低等问题，需对烧结原型零件进行后处理。通常情况下采用 PS 粉末进行快速铸造时，需对 PS 粉末烧结原型零件进行渗蜡处理，以提高原型零件的强度及表面质量，便于后续进行挂浆制壳等工序。

3. 基于 FDM 的快速铸造技术

熔融沉积成形（FDM）的原理为：材料在喷头内被加热熔化，喷头按 CAD 分层数据沿零件截面轮廓和填充轨迹运动，同时将熔化的材料挤出，材料迅速固化，并与周围的材料黏结，层层堆积，最终实现零件的沉积成形，如图 7-5 所示。

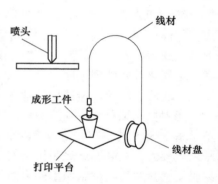

图 7-5　熔融沉积成形原理

基于 FDM 的快速铸造技术的简要工艺过程为：首先通过 FDM 设备将零件三维模型熔融沉积成形，得到零件 FDM 原型，并以 FDM 原型为熔模进行熔模精密铸造，最终制得金属铸件。

熔融沉积成形技术所采用的材料一般是热塑性材料，如蜡、ABS、PLA、PC、尼龙等，并且以丝状供料。基于 FDM 的快速铸造技术一般采用石蜡或塑料等低熔点材料制成的 FDM 原型作为熔模进行熔模精密铸造。

FDM 设备不用激光器件，使用维护简单，成本较低，市场占有率很高。但是，与其他技术相比，FDM 设备制造的原型尺寸精度较低、表面质量较差，这极大地降低了基于 FDM 的快速铸造技术在实际工业领域的实用性。

7.3　铜合金卡环铸造工艺计划

7.3.1　熔模铸件工艺设计

1. 绘制铸件图

参照情境 6，根据铸件形状及材料设计熔模，要求设计出铸件的壁厚、铸孔、铸件表面精度等，并绘制出铸件图。要求给出详细的设计、计算过程或者参考值的来源。

2. 浇注系统设计

参照情境 6，根据卡环铸件图设计浇注系统，并计算出铸件浇注系统各单元尺寸及浇注系统模具图。要求给出详细的设计、计算过程或者参考值的来源。

3. 绘制铸造工艺图

参照情境 6，根据上述设计确定铸造工艺图。

4. 压型设计

参照情境 6，根据所给的铸件和浇注系统设计压型，并绘制压型装配图、零件图。要求给出详细的设计、计算过程或者参考值的来源。

视频：模组
制备（卡环）

7.3.2　铸件生产

1. 熔模制造

给定的模料为松香基中温模料。根据所给定的模料选择熔模制作工艺参数并选择分型剂，要求给出熔模制作工艺卡。

2. 型壳制备

（1）涂料选择　本情境给定的涂料种类为硅酸乙酯-水玻璃复合型壳，根据型壳种类选择涂料配方和配制工艺。

（2）硬化剂选择　根据所选定的涂料选择是否使用硬化剂、使用何种硬化剂，并制订硬化工艺。

（3）脱蜡　根据所选定的涂料选择脱蜡工艺。

（4）焙烧　根据所选定的涂料选择焙烧工艺。

上述过程要求给出生产工艺卡。

视频：硅酸
乙酯面层
型壳制备

3. 熔炼设备选择及配料单制订

根据生产情况，选择配料合金种类及熔炼炉，并计算熔炼合金配料单，要求给出计算过程。

4. 铸件清理

要求给出铸件清理工艺卡。

视频：水玻
璃背层型壳
制备（卡环）

5. 检验

硅酸乙酯-水玻璃复合型壳常见缺陷见表 7-14。

视频：铜合
金熔炼、
浇注（卡环）

表 7-14　硅酸乙酯-水玻璃复合型壳常见缺陷

缺陷类型	产生原因	防止方法
强度不高	1. 水解液中 SiO_2、HCl 含量或黏度不符合要求 2. 水解时水解反应温度控制不当 3. 室温过低，干燥不良或氨干时间不足 4. 使用过期涂料 5. 水解液黏度过大，粉料加入量少 6. 水玻璃加强层层数不够 7. 水玻璃模数过低	1. 检查水解液含量，黏度过大的水解液不宜使用 2. 延长干燥时间，或使用吹风干燥，检查氨气浓度或延长氨干时间 3. 控制室内温度 4. 检查涂料是否过期 5. 模组最后浸一次强化剂 6. 根据铸件情况，适当增加水玻璃加强层层数 7. 选择合理的水玻璃模数

（续）

缺陷类型	产生原因	防止方法
脱蜡裂纹	1. 脱蜡介质温度低 2. 型壳强度低 3. 浇注系统设计不合理,不利于模料的排出	1. 提高脱蜡介质温度。用蒸汽脱蜡时,增大压力;用水脱蜡时,提高水的温度 2. 增加涂料层数 3. 改进浇注系统设计,使其有利于模料的排出
分层	1. 表面层砂过细,或砂中的粉尘过多 2. 模组浮砂过多 3. 第2层涂料黏度过大,润湿性差 4. 第2层以后干燥不足	1. 采用略粗的浮砂粒度 2. 清理模组浮砂 3. 降低第2层涂料的黏度,或在涂第2层涂料前,先用水解液润湿模组 4. 延长第2层以后的自干时间和硬化时间
内表面白霜	1. 室温和湿度低,或水解液加水量少 2. 浸强化剂的时间过长,强化剂沉积于熔模表面	1. 提高室温并采取措施加大相对湿度 2. 取消或缩短中间层浸强化剂的时间
内表面蚁孔	1. 表面涂层黏度小,撒砂粒度过粗 2. 涂挂涂料时操作不当,表面吸附气体不能排出	1. 增大涂料的黏度,使涂料厚度增大,降低撒砂粒度 2. 改善操作,控制涂料流向,或将模组反复多次浸入涂料中以利排气
内表面鼓胀	1. 加固层涂料过厚,干燥不透 2. 型壳强度低	1. 降低加固层涂料的黏度,延长干燥时间 2. 改善操作,避免涂料堆积
干燥过程面层涂料剥落	1. 室温过低,熔模收缩使涂料层与熔模结合不牢 2. 室内相对湿度太低,熔剂蒸发过快	1. 提高室内温度 2. 增大室内湿度
涂料胶凝	1. 用具带有碱性物质 2. 粉料不符合要求,含碱性物质过高 3. 水解液不符合要求	1. 检查所用工具是否含有碱性物质 2. 分析粉料 Na_2O、K_2O、CaO 和 MgO 的含量 3. 测定水解液的黏度是否过大

熔模铸件常见缺陷见情境5中表5-26。

7.4 项目实施

根据工艺计划,实施卡环铸件的工艺设计、压型设计及铸件生产任务。

7.5 卡环铸件质量检验及评估

1. 检验

1）检查生产工艺设计是否合理。

2）检查生产出的铸件有无尺寸、表面粗糙度超差或者有无内、外缺陷。

2. 评估与讨论

1）将本小组设计的压型结构及尺寸与所用压型进行对比,分析其不同之处和彼此的优缺点。

2）将各小组生产的铸件与合格铸件进行对比，评估其产品质量，分析缺陷产生的原因。

3）将各小组生产的铸件进行对比，比较各产品的质量，分析缺陷产生的内在原因。

4）推选复合型壳熔模铸造工艺设计中的2~3项创新设计方案进行研讨，分析其工艺优点和创新之处，并对设计者进行表扬，树立一种"人人能够成才、人人都可创新，人人都能创新"的信念，增强学生勇于探索的创新精神，以及分析和解决实际问题的能力。

 思 考 题

1. 熔模铸造常用的浇注系统有哪些类型？

2. 常用压型有几种类型？它们的特点及应用范围如何？

3. 试述熔模铸造铜合金复合型壳工艺（硅酸乙酯-水玻璃）生产的工艺流程及特点。

附　　录

附录A　材料成型及控制技术（铸造）专业职业岗位标准制订原则及提纲

陕西工业职业技术学院　中国铸造协会制订

A.1　材料成型及控制技术（铸造）专业职业岗位标准制订原则

陕西工业职业技术学院材料成型及控制技术专业以国家示范性专业建设为契机，全面实施与行业企业合作、融合战略，凸显高职人才培养的职业性、实践性和开放性，特制订本专业职业岗位标准，以提高人才培养质量，不断适应铸造企业的人才需求。

专业职业岗位标准是职业教育与培训的龙头，起着导向作用，它引导着职业教育、职业培训、鉴定考核、技能竞赛等活动。职业教育、培训、鉴定、考核、竞赛和表彰系统，以及国家职业资格证书制度等，实质上也是以职业标准为基础和导向的。

近年来，国家职业标准的制订逐步开始摒弃传统"知识分析法"，而采用"工作分析法"。劳动者的职业能力是基于职业活动本身而言的，因此，劳动者的职业能力的培养、提高和评价必须基于其完成工作任务的内涵和质量。劳动者在职业领域中运用的工艺技术手段，是劳动者完成工作任务、提高工作质量的工具。工艺技术手段是动态、千差万别并不断发展的，而职业的社会功能（以及与此对应的工作任务）则是相对静态的、具有同一性的。在许多情况下，工艺技术手段的进步有可能导致其从业人员的具体操作活动（传统意义上的技能）趋于相对简单化。因此，按照特定职业的工艺和设备的技术含量来区分其从业人员的技能等级是对工艺技术手段和职业能力之间关系的一种误解。职业技能等级的确定，应当基于职业活动范围的宽窄、工作责任的大小和工作质量的高低；而工作范围、责任和质量的确定直接源于其职业所具备的社会功能。工艺和设备作为劳动者在特定职业范围内完成其工作任务的工具和手段，不应成为确定标准的主要依据。对于任何一个职业而言，是由于其工作性质或者社会功能具有同一性，才可能成为一个独立的职业的。作为国家制订的职业标准，它所直接映射和调控的劳动者技能，代表着劳动者能够完成的工作任务的内容和质量，而不直接反映或调控劳动者使用的生产技术工艺和设备。

专业职业岗位标准编制工作应当在以职业活动为导向、以职业能力为核心的总原则指导下，运用职业功能分析法，按照模块化、层次化、专业化和国际化的方向发展，使其以职业必备能力为基础，具有适用性、动态性、开放性和灵活性，以全面满足企业生产、科技进步及劳动就业的需要。

1. 专业职业标准结构模块化

标准结构应当摆脱传统的、学科导向性的"基础知识—专业基础知识—专业知识—相关（拓展）知识"模式，采用职业功能分析法指导下的职业功能模块结构。制订专业职业岗位标准应有利于教育培训和考核工作，有利于教学、生产、就业的紧密结合；同时也有利于建立动态和开放的标准体系。

根据职业功能分析法，新型专业职业岗位标准的基本理论框架可以设计为：

（1）职业名称　职业的定义和社会特征。

（2）职业功能　构成职业活动的基本功能单元，在许多情况下是可分离出来的、具有相对独立意义的功能。职业功能分为基本功能和可选功能两大类。在必要时，职业功能甚至可以单独考核并授予相对独立的证书。

（3）行动（活动）领域　完成职业能力模块的主要工作范围，包括对具体条件、环境和状况的要求。

（4）职业能力　职业能力类别要素，以知识、技能、态度（素质）的框架加以描述。

（5）操作规范　完成技能操作的具体要求，如人身安全、设备安全要求等。

（6）知识内容　描述铸造技术操作的基本知识要求，其特点是与操作规范中的技能要求相互配套。

（7）证明方式　完全掌握技能模块的证明方法和材料，包括实际进行鉴定考核时需要提出的工作过程或成果的证明，以及对获得这些证明的方式的要求。

（8）考评指导　对职业能力模块实施鉴定考评的基本要求，可以参照国家劳动保障部制定的《国家职业标准制定技术规程》《国家职业资格技能鉴定》。

2. 专业职业标准体系层次化

职业标准体系的层次化已经成为一个国际趋势。通过对职业标准结构的改革可以发现，尽管现代社会发展和分工细化正在创造出越来越多的职业、工种和岗位，然而它们实质上却具有许多相通的或共同的职业功能模块和职业技能模块。在每一个具体的职业、工种和岗位领域，都需要一定数量的专业/职业特定技能，它们的总量较大，而适用范围则较狭窄。

对每一个行业来说，又存在着一定数量的共同适用的能力，可以叫作行业通用能力，从数量上看，它们比专业特定技能显然少得多，但是它们的适用范围涵盖整个行业领域。就更大范围而言，必定存在着一些从事相关职业或行业工作都需要的、具有普遍适用性的能力，这就是职业核心能力。

在制订专业职业岗位标准体系时，分层次地确定和制订职业核心能力标准、行业通用能力标准和专业特定能力标准，是满足全社会职业教育培训和考核的不同需要、提高专业/职业岗位标准的适用性和开放性的重要方法。

（1）专业特定能力　职业特定技能的范围，可以理解为国家职业分类大典划分的范围。如我国划分为 1481 个职业，目前国家职业标准的制订以及相应的职业资格认证考核活动均以此为限进行。在实际操作中，可以进行适应生产和技术发展变化的调整。

（2）行业通用能力　行业通用技能的范围，要宽于职业特定技能。可以把它们理解为在一组特征和属性相同或者相近的职业群中体现出来的共性的技能和知识要求。从现实的操作需要来看，可以确定为国家职业教育培训科目（300 种左右）的范围。

（3）职业核心能力　职业核心能力是范围最窄、适用性最强的能力，是人们在职业生涯甚至日常生活中必需的、并能体现在具体职业活动中的最基本的能力，它们具有普遍的适用性和广泛的可迁移性，其影响辐射到整个行业通用能力和专业/职业特定能力领域，对人的终身发展和终身成就影响极其深远。开发和培育后备劳动者和在职劳动者的职业核心能力，能为他们提供最广泛的从业能力和终身发展基础。显然，职业核心能力数量更少，但是却具有更广泛的适用性，事实上，它们已成为行业通用能力和专业特定能力的基础。在国家人力资源开发中，我国职业核心能力包括以下八大类：

1）与人交流能力：通过口头或者书面语言形式或其他适当形式，准确、清晰表达主体意图，和他人进行双向（或者多向）信息传递，以达到相互了解、沟通和影响的能力。

2）数字应用能力：运用数学工具，获取、采集、理解和运算数字符号信息，以解决实际工作中问题的能力。

3）革新创新能力：在前人发现或者发明的基础上，通过自身努力，创造性地提出新的发现、发明或者改进革新方案的能力。

4）自我学习能力：在学习和工作中自我归纳、总结，找出自己的强项和弱项，扬长避短，不断加以自我调整和改进的能力。

5）与人合作能力：在实际工作中，充分理解团队目标、组织结构、个人职责，在此基础上与他人相互协调配合、互相帮助的能力。

6）解决问题能力：在工作中把理论、思想、方案、认识转化为操作或工作过程和行为，以最终解决实际问题、实现工作目标的能力。

7）信息处理能力：运用计算机技术处理各种形式的信息资源的能力。

8）外语应用能力：在工作和交往活动中实际运用外国语言的能力。

（4）职业道德　职业道德决定着员工在工作中的努力程度、积极态度和奉献精神，是员工知识、技能和其他一切综合或特定能力发挥的基本条件。职业道德的主要内容应当被吸收到职业核心能力的标准体系中去。

随着人力资源作用的大幅度提升，对人的测试评价体系也在逐步发生重大变革。特别是由于对人的要求从单纯完成任务向更高目标的发展，使测试评价体系从所谓"任务绩效"向"扩展绩效"变化。顾名思义，任务绩效就是指一个人完成任务的情况，是他执行组织所规定的行为的表现。而扩展绩效则是一种在组织规定之外的自觉的行为表现，是一种更高的表现。具体主要包括以下几方面：

1）遵守组织的规则和纪律，即使可能不习惯或者给自己造成不方便。

2）坚决、高效并富有创造性地完成组织规定的任务。

3）以热情的态度给他人帮助与合作。

4）以积极的态度看待、支持和维护组织的目标。

5）在必要时，以奉献的精神执行那些自身职务要求之外的工作。

显然，测试评估体系由任务绩效向扩展绩效的发展，不仅仅要求培训、考试内容和方法的变革发展，更重要的是要求标准体系本身做出变革发展。因此，标准体系层次化的实现不仅关系到职业教育/培训事业，而且直接影响到整个国家教育培训体系的建设，关系到国家人力资源质量评价标准的确定。三个不同层次职业标准的划分，是对现行应试型职业教育培训体系的挑战，也是对现行人力资源评价体系的挑战。在此基础上，逐步建立起可以涵盖专业特定能力、行业通用能力及职业核心能力的综合职业能力鉴定考核新体系。

3. 专业职业岗位标准的专业化

专业职业标准应该以行业为龙头，组织相关企业的企业负责人、人力资源部门、铸造车间主任和技术经理、生产经理和质管经理、车间生产一线骨干人员等各个层面的人员共同讨论制订。

4. 专业职业岗位标准的国际化

目前随着国际贸易的急剧增长，孤立的、单一的、完全排他性的传统型国家经济形态已不复存在，随着产品和劳务的国际流通、企业的跨国经营，职业标准的国际化趋向都要求世界各国在一些重要职业（工种、技能）领域逐步制订出互认的、统一的职业标准。这也是在全球化条件下，不同国家之间劳动力质量竞争和平衡的一种方式。

从全球范围看，专业职业岗位标准导向的改革已经成为世界性职业教育改革潮流的共同目标，成为各国不约而同的行动纲领，其举足轻重的地位正在越来越清晰地呈现出来。一个统一的、符合劳动力市场目标和企业发展目标的职业标准体系，对专业职业技能开发有深远的、决定性的意义和影响。

A.2 材料成型及控制技术（铸造）专业职业岗位标准（提纲）

1. **职业定位**
2. **职业功能**
3. **职业行动（活动）领域**
4. **高职材料成型及控制技术（铸造）专业学生的潜在岗位、工作范围、工作职责**
5. **典型工作任务**
6. **职业能力**（见表 A-1）

表 A-1 高职材料成型及控制技术（铸造）专业职业能力体系

专业职业能力		对应岗位	知识	技能		态度（素质）	证明方式	考评指导
				技能描述	操作规范			
行业通用能力								
专业特定能力								
职业核心能力	1) 与人交流能力							
	2) 数字应用能力							
	3) 革新创新能力							
	4) 自我学习能力							
	5) 与人合作能力							
	6) 解决问题能力							
	7) 信息处理能力							
	8) 外语应用能力							

7. 课程建议

8. 职业技能等级或职业资格的建议

附录 B　高职材料成型及控制技术（铸造）专业职业岗位标准

高职材料成型及控制技术（铸造）专业人才培养目标是"培养掌握金属材料成型技术基本理论，熟练掌握铸造操作技术，具有分析和解决生产现场工艺和质量问题的能力，能够适应大、中型机械及装备制造业企业需要的生产、技术、管理与服务—线的高素质技能型专门人才"。

本专业的培养对象是普通高中毕业生，培养期限为全日制三年。

依据中国铸造协会"铸造行业企业人才需求调研报告"及本专业的人才培养目标，参照劳动和社会保障部《职业标准及其制定原则》等，特制订"高职材料成型及控制技术（铸造）专业职业岗位标准"。

1　职业定位

铸造生产及管理。

2　职业功能

熟悉铸造生产工艺过程，熟练操作铸造设备及工具，从事铸件生产及铸造车间的生产、技术等方面的管理工作。

3　职业行动（活动）领域

3.1　铸造砂处理

3.1.1　落砂处理　使用落砂设备使铸件、型砂及工艺装备分离。

3.1.2　旧砂进行回用或再生处理　使用砂处理设备，对旧砂进行冷却、破碎、筛分、磁选、风选或其他方法的循环利用处理。

3.1.3　配料　选用造型材料，确定型砂配方，使用混砂设备配制铸造型砂、芯砂及涂料，并进行常规检测及在线检测。

3.2　造型制芯

3.2.1　黏土砂造型制芯　以黏土为黏结剂，采用手工或机器造型方法造型（制芯）。

3.2.1.1　手工造型及制芯。使用砂箱、模样及模板、型砂、舂砂及修型工具完成造型工作；使用芯盒、芯砂及辅助工具完成制芯工作。

3.2.1.2　机器造型及制芯。运用单台造型机或自动化、半自动化及机械化造型生产流水线，进行模板的安装和调修，按照造型操作规程完成造型工作；使用制芯设备，进行芯盒的安装和调修，完成制芯工作。

3.2.2　树脂砂造型制芯　以树脂为黏结剂，采用手工或机器造型方法造型（制芯）。

3.2.3　其他黏结剂类型型砂的造型制芯　使用水玻璃、植物油或矿物油及其他类型黏结剂混制的型砂完成造型（制芯）工作。

3.2.4　消失模铸造及 V 法铸造

3.2.5　特种铸造

3.2.5.1　金属型铸造。根据零件图制订金属型铸造工艺，设计、调试金属型模具，生产合格铸件，解决生产问题。

3.2.5.2　低压铸造。根据零件图制订低压铸造工艺，设计、调试低压铸造工艺装备，生产合格铸件，解决生产问题。

3.2.5.3　压力铸造。根据零件图制订压力铸造工艺，设计、调试压铸机和压铸模具，生产合格铸件，解决生产问题。

3.2.5.4　离心铸造。根据零件图制订离心铸造工艺，设计、调试离心铸造机和模具，生产合格铸件，解决生产问题。

3.2.5.5　熔模铸造。根据零件图制订熔模铸造工艺，设计压型，配制模料并制作熔模，制造铸型，浇注合格铸件，解决生产问题。

3.3　熔炼及浇注

3.3.1　配料　根据牌号要求、原材料及熔炼设备条件（烧损）进行科学配料。

3.3.2　冲天炉熔炼

3.3.2.1　修炉及修包。

3.3.2.2　熔化。点火、加底焦、加料、熔化、出铁、排渣至打炉全过程。

3.3.2.3　成分及温度调整。

3.3.3　感应炉熔炼

3.3.3.1　筑炉与烘炉。使用耐火材料按工艺要求筑炉、烘干。

3.3.3.2　使用、维修及保养。加料，送电，熔化，扒渣，出铁，感应炉的运行监控、日常维护及保养。

3.3.3.3　成分调整。

3.3.4　电弧炉熔炼

3.3.4.1　筑炉与烘炉。使用耐火材料按工艺要求筑炉、烘干。

3.3.4.2　使用、维修及保养。加料，送电，熔化，扒渣，出铁，电弧炉的运行监控、日常维护及保养。

3.3.4.3　成分调整。

3.3.5　炉前处理

3.3.5.1　灰铸铁的孕育处理（包括浇注三角试样）。

3.3.5.2　球墨铸铁的球化处理和孕育处理。

3.3.5.3　铸钢的成分调整及脱氧。

3.3.5.4　非铁合金的除渣、排气和变质处理。

3.3.6　浇注　按浇注工艺（温度和速度、随流孕育等）进行浇注。

3.4　清理、补焊、防锈处理、热处理

去除浇冒口、抛丸（喷砂）、打磨、铸件修复、防锈处理及铸件热处理。

3.5　检测

3.5.1　原材料检验　造型材料、炉料质量检验。

3.5.2　铸件质量检验

3.5.2.1　炉前快速检验。检测碳当量（热分析仪）及化学成分（光谱分析），检测金属液温度，快速检测金相组织。

3.5.2.2　炉后检测。检测及分析化学成分和力学性能。

3.5.2.3　成品检验。检测铸件表面缺陷（表面缺陷及检测、外观表面粗糙度）、尺寸精度及内部质量（化学成分、金相组织、力学性能、内部无损检测）。

3.6 工艺及工装设计（工艺员生产准备）

3.6.1 铸造工艺设计 制订铸造工艺规程，绘制铸造工艺图、铸型装配图及铸件图。

3.6.2 工装设计 设计模样、模板、芯盒及砂箱。

3.6.3 产品小批量试制及验证（会签）

3.7 设备及工装的维护与保养

　　铸造设备的日常维护、保养及小修，配合维修人员进行中修和大修。工装的检查、更换、管理，以及日常中小级别的维修。

3.8 生产管理（班组、工段、车间）

3.8.1 班组管理 组织班组生产，负责质量、设备、安全方面的管理及班组建设。

3.8.2 生产调度管理 组织、协调、实施生产作业计划。

3.8.3 车间（工段）管理 组织车间生产，负责车间的质量、设备、安全管理，协调班组工作。

3.9 原材料采购及铸件营销

3.9.1 采购 按照质量要求定点采购铸造生产用原材料。

3.9.2 营销 承揽订单，铸件报价。

3.10 技术、质量管理

3.10.1 车间技术管理 负责处理生产过程中的具体技术问题，管理技术文件。

3.10.2 质量管理 负责工序检验、最终检验、废品分析及产品质量控制，组织实施全面质量管理，完成上级下达的质量指标。

4 高职材料成型及控制技术（铸造）专业学生的潜在岗位、工作范围及工作职责

　　潜在岗位群包括：技术工人（铸造中级工、高级工、技师及高级技师）；班组长；检验人员；调度人员；供销人员；技术人员；生产技术管理人员。其工作范围及工作职责见表B-1。

表 B-1 高职材料成型及控制技术（铸造）专业学生潜在岗位的工作范围及工作职责

序号	潜在岗位群	具体岗位	主要工作范围	工作职责
4.1	技术工人（铸造中级工、高级工、技师及高级技师）	4.1.1 模样制作	制作模样、模板、芯盒及其他工艺装备	按照图样要求制作模样、模板、芯盒及其他工艺装备
		4.1.2 砂处理	对黏土砂、树脂砂等旧砂进行回用或再生处理,配制型（芯）砂	将旧砂进行回用或再生处理后,与新砂、黏结剂及附加物等按配比加入混砂机混制为符合工艺要求的型（芯）砂,送入造型（芯）工段（车间）
		4.1.3 涂料配制	配制水基涂料、醇基涂料	按照涂料配方配制合格涂料
		4.1.4 手工造型（芯）	手工制作铸型、砂芯并合型,以备浇注	使用黏土砂或树脂砂制备合格铸型,喷刷涂料

（续）

序号	潜在岗位群	具体岗位	主要工作范围	工作职责
4.1	技术工人（铸造中级工、高级工、技师及高级技师）	4.1.5 机器造型（芯）	在铸造机械化、自动化生产线上，操作造型机、制芯机制备铸型和型芯	制备合格铸型和型芯，保证设备正常运行
		4.1.6 熔炼	使用熔炼炉（冲天炉、感应炉及三相电弧炉等）熔化金属液	保证熔炼设备正常运行，生产合格的金属液
		4.1.7 炉前处理	对金属液进行处理（孕育、球化、变质、除渣、排气、脱氧脱硫、合金化处理等）	对金属液进行处理，满足化学成分、组织（牌号）要求
		4.1.8 浇注	使用浇包或浇注机将金属液注入铸型	按照浇注工艺（温度、速度）完成浇注
		4.1.9 焊补（修复）	修补（焊补、浸渗等）铸件	将缺陷铸件修复成为合格铸件
		4.1.10 热处理	对有热处理要求的铸件进行热处理	按照热处理工艺要求，改善铸件内部组织，消除应力，挽救次品
		4.1.11 工装调整、修理	工装（砂箱、模板、芯盒等）的检查、修理及管理	保证砂箱、模板、芯盒等工装处于良好的使用状态
		4.1.12 划线检查	铸件划线（外轮廓和剖切后的划线）	铸件的首件和定期划线，验证是否符合铸件图的尺寸要求
4.2	班组长	4.2.1 混砂班组	组织班组生产人员混制型（芯）砂	组织班组生产人员保质保量保安全，保证砂处理设备正常运行
		4.2.2 涂料班组	组织班组生产人员配制涂料并输送至造型工部	组织班组生产人员保质保量保安全，保证涂料混制设备正常运行
		4.2.3 造型班组	组织班组生产人员采用手工或机器造型，完成铸型（芯）的制备任务	组织班组生产人员保质保量保安全，保证造型（芯）设备正常运行
		4.2.4 熔炼班组	组织班组生产人员使用熔炼炉熔制金属液	组织班组生产人员保质保量保安全，保证熔炼设备正常运行
		4.2.5 炉前处理班组	孕育、球化、变质、除渣、排气、脱氧脱硫、合金化处理等	组织班组生产人员对金属液进行炉前工艺处理，保证金属液质量要求和设备正常运行

（续）

序号	潜在岗位群	具体岗位	主要工作范围	工作职责
4.2	班组长	4.2.6 浇注班组	组织浇注班组人员使用浇包或浇注机将金属液注入铸型	组织班组生产人员保质保量保安全,保证浇注设备正常运行
		4.2.7 焊补班组	组织铸件焊补(修复)人员对铸件表面缺陷进行修复	组织班组生产人员对铸件缺陷进行修复
		4.2.8 热处理班组	组织铸件热处理人员对铸件进行退火、正火及时效处理	组织班组生产人员保质保量保安全,保证热处理设备的正常运行
		4.2.9 炉前检验班组	组织班组人员对金属液(成分、组织及温度)、型(芯)砂进行检验	组织班组检验人员准确、及时检测,提供检验报告,保证炉前检验设备、仪器的正常运行
		4.2.10 型砂化验班组	组织班组人员对造型原辅材料及型(芯)砂进行检验	组织班组检验人员对造型原辅材料定期检验,提供检验报告
		4.2.11 化学检测班组	组织班组人员对铸造金属炉料及铸件成分进行化学成分检验	组织班组检验人员进行化学成分检验,提供检验报告
		4.2.12 金相班组	组织班组人员对铸件铸态及热处理后的试样进行金相检验	组织班组检验人员进行金相检验,提供金相检验报告
		4.2.13 力学性能检测班组	组织班组人员对铸件本体或试块进行力学性能检测(抗拉强度、屈服强度、断后伸长率、硬度、冲击韧度等)	组织班组检验人员进行力学性能检验,提供检验报告
		4.2.14 无损检测班组	组织班组人员对铸件进行无损检测(超声检测、磁粉检测、射线检测及涡流检测等)	组织班组检验人员对铸件进行无损检测,提供检验报告
		4.2.15 工装维修班组	组织班组人员进行工装的日常检查、修理、调试及管理	组织班组人员进行日常的工装检查、修理、调试及管理,保证工装的良好使用状态
		4.2.16 划线班组	组织班组人员对铸件外轮廓和内腔进行划线	组织班组人员对铸件进行首件和定期划线检查,提供检查报告

（续）

序号	潜在岗位群	具体岗位	主要工作范围	工作职责
4.3	检验人员	4.3.1 造型材料化验员	检验进厂造型原辅材料,检测型(芯)砂和涂料质量	对造型原辅材料、型(芯)砂和涂料进行检测,撰写检验报告
		4.3.2 化学成分化验员	检测进厂金属原(辅)材料的化学成分,检测金属液及铸件化学成分	对金属材料进行成分检测,撰写检验报告
		4.3.3 金相组织化验员	制备炉前试样、铸件及其热处理后的试样,进行金相组织检测	使用金相显微镜观察金相组织,撰写检验报告
		4.3.4 力学性能化验员	测试铸件本体或试块的硬度、抗拉强度、屈服强度、断后伸长率、冲击韧度等	对铸件本体或试块进行力学性能检测,撰写检验报告
		4.3.5 无损检验员	对铸件等进行超声波、磁粉、射线和涡流等无损检测	对铸件进行无损检测,撰写检验报告
		4.3.6 造型(芯)检查员	测定砂型硬度,检查砂型外观和合型质量	监督检查造型过程,监控铸型质量
		4.3.7 熔炼检查员	检测出铁(金属液)温度,检查炉前试样,快速测定碳当量及成分,检查浇注温度和浇注速度	监督熔炼和浇注工艺过程,保证金属液质量和规范浇注过程
		4.3.8 成品检查员	根据铸件技术要求检查铸件尺寸、表面质量及内部质量	检查铸件成品质量
4.4	调度人员	调度员	落实生产计划,组织协调生产,完成生产任务	按照生产计划完成生产任务
4.5	供销人员	4.5.1 采购员	购买铸造原辅材料	保证铸造原辅材料质优价廉,按时供应
		4.5.2 营销人员	市场开发,承接订单,售后服务	获取订单,在客户满意的情况下使企业获得最大的经济效益
4.6	技术人员(工艺员、施工员)	4.6.1 工艺设计	编制并贯彻铸造工艺操作规程,使用 CAD/CAE 软件验证铸造工艺,设计铸造工艺图,填写工艺卡	提供铸造生产全部技术文件,贯彻工艺规程,保证铸件质量,降低生产成本
		4.6.2 工装设计	根据铸造工艺图设计模样、砂箱、芯盒及其他工艺装备,负责工装制造服务及验证	提供整套工艺装备技术文件,保证工装符合工艺要求

（续）

序号	潜在岗位群	具体岗位	主要工作范围	工作职责
4.6	技术人员（工艺员、施工员）	4.6.3 砂处理施工员	按照砂处理工艺规程要求实施工艺过程，解决砂处理工部的技术问题	执行砂处理工艺，保证型（芯）砂质量
		4.6.4 造型施工员	按照造型工艺要求，协调解决造型过程中的技术问题	执行造型工艺规程，解决造型技术问题，保证铸型质量
		4.6.5 制芯施工员	按照制芯工艺要求，协调解决制芯过程中的技术问题	执行制芯工艺规程，解决制芯技术问题，保证砂芯质量
		4.6.6 熔炼施工员	按照熔炼工艺规程要求进行配料，协调解决熔炼过程中的技术问题	执行熔炼工艺过程，解决熔炼过程中的技术问题，保证金属液的质量
		4.6.7 清理施工员	指导实施铸件的清理和表面处理，编制热处理工艺	保证铸件表面质量和性能方面的要求
4.7	生产技术管理人员	4.7.1 准备车间（工段）主任	组织各班组准备生产用造型材料、炉料等原辅材料及工装	组织各班组准备并管理铸造原辅材料及工装，保证设备正常运行，并搞好车间安全文明生产
		4.7.2 砂处理车间（工段）主任	组织各班组对旧砂进行回用或再生处理并混制型（芯）砂，输送至造型车间（工部）和制芯车间（工部）	组织各班组提供生产铸造型（芯）砂，保证设备正常运行，并搞好车间安全文明生产
		4.7.3 制芯车间（工段）主任	组织各个班组完成型芯制备任务，并将合格型芯输送至造型车间	组织各个班组完成制备型芯任务，保证设备正常运行，并搞好车间安全文明生产
		4.7.4 造型车间（工段）主任	组织各个班组完成铸型制备任务，并将合格铸型输送至熔炼及浇注工段	按照生产任务要求提供合格的铸型，保证设备正常运行，并搞好车间安全文明生产
		4.7.5 熔炼及浇注车间（工段）主任	组织配料、熔化及炉前检验等各个班组完成金属液的熔化、处理并进行浇注	按照生产任务要求提供合格的金属液，保证熔炼设备及辅助设备正常运行，并搞好车间安全文明生产
		4.7.6 清理车间（工段）主任	清除铸件浇冒口、飞翅、毛刺，进行抛丸处理、打磨、修补铸件缺陷、防锈处理等	按照铸件图的要求修整铸件，对铸件进行热处理及表面处理，保证设备正常运行，并搞好车间安全文明生产
		4.7.7 生产部门主管	组织编制、执行计划，协调生产，半成品及成品管理	组织人员编制、实施生产计划，协调生产调度，完成铸件生产任务
		4.7.8 技术部门主管	组织协调技术人员编制、执行工艺，进行技术文件管理，对职工进行技术教育和工厂技术改造	组织部门人员编制并实施工艺技术管理，解决生产中的技术问题

（续）

序号	潜在岗位群	具体岗位	主要工作范围	工作职责
4.7	生产技术管理人员	4.7.9 质量部门主管	负责全厂质量指标完成,全面质量管理的组织、实施、评定	组织相关人员按照质量标准,实施质量管理,提高产品质量
		4.7.10 供应及物流部门主管	组织部门人员采购并管理原辅材料	组织部门人员保证企业原辅材料供应
		4.7.11 营销部门主管	签订并执行协议,进行售后服务	承揽订单,保证协议执行,使客户满意

5 高职材料成型及控制技术（铸造）专业职业典型工作任务

高职材料成型及控制技术（铸造）专业职业典型工作任务见表 B-2。

表 B-2　高职材料成型及控制技术（铸造）专业职业典型工作任务

序号	典型工作任务描述	备　注
5.1	根据铸造工艺图或工装图,使用加工设备及工具制作模样、模板及芯盒	模样制作
5.2	使用砂处理设备,对落砂后的旧砂进行回用或再生处理,按配方要求混制成型(芯)砂	砂处理
5.3	按照涂料配方及混制工艺,制备铸型(芯)用涂料	涂料配制
5.4	按照造型工艺方法,使用手工造型工具,利用砂箱和模板,独立完成造型、下芯及合型	手工造型(芯)
5.5	正确操作造型或制芯设备,制备铸型(芯)	机器造型(芯)
5.6	按照工艺要求,操作冲天炉全过程,熔制出合格的灰铸铁或球墨铸铁液	冲天炉熔炼
5.7	按照工艺要求,操控感应炉,熔制合格的铸铁或铸钢液	电炉熔炼
5.8	按照工艺要求,操控电弧炉,熔制合格的铸钢液	电炉熔炼
5.9	按照工艺要求,对铁液进行孕育处理,获得合格的灰铸铁液	炉前处理
5.10	按照工艺要求,对铁液进行球化处理和孕育处理,获得合格的球墨铸铁液	炉前处理
5.11	按照工艺要求,操控感应炉或电阻炉,熔制铝合金或铜合金,对金属液进行除渣、排气,并进行变质处理,生产出合格的金属液	炉前处理
5.12	按照浇注工艺要求,使用浇包或浇注机,将金属液注入铸型	浇注
5.13	按照铸件质量要求,使用有效的方法对铸件缺陷进行修复	焊补(修复)
5.14	按照铸件质量要求,制订热处理工艺规范,对铸件进行热处理	热处理
5.15	按照工装图样要求,定期检查工装存在问题并进行调修工作,保证工装精度和使用效果	工装调整、修理
5.16	按照铸件图,定期对铸件进行划线,评价铸件的形状精度、位置精度及尺寸精度	划线检查
5.17	按照砂处理工艺、涂料配制工艺及造型工艺要求,合理安排人员,保质保量保安全地完成生产作业任务	砂处理、涂料、造型班组
5.18	按照熔炼及浇注工艺要求,合理安排人员,保质保量保安全地完成生产作业任务	熔炼班组;炉前处理班组;浇注班组

（续）

序号	典型工作任务描述	备　注
5.19	组织班组检验人员对铸造原辅材料或铸件进行化学成分、金相、力学性能、铸件缺陷等方面的检验,提供检验报告	型砂化验、炉前化验、化学检测、金相检验、无损检测、力学性能检测班组
5.20	根据铸件特征及质量要求,确定铸造工艺方法,编制铸造工艺规程,提供工艺技术文件	工艺设计技术人员
5.21	根据铸造工艺规程设计配套的工艺装备,提供工艺装备的技术文件	工装设计技术人员
5.22	执行砂处理工艺、造型及制芯工艺规程,解决相关技术问题,保证铸型质量	砂处理施工员;造型施工员;制芯施工员
5.23	执行熔炼工艺过程,解决熔炼过程中的技术问题,保证金属液的质量	熔炼施工员;清理施工员
5.24	监督检查砂处理过程、造型制芯过程,监控型砂及铸型质量	砂处理施工员;造型制芯检查员
5.25	监督熔炼和浇注工艺过程,保证金属液质量和规范浇注过程	炉前检查员
5.26	根据铸件技术要求检查铸件尺寸、表面质量及内部质量	成品检查员
5.27	对造型原辅材料、型(芯)砂和涂料进行检测,撰写检测报告	造型材料化验员
5.28	对金属材料进行成分检测,撰写检验报告	化学成分化验员
5.29	使用金相显微镜观察金相组织,撰写检验报告	金相组织化验员
5.30	对铸件本体或试块进行硬度、抗拉强度、屈服强度、断后伸长率、冲击韧度等力学性能检测,撰写检验报告	力学性能检验员
5.31	对铸件进行超声波、磁粉、射线和涡流等无损检测,撰写检验报告	无损检验员
5.32	落实生产计划,组织协调生产,完成生产任务	调度员
5.33	按照生产任务及质量要求,落实生产作业计划,协调生产过程,保证设备正常运行,并搞好车间安全文明生产	车间主任(工段长)
5.34	组织部门人员编制、实施生产计划,协调生产调度,完成铸件生产任务	生产部门主管
5.35	组织部门人员实施工艺技术管理,解决生产中的技术问题	技术部门主管
5.36	组织相关人员按照质量标准,实施质量管理,提高产品质量	质量部门主管
5.37	按照原辅材料的技术要求,组织部门人员保证企业原辅材料供应	供应部门主管
5.38	根据车间生产能力,承揽铸件生产订单,保证协议执行,使客户满意	营销部门主管

6 职业能力

高职材料成型及控制技术（铸造）专业职业能力体系见表 B-3。

表 B-3 高职材料成型及控制技术（铸造）专业职业能力体系

专业职业能力		对应岗位	知识	技能		态度（素质）	证明方式	考评指导
				技能描述	操作规范			
6.1 行业通用能力	6.1.1 使用计算机处理工作事务，撰写文档，通过互联网收集、整理信息	装备制造行业	计算机文字处理软件及方法；数据处理、图形及图片处理方法；网页浏览器及搜索	使用 Windows 操作系统，Microsoft Office 软件、Internet Explorer 及其他浏览器和网络搜索	计算机使用规范	遵守国家法律法规，数据、图形图片及其他电子信息处理方式最优化。运用网络实现信息收集、处理及网络交流	使用恰当的软件进行文字、图形图片、数据及其他信息处理	规范地编辑文档，收集有效信息，能够快捷地收发电子邮件并传送信息
	6.1.2 识别并选用常用金属材料	装备制造行业	力学性能指标及其测试方法；金属材料的类型、牌号、成分、组织、性能及用途，常用金属材料的热处理方法	制作金相试样，测试金属材料力学性能，识别金相组织。对钢铁材料进行热处理操作	力学性能测试相关规范；金相试样制作规范；金相显微镜操作规范；热处理工艺及设备操作规范	设备仪器及人身安全；规范化操作；数据真实可靠	使用力学性能检测设备仪器完成检测工作；制作金相试样并进行观察识别。钢铁普通热处理操作	遵守检测规范，合理使用检测设备仪器；操作方法及过程恰当；数据准确可靠
	6.1.3 识读工程图样，使用计算机进行简单机械装置及工艺装备的设计	装备制造行业	机械零件图及装配图的读绘方法；机械设计原理及方法	借助计算机设计机械零件及装置，绘制工程图形	国家机械制图相关规范和标准。行业、企业相关标准	严谨细致，及时解决现场问题；持续改善	电子文档、图形图片、工程图形等	图形完整精确，尺寸准确，表达规范
	6.1.4 分析常见机械及机构及零件，手工或借助机械及工具加工、调整机械装置	装备制造行业	常用机构及其动力学模型；钳加工的基本方法；机械加工的类型及其设备	分析常见机构；使用机械设备及工具加工、装配、调修机械装置	钳加工、机械加工的装配、调修等相关操作规程	劳动保护；安全文明生产	制订并实施机械加工、装配及调修工作计划	机械装置的精度；机械设备及工具的操作过程符合规范

（续）

专业职业能力		对应岗位	知识	技能		态度（素质）	证明方式	考评指导
				技能描述	操作规范			
6.2 专业特定能力	6.2.1 根据铸造工艺图或工装图，使用加工设备及工具制作模样、模板及芯盒	模样制作	铸造工艺图、工装图；模样加工设备的种类及功能；模样、模板及芯盒的结构与功能	识读铸造工艺图、工装图；操作模样加工设备；装配模样、模板及芯盒结构	国家机械制图标准；铸造工艺图绘图规范；加工设备操作过程	完整、准确地理解图样要求；爱护设备及工具，安全文明生产；质量意识	安全地使用设备及工具，制作符合质量要求的模样、模板及芯盒	安全文明生产；模样、模板及芯盒的外观质量及其精度合格
	6.2.2 使用砂处理设备，对落砂后的旧砂进行回用或再生处理，按配方要求混制成型（芯）砂	砂处理	砂处理过程及其设备；型（芯）砂的配方及其性能指标；型（芯）砂的性能对于铸件质量的影响	砂处理设备的操作与维护；按顺序和质量要求加料	砂处理设备的操作规范和砂处理工艺规程	尽职尽责；安全文明生产，环境保护，规范化操作	设备正常运行，型砂质量合格	安全生产；环境卫生；操作规范；质量合格
	6.2.3 按照涂料配方及混制工艺，制备铸型（芯）用涂料	涂料配制	涂料的组成；涂料的常用配方；涂料的混制方法；不同砂型（芯）对涂料的要求	正确操作设备，按照混制工艺配制涂料	涂料混制设备的操作规程；涂料混制工艺规程	遵守工艺制度；安全文明生产；规范化操作	设备正常运行；操作过程符合工艺规范；涂料质量合格	安全生产；环境保护；操作规范；质量合格
	6.2.4 按照造型工艺方法，使用手工造型工具，利用砂箱和模板，独立完成造型、下芯及合型	手工造型（芯）	手工造型方法及工具；造型工装的类型、结构及使用方法；砂型质量对铸件质量的影响	选用手工造型工装及工具；确定手工造型过程；手工造型、下芯及合型，锁紧铸型	砂箱和各种手工造型工具的使用规范	制订工作计划；质量意识；独立工作	正确使用工具及工装；铸型质量合格	操作规范；环境保护；安全生产；铸型质量合格
	6.2.5 正确操作造型或制芯设备，制备铸型（芯）	机器造型（芯）	机器造型方法；造型设备的种类及其操作方法；制芯工艺；机器制芯设备；机器造型及制芯的工装类型及其使用方法；设备保养	操作机器造型相关设备；操作机器制芯设备；安装和调试造型、制芯工装；保养造型、制芯设备	设备操作规程；工装的安装及调整技术要求；设备保养规范	劳动保护意识；规范化操作；监控设备运行状况；与人合作	设备运行正常，操作比较规范；铸型、型芯质量稳定、合格；设备保养达标	操作规范；铸型、型芯质量合格；劳动保护

（续）

专业职业能力	对应岗位	知识	技能		态度（素质）	证明方式	考评指导
			技能描述	操作规范			
6.2 专业特定能力	6.2.6 按照工艺要求，操作冲天炉全过程，熔制出合格的灰铸铁或球墨铸铁液	冲天炉熔炼	冲天炉熔炼原理及过程；灰铸铁及球墨铸铁的牌号、成分、组织、性能及热处理工艺；灰铸铁及球墨铸铁的生产方法；冲天炉的操作方法及操作规范；生产过程中的检验方法	打炉、修炉、烘炉操作；加料、点火操作并操控冲天炉；评价冲天炉的运行状况	冲天炉操作规程；熔炼工艺规程	责任意识；安全意识；自我学习；与人合作；信息处理	优质、高效、低耗、长寿、规范	生产效率；铁液质量；规范操作；劳动保护；环境卫生；团队分工合作
	6.2.7 按照工艺要求，操控感应炉，熔制合格的铸铁或铸钢	感应炉熔炼	感应炉的结构、类型及其特点；感应炉的工作原理；感应炉的操作规程；感应炉熔炼铸铁的生产方法；感应炉熔炼铸钢的生产方法	操作感应炉熔炼灰铸铁；操作感应炉熔炼铸铁；出铁及出钢操作；修补炉操作	感应炉操作规程；熔炼工艺规程	规范操作；安全用电；劳动保护；责任意识；团队合作	铁液或钢液质量稳定、合格；操作过程符合工艺规范；有效处理突发性现场问题	生产效率；铁液或钢液质量；规范操作；劳动保护；环境卫生；团队分工合作
	6.2.8 按照工艺要求，操控电弧炉，熔制合格的铸钢液	电弧炉熔炼	三相电弧炉的结构及操作方法；铸钢的牌号、成分、组织及性能；三相电弧炉熔炼铸钢的工艺过程	操作三相电弧炉熔化铸钢；调整成分及温度；造渣及脱氧处理；出钢操作	三相电弧炉操作规程；铸钢熔炼工艺规程	规范操作；安全用电；劳动保护；责任意识；团队合作	钢液质量稳定、合格；操作过程符合工艺规范；有效处理突发性现场问题	生产效率；钢液质量；规范操作；劳动保护；环境卫生；团队分工合作

（续）

专业职业能力	对应岗位	知识	技能		态度（素质）	证明方式	考评指导
			技能描述	操作规范			
6.2 专业特定能力（左侧跨行） **6.2.9** 按照工艺要求，对铁液进行孕育处理，获得合格的灰铸铁液	炉前处理	孕育铸铁及其生产方法；常用孕育剂的种类；孕育处理方法；灰铸铁液温度、成分及组织的检测方法	选用孕育剂；对铁液进行孕育处理；测定铁液温度；检测铁液成分；浇注三角试样并评价铁液及孕育效果；检测金相组织	孕育处理工艺规程；成分检测操作规程；金相检验操作规程；温度检测操作规程；金相试样制备与观察规范	与人交流沟通；制订孕育处理工作计划；严谨认真；数据处理；信息处理	检验及评价准确；铁液孕育处理符合质量要求；有效解决现场问题，特别是突发问题	方案可行性；操作规范；铁液质量状况；检验方法科学合理；炉前控制水平
6.2.10 按照工艺要求，对铁液进行球化处理和孕育处理，获得合格的球墨铸铁液	炉前处理	球墨铸铁的牌号、成分、组织、性能、热处理及生产方法；球墨铸铁液温度、成分及组织的检测方法；球化处理及孕育处理方法及工艺规程	选用球化剂和孕育剂；对铁液进行球化处理和孕育处理；测定铁液温度；检测铁液成分；浇注三角试样并评价铁液及孕育效果；检测金相组织	球化处理及孕育处理工艺规程；成分检测操作规程；金相检验操作规程；温度检测操作规程；金相试样制备与观察规范	与人交流沟通；制订球化处理及孕育处理工作计划；严谨认真；数据处理；信息处理	检验及评价准确；铁液孕育处理符合质量要求；有效解决现场问题	方案可行性；操作规范；铁液质量状况；检验方法与手段；炉前控制水平
6.2.11 按照工艺要求，操控感应炉或电阻炉，熔制铝合金或铜合金，对金属液进行除渣、排气，并进行变质处理，生产出合格的金属液	非铁合金熔炼，炉前处理	铝合金及铜合金的牌号、成分、组织、性能及热处理；非铁合金熔炼的熔化及精炼方法；电阻炉的结构及工作原理、操作方法	选用中间合金；操作熔炼炉熔化铝合金或铜合金；对金属液进行精炼；变质处理操作；检测金属液的温度、成分、组织及性能	铝合金或铜合金熔炼工艺规程；感应炉操作规程；电阻炉操作规程；质量检验标准	与人交流沟通；制订工作计划；质量意识和规范操作；数据处理；信息处理；环保意识	操作过程符合工艺规程要求；检验及评价准确；金属液符合质量要求；有效解决现场问题	方案可行性；操作规范；金属液质量状况；检验方法与手段；炉前控制水平
6.2.12 按照浇注工艺要求，使用浇包或浇注机，将金属液注入铸型	浇注	浇注工艺规程的内容；浇注注意事项；浇包的结构及使用方法；浇注机的类型、结构及使用方法	按照浇注工艺要求，使用浇包或浇注机，将金属液注入铸型	浇包的操作规程；浇注机的操作规程；浇注工艺规程	胆大心细；心理承受能力、稳定性好；身体协调；劳动保护；遵守操作规范	浇注充型良好；节约金属液；操作符合规范	心理稳定性；身体协调性；规范操作；生产效率；节约；铸件质量

（续）

专业职业能力	对应岗位	知识	技能		态度（素质）	证明方式	考评指导
			技能描述	操作规范			
	焊补（修复）	铸件修复方法及其适用性；金属材料焊接性；铸件的表面缺陷类型及其特征	判断缺陷类型，确定修补方法，选用修补材料；对铸件实施修复操作	修复设备及工具的操作规范；铸件缺陷的国家或行业相关标准；铸件质量标准	提高修复率；质量意识；安全意识；遵守操作规范	修复方法科学合理；修复部位符合质量要求	铸件质量；修复方法及操作情况；修复速度和熟练程度
6.2.13 按照铸件质量要求,使用有效的方法对铸件缺陷进行修复							
6.2.14 按照铸件质量要求,制订热处理工艺规范,对铸件进行热处理	热处理	铸件热处理要求和方法；热处理工艺规程；热处理炉的操作方法；铸件热处理前后的组织、性能变化	制订热处理工艺规范,对铸件进行热处理	热处理工艺规程；热处理炉的操作规范；铸件质量标准	规范操作；安全用电；守时；质量意识	热处理正常稳定运行；铸件的组织、性能符合质量要求	热处理工艺规程；铸件的组织和性能；规范操作
6.2 专业特定能力 6.2.15 按照工装图样要求,定期检查工装存在问题并进行调修工作,保证工装精度和使用效果	工装调整、修理	铸造工装的常见问题；工装的维护、保养	拆装工艺装备；检查工装的尺寸精度、形状精度和位置精度	工装图样及技术要求；铸造工装的管理规范	发现问题并解决问题；与工艺员协调合作	工装的精度满足要求	工装精度；拆装方法；维修方法；工装使用效果
6.2.16 按照铸件图,定期对铸件进行划线,评价铸件的形状精度、位置精度及尺寸精度	划线检查	铸件图的绘制方法；划线方法及工具；铸造车间铸件划线管理	确定划线方法,使用划线工具进行划线操作；撰写划线检查报告	铸件精度标准；铸造车间划线管理规定	制订工作计划并实施,数据处理	划线方法正确；效率高；准确处理数据；熟练使用划线工具	划线方法及过程；划线检查报告；划线工具使用情况

（续）

专业职业能力	对应岗位	知识	技能		态度（素质）	证明方式	考评指导
			技能描述	操作规范			
6.2.17 按照砂处理工艺、涂料配制工艺及造型工艺要求，合理安排人员，保质保量保安全地完成生产作业任务	砂处理班、涂料班、造型班组长	砂处理、涂料配制及造型制芯过程的工艺要求及质量监控要点；砂处理及涂料配制设备生产能力与生产节拍，生产任务分解与落实方法	落实质量控制点，实施质量监控；生产进度及设备运行监控；指导班组成员规范化生产；应急处理	砂处理及涂料配制设备的操作规程；工艺技术规范；班组及车间（企业）管理制度	与班组及调度员、工段长等相关人员协调沟通；安全文明生产；班组目标管理与过程监控	铸型质量状况；班组和谐生产，安全规范，保质保量完成生产任务	班组成员及其他相关人员的评价状况；生产任务落实及实施结果
6.2 专业特定能力	6.2.18 按照熔炼及浇注工艺要求，合理安排人员，保质保量保安全地完成生产作业任务	熔炼班、炉前处理班、浇注班组长	金属液质量标准；熔炼及浇注操作过程与规范；熔炼及浇注过程安全文明生产	落实质量控制点，实施质量监控；生产进度及设备运行监控；指导班组成员规范化生产；发现安全隐患及应急处理	熔炼炉操作规程；熔炼及浇注工艺技术规范；炉前处理操作规程；班组及车间（企业）管理制度	执行熔炼、炉前处理及浇注工艺规范；与班组及调度员、工段长等相关人员协调沟通；安全文明生产；班组目标管理与过程监控	金属液质量状况；班组和谐生产，安全规范，保质保量完成生产任务	班组成员及其他相关人员的评价状况；生产任务落实及实施结果；安全隐患状况
	6.2.19 组织班组检验人员对铸造原辅材料或铸件进行化学成分、金相、力学性能、铸件缺陷等方面的检验，提供检验报告	型砂化验班、炉前化验班、化学检测班、金相班、无损检测班、力学性能检测班组长	国家铸造技术相关标准；铸造企业工艺技术标准；铸造原辅材料及铸件的质量标准及检验方法；铸件缺陷的类型及产生原因分析；检验报告的格式及撰写方法；检验仪器、设备的操作规程	检验前取样或制作试样；检验仪器、设备的调校及操作；检验数据的处理；撰写检验报告	检验仪器、设备的操作规范；检验报告的格式规范	对班组生产过程中的质量负责；执行检验标准	检验数据翔实；班组和谐生产，安全规范，保质保量完成生产任务	检验结果准确，检验报告翔实；班组成员及其他相关人员的评价状况

（续）

专业职业能力	对应岗位	知识	技能		态度（素质）	证明方式	考评指导
			技能描述	操作规范			
6.2.20 根据铸件特征及质量要求，确定铸造工艺方法，编制铸造工艺规程，提供工艺技术文件	工艺设计技术人员	各种铸造方法的工艺过程及其应用范围；制订铸造工艺规程的方法；铸造工艺技术文件的形式	编制铸造工艺规程，形成铸造工艺技术文件；运用数值模拟技术对铸造工艺方案进行模拟	铸造工艺图、工艺卡的格式及其规范；数值模拟（CAE）软件的使用规范	保证质量；降低成本；安全可靠	工艺文件齐全，工艺方案可行，数值模拟比较合理，成本较低，安全稳定	工艺文件规范齐全；数值模拟软件使用合理；工艺措施恰当
6.2.21 根据铸造工艺规程设计配套的工艺装备，提供工艺装备的技术文件	工装设计技术人员	铸造工艺装备的类型及其结构特点、功能要求；工艺装备的设计方法	选用和设计铸造工艺装备；使用CAD软件进行设计	铸造工艺装备设计及使用规范；机械制图规范；CAD软件的使用规范	工装设计文件齐全，设计数据准确，质量意识；成本意识	工装设计文件规范、齐全；保证铸件质量；安全性；生产效率较高	工装设计文件规范齐全；CAD软件使用水平
6.2.22 执行砂处理工艺、造型及制芯工艺规程，解决相关技术问题，保证铸型质量	砂处理施工员、造型施工员、制芯施工员	砂处理、造型及制芯施工员的工作职责；砂处理、造型及制芯工艺规范、技术要点和质量监控	制订并实施工作计划；评价型砂、铸型及砂芯质量	铸型质量要求；砂质质量要求；造型、制芯操作规范	与造型及制芯操作人员的交流沟通；贯彻落实铸造工艺规程；及时解决生产现场问题	型砂、铸型、砂芯的质量状况；突发问题的解决方式；与相关人员的沟通情况	砂处理、造型、制芯等相关人员的评价；执行工艺的状况，发现问题和解决问题的情况
6.2.23 执行熔炼工艺过程，解决熔炼过程中的技术问题，保证金属液的质量	熔炼施工员	熔炼施工员的工作职责；金属液的质量指标；修炉工艺、熔炼工艺、浇注工艺	制订并实施熔炼工作计划；监控、评价金属液质量	熔炼工艺规程；金属液质量标准；成分及温度检测规范	安全文明生产；与熔炼相关人员的交流沟通；及时解决熔炼现场问题	金属液质量状况；突发问题的解决方式；与熔炼相关人员的沟通情况	金属液质量符合标准要求；安全文明生产；处理突发问题的效果
6.2.24 监督检查砂处理过程及造型、制芯过程，监控型砂及铸型质量	砂处理检查员、造型检查员、制芯检查员	砂处理、造型、制芯检查员的工作职责；质量监控方法；车间质量管理制度	评价型（芯）砂、铸型及型芯的质量状况	型（芯）砂、铸型及型芯的质量标准；砂处理、造型及制芯设备的操作规程	用适当的方法收集与反馈质量信息；与人的交流沟通；发现问题并及时解决问题的方式	型（芯）砂、铸型及型芯的质量状况；信息收集与反馈的方式	型砂、铸型及型芯生产过程符合工艺要求；安全文明生产

（注：左侧跨行标题）**6.2 专业特定能力**

（续）

专业职业能力	对应岗位	知识	技能		态度（素质）	证明方式	考评指导
			技能描述	操作规范			
	6.2.25 监督熔炼和浇注工艺过程，保证金属液质量，规范浇注过程	炉前检查员	熔炼和浇注检查员的工作职责；金属液质量及浇注过程的监控方法	监督检查熔炼及浇注过程，评价金属液质量及浇注工艺状况	金属液质量标准；浇注工艺规程	质量控制意识；信息收集与反馈；与人的交流沟通；发现问题并及时解决问题	金属液质量；浇注工艺规范程度；信息处理情况	金属液符合质量标准；浇注过程符合工艺要求；安全文明生产
	6.2.26 检查铸件成品质量	成品检查员	铸件外观及尺寸、内部质量检查的工作职责；检查内容及其方法	使用量具及仪器检查铸件外观及尺寸、内部缺陷	铸件外观及尺寸、内部质量标准；检验量具及仪器的使用操作规范	用适当的方法收集与反馈铸件外观及尺寸、内部质量信息，监控铸件质量	铸件外观及尺寸、内部质量检查结果；信息处理情况	对铸件外观及尺寸、内部缺陷的评价准确，信息处理恰当
6.2 专业特定能力	6.2.27 对造型原辅材料、型（芯）砂和涂料进行检测，撰写检验报告	造型材料化验员	铸造用原砂、型砂、芯砂及涂料的性能指标及其检验方法	使用仪器检验铸造用原砂、型砂、芯砂及涂料的性能，撰写检验报告	铸造用原砂、型砂、芯砂及涂料的性能要求；仪器的使用操作规范	保证仪器良好的使用状态；及时地处理与分析数据，检验报告真实可靠	仪器的使用与维护；数据处理方法与准确程度；检验报告格式及内容规范	仪器使用规范合理，数据准确；检验报告内容翔实
	6.2.28 对金属材料进行成分检测，撰写检验报告	化学成分化验员	金属材料成分检验方法；所用化学试剂的性能及危险性	使用光谱仪及其他成分检测设备，检验及分析金属材料的化学成分	成分检验仪器、设备的使用规范；制作被测试样的要求	区分金属材料批次，合理取样；遵守仪器、设备的操作规程	制订成分检测工作计划，实施检测，并进行数据处理	合理取样，规范操作仪器、设备，准确检测数据
	6.2.29 制备炉前试样、铸件及其热处理后的试样，进行金相组织检验	金相组织化验员	常用金属材料灰铸铁、球墨铸铁、铸钢及非铁合金的金相组织特征；金相显微镜的使用方法与操作规范；金相试样的制备方法	制作金相试样，使用金相显微镜观察金相组织，撰写检验报告	金相试样的制作规范；金相显微镜的使用与操作规程	规范化使用金相显微镜进行检验；对检验结果的准确性负责	制作金相试样；使用金相显微镜完成检验工作	制样合理；显微镜使用比较规范；检验结果正确

（续）

专业职业能力	对应岗位	知识	技能		态度（素质）	证明方式	考评指导
			技能描述	操作规范			
6.2 专业特定能力	6.2.30 对铸件本体或试块进行硬度、抗拉强度、屈服强度、断后伸长率、冲击韧度等力学性能检测，撰写检验报告	力学性能检验员	金属材料力学性能指标；力学性能检测仪器、设备及其检验方法、操作规程；被检测试样的形状、尺寸及技术条件	使用力学性能检测设备和仪器进行硬度、抗拉强度、屈服强度、断后伸长率、冲击韧度等检测；处理数据并撰写检验报告	被测试样的技术要求；设备、仪器的使用规范；数据处理方法；检验报告的格式及规范	遵守力学性能检测技术条件和操作规范；保证数据翔实、客观；与相关部门人员沟通交流	与机械加工部门协作制作力学性能检测用试样；使用相应的仪器、设备进行检测，处理数据并撰写检验报告	被测试样满足检测技术条件；检测过程规范；数据处理正确，检验报告完整规范
	6.2.31 对铸件进行超声波、磁粉、射线和涡流等无损检测，撰写检验报告	无损检验员	铸件内部缺陷的类型及其特征；无损检测的方法、用途及应用范围；各种无损检测仪器、设备的操作方法	使用相应无损检测仪器、设备进行铸件表面或内部缺陷的检测；对缺陷进行鉴别并撰写检验报告	无损检测仪器、设备的操作规程；无损检测技术条件	安全文明生产；遵守操作规范；保持设备、仪器良好的性能和状态；提供检验报告	运用恰当的方法进行无损检测；无损检测仪器、设备操作规范；提供检验报告	使用无损检测方法适当；规范化操作仪器、设备；检验结果真实可靠
	6.2.32 落实生产计划，组织协调生产，完成生产任务	调度员	调度员的工作职责；车间现场条件信息收集与处理；生产任务的分解、分配，生产过程的监控方法	协助车间主任（工段长）制订并实施生产作业计划	铸造车间生产管理制度	通过协调沟通落实生产任务，实时监控生产进程；保质保量保安全，积极解决生产现场问题	制订生产作业计划，使车间均衡生产	生产作业计划可行，车间内外部资源利用比较适当；与人交流沟通充分
	6.2.33 按照生产任务及质量要求，落实生产作业计划，协调生产过程，保证设备正常运行，并搞好车间安全文明生产	车间主任（工段长）	车间主任的工作职责；铸造车间的组成及一般管理方法	制订工作计划并实施监控	铸造车间管理制度	与人交流沟通；信息收集与处理；协调各主管人员的工作关系	相关人员的评价；产品质量监控与评价；管理方法与手段	管理方法与手段科学有效；相关人员的评价较好

（续）

专业职业能力		对应岗位	知识	技能		态度（素质）	证明方式	考评指导
				技能描述	操作规范			
6.2 专业特定能力	6.2.34 组织部门人员编制、实施生产计划，协调生产调度，完成铸件生产任务	生产部门主管	生产部门主管的工作职责及工作内容；编制生产计划的方法	制订工作计划并实施监控；主持生产调度会议	铸造企业生产管理制度	通过协调沟通落实生产任务，监控生产进程；保质保量完成任务，积极协调解决生产现场问题	组织人员编制、执行生产计划，协调生产过程；半成品及成品管理	生产计划可行性强；与相关人员沟通比较充分
	6.2.35 组织部门人员实施工艺技术管理，解决生产中的技术问题	技术部门主管	技术部门主管的工作职责；工艺技术管理的工作内容	制订技术管理工作计划，分配技术工作并实施监控	铸造企业技术管理制度	质量意识，成本意识，主动服务，发现问题并解决问题；持续改善铸造工艺技术	工艺技术开发与管理工作计划；协调解决技术问题	技术管理计划翔实；能解决突发性技术问题
	6.2.36 组织相关人员按照质量标准，实施质量管理，提高产品质量	质量部门主管	质量部门主管的工作职责与工作内容；质量管理方法	制订质量管理体系，实施质量控制项目	铸造企业质量管理体系及制度	协调检验、技术、生产及其他部门，不断提高产品质量	构建质量管理体系；协调解决质量问题	质量管理体系科学有效，解决实际质量问题
	6.2.37 按照原辅材料的技术要求，组织部门人员保证企业原辅材料供应	供应部门主管	供应部门主管的工作职责与工作内容；铸造原辅材料的种类、规格及技术要求；铸造原材料管理方法	遴选铸造原辅材料供应企业，签订供应协议	铸造企业供应管理制度	就原材料专业问题与客户交流沟通；持续改善原材料质量；保证生产供应	遴选铸造原材料及客户	原材料保质保量稳定供应
	6.2.38 根据车间生产能力，承揽铸件生产订单，保证协议执行，使客户满意	营销部门主管	营销人员及部门主管的工作职责与工作内容；铸件成本估算与报价；铸件生产协议书的内容；客户满意度	成本估值计算；拟订铸件生产供应协议书	铸造企业经营管理制度	与客户交流沟通；诚实守信；主动服务客户；风险意识	铸件报价；与客户交流沟通的方式；铸件供应协议	铸件报价合理；与客户沟通有效；协议书执行适当

（续）

专业职业能力		对应岗位	知识	技能		态度（素质）	证明方式	考评指导
				技能描述	操作规范			
6.3 职业核心能力	6.3.1 与人交流能力	日常生活以及从事各种职业必备的社会能力和方法能力	在与人的交往活动中，通过交谈讨论、当众讲演、阅读及书面表达等方式，来表达观点、获取和分享信息资源					
	6.3.2 数字应用能力		根据实际工作任务的需要，通过对数字的采集与解读、计算及分析，并在计算结果的基础上发现问题并做出一定评价与结论					
	6.3.3 革新创新能力		在前人发现或者发明的基础上，通过自身努力，创造性地提出新的发现、发明或者改进革新方案					
	6.3.4 自我学习能力		在工作活动中，能根据工作岗位和个人发展的需要，确定学习目标和计划，灵活运用各种有效的学习方法，并善于调整学习目标和计划，不断提高自我综合素质					
	6.3.5 与人合作能力		根据工作活动的需要，协商合作目标，相互配合工作，并调整合作方式，不断改善合作关系					
	6.3.6 解决问题能力		能够准确地把握事物发生问题的关键，利用有效资源，提出解决问题的意见或方案，并付诸实施，进行调整和改进，使问题得到解决					
	6.3.7 信息处理能力		根据职业活动的需要，运用各种方式和技术，收集、开发和展示信息资源					
	6.3.8 外语应用能力		在工作和交往活动中实际运用外国语言					

7　课程建议

1）基于职业行动领域，开发学习领域，构建理论知识和实践训练双系统化的课程体系，传授知识，训练技能，培养能力，提升素质。

2）围绕典型工作任务，规划教学内容，选择合理的教学载体，更多地开展理论实践一体化教学，将知识、技能和素质培养有效融合，特别是应将态度培养纳入课程内容，并且融入各个教学环节。教师须完整、准确理解态度、素质教育的内涵，围绕"学会做人""学会做事"两大主线，改革课程模式，培养高素质技能型人才。

3）建设供学生训练的生产性实训车间，按照技能培养所需设备、工具、仪器配置实验实训硬件条件，如大型、超大型自动化设备及生产流水线，通过校企合作在生产现场开展教学活动。

4）遵循以学生为主体、教师主导、能力本位的教育教学理念，运用多样化的教学方法与手段，采用基于工作过程、任务驱动、行动导向、项目教学等教学模式组织教学环节。

5）聘请行业企业技术专家承担教学任务。学院教师应经常深入行业企业开展培训、兼职、调研等活动，不断提升工程实践能力。

8　职业技能等级或职业资格的建议

建议在学校期间考取中级铸造工、热处理工、钳工及无损检测方面的职业技能等级证书。经过岗位工作实践及专门培训可逐级获取高级工、技师、高级技师职业技能等级证书，具体要求参见"铸造工国家职业技能标准"，也可参评或考取工程师任职资格。推荐的职业发展途径及职业资格见表B-4。

表 B-4 高职材料成型及控制技术（铸造）专业取得职业资格的建议

序号	铸造工系列	工程系列	
		职称系列	中国铸造协会（行业）
1	中级工	—	铸造见习工程师
2	高级工	助理工程师	铸造助理工程师
3	技师	工程师	铸造工程师
4	高级技师	高级工程师	—

附录 C 铸造工国家职业技能标准（2019 年版）

中华人民共和国人力资源和社会保障部制定

1. 职业概况

1.1 职业名称

铸造工（包含熔炼浇注工、铸造造型（芯）工、铸件清理工三个工种）

1.2 职业编码

6-18-02-01

1.3 职业定义

操作熔炼、造型等设备，混制造型、制芯材料，使用称重、测温、成分检测等仪器或工具熔炼金属原料，将熔融金属液浇注进模型形成铸件的人员（在本《标准》中还包括：按照工艺要求，使用相关工装与工具进行模具和铸型制备、清理或修补铸件、热处理、维护保养工艺装备等人员）。

1.4 职业技能等级

熔炼浇注工设五个等级，分别为五级/初级工、四级/中级工、三级/高级工、二级/技师、一级/高级技师。

铸造造型（芯）工设五个等级，分别为五级/初级工、四级/中级工、三级/高级工、二级/技师、一级/高级技师。

铸件清理工分设两个等级，分别为五级/初级工、四级/中级工。

1.5 职业环境条件

室内、外作业，高温，粉尘，有害气体。

1.6 职业能力特征

具有一定的学习、判断和交流能力，空间感强，手指、手臂灵活，动作协调性强。

1.7 普通受教育程度

初中毕业（或相当文化程度）。

1.8 职业技能鉴定要求

1.8.1 申报条件

——具备以下条件之一者，可申报五级/初级工：

（1）累计从事本职业或相关职业工作1年（含）以上。

相关职业：冶炼、锻造、铸管、模具、金属热处理、焊接等金属材料冶炼及热加工人员，镀层工、涂装工、喷涂喷焊工，金属材料质检员、包装工、安全员。下同。

（2）本职业或相关职业学徒期满。

——具备以下条件之一者，可申报四级/中级工：

（1）取得本职业或相关职业五级/初级工职业资格证书（技能等级证书）后，累计从事本职业或相关职业工作4年（含）以上。

（2）累计从事本职业或相关职业工作6年（含）以上。

（3）取得技工学校本专业②或相关专业③毕业证书（含尚未取得毕业证书的在校应届毕业生）；或取得经评估论证、以中级技能为培养目标的中等及以上职业学校本专业或相关专业毕业证书（含尚未取得毕业证书的在校应届毕业生）。

本专业：铸造成型、金属热加工（铸造）、铸造技术。下同。

相关专业：冶炼、金属材料热加工、机械设计与制造、模具设计与制造、金属热处理等专业，金属表面处理技术，涂装防护技术，金属材料分析与检测，包装工程，安全技术与管理。下同。

——具备以下条件之一者，可申报三级/高级工：

（1）取得本职业或相关职业四级/中级工职业资格证书（技能等级证书）后，累计从事本职业或相关职业工作5年（含）以上。

（2）取得本职业或相关职业四级/中级工职业资格证书（技能等级证书），并具有高级技工学校、技师学院毕业证书（含尚未取得毕业证书的在校应届毕业生）；或取得本职业或相关职业四级/中级工职业资格证书（技能等级证书），并具有经评估论证、以高级技能为培养目标的高等职业学校本专业或相关专业毕业证书（含尚未取得毕业证书的在校应届毕业生）。

（3）具有大专及以上本专业或相关专业毕业证书，并取得本职业或相关职业四级/中级工职业资格证书（技能等级证书）后，累计从事本职业或相关职业工作2年（含）以上。

——具备以下条件之一者，可申报二级/技师：

（1）取得本职业或相关职业三级/高级工职业资格证书（技能等级证书）后，累计从事本职业或相关职业工作4年（含）以上。

（2）取得本职业或相关职业三级/高级工职业资格证书（技能等级证书）的高级技工学校、技师学院毕业生，累计从事本职业或相关职业工作3年（含）以上；或取得本职业或相关职业预备技师证书的技师学院毕业生，累计从事本职业或相关职业工作2年（含）以上。

——具备以下条件者，可申报一级/高级技师：

取得本职业或相关职业二级/技师职业资格证书（技能等级证书）后，累计从事本职业或相关职业工作4年（含）以上。

1.8.2　鉴定方式

分为理论知识考试、技能考核以及综合评审。理论知识考试以笔试、机考等方式为主，主要考核从业人员从事本职业应掌握的基本要求和相关知识要求；技能考核主要采用现场操作、模拟操作等方式进行，主要考核从业人员从事本职业应具备的技能水平；综合评审主要针对技师和高级技师，通常采取审阅申报材料、答辩等方式进行全面评议和审查。

理论知识考试、技能考核和综合评审均实行百分制，成绩皆达 60 分（含）以上者为合格。

1.8.3 监考人员、考评人员与考生配比

理论知识考试中的监考人员与考生配比不低于 1∶15，且每个考场不少于 2 名监考人员；技能考核中的考评人员与考生配比 1∶5，且考评人员为 3 人以上单数；综合评审委员为 3 人以上单数。

1.8.4 鉴定时间

理论知识考试时间不少于 120min；技能考核时间：五级/初级工不少于 90min，四级/中级工不少于 120min，三级/高级工不少于 150min，二级/技师不少于 180min，一级/高级技师不少于 240min；综合评审时间不少于 20min。

1.8.5 鉴定场所设备

理论知识考试在标准教室进行；技能考核应在工作现场进行，并配备符合相应等级考核的设备和工具等。

2. 基本要求

2.1 职业道德

2.1.1 职业道德基本知识

2.1.2 职业守则

（1）遵守法律、法规和有关规定。

（2）爱岗敬业，具有高度的责任心。

（3）严格执行工艺文件和安全操作规程。

（4）保持工作环境清洁有序，文明生产。

2.2 基础知识

2.2.1 理论基础知识

（1）识图基础知识。

（2）铸造生产的基本知识。

（3）铸件成形基础知识。

（4）铸造工艺基础知识。

（5）常用铸造合金及热处理。

2.2.2 技术基础知识

（1）机械加工及公差与配合。

（2）机械传动基本知识。

（3）气压传动及液压传动知识。

（4）工具、夹具、量具的使用及维护知识。

（5）铸造设备常用电器及电气传动知识。

（6）铸造起重设备等特种设备基本知识。

（7）设备使用及维护、保养知识。

2.2.3 安全生产、职业健康与环境保护知识

（1）安全生产知识。

（2）现场文明生产及"6S"管理知识。

（3）职业健康与劳动保护知识。

（4）环境保护知识。

2.2.4　质量管理知识

（1）质量概念及意义。

（2）质量管理体系基础知识。

（3）铸造过程质量管理。

2.2.5　相关法律、法规知识

（1）《中华人民共和国劳动法》相关知识。

（2）《中华人民共和国劳动合同法》相关知识。

（3）《中华人民共和国安全生产法》相关知识。

（4）《中华人民共和国职业病防治法》相关知识。

（5）《中华人民共和国环境保护法》相关知识。

3.　工作要求

本标准对五级/初级工、四级/中级工、三级/高级工、二级/技师、一级/高级技师的技能要求和相关知识要求依次递进，高级别涵盖低级别的要求。

本职业包含熔炼浇注工，铸造造型（芯）工、铸件清理工。其中铸造造型（芯）工的造型与制芯选择砂型铸造、熔模铸造、消失模铸造、低压铸造、压力铸造、离心铸造中的一个工作内容进行考核。

3.1　五级/初级工

3.1.1　五级/初级工（熔炼浇铸工）

职业功能	工作内容	技能要求	相关知识要求
1. 工艺分析与工装准备	1.1 工艺分析	1.1.1 能识别合金熔炼工艺 1.1.2 能识别铸件浇注工艺 1.1.3 能识别不同铸件的浇注方法	1.1.1 铸造工艺符号及表示方法 1.1.2 熔炼及浇注基础 1.1.3 包衬等耐火材料基础
	1.2 工装准备	1.2.1 能识别各种金属液熔化设备及辅具 1.2.2 能进行小型浇包浇注前准备	1.2.1 金属液熔化技术规程 1.2.2 浇包使用操作规程
2. 铸造合金熔炼	2.1 原材料与炉前工具的准备	2.1.1 能判别生铁、焦炭、中间合金等各种常用炉料 2.1.2 能进行金属炉料、熔剂、燃料及各种辅料的准备 2.1.3 能检查熔炼炉的称量设备、除尘系统及炉前工具的准备	2.1.1 炉料品种、规格、特性的基本常识 2.1.2 熔炼及附属设备基本常识
	2.2 熔化过程控制	2.2.1 能按所用的熔炉熔炼工艺进行顺序加料操作 2.2.2 能在熔炼过程中进行除渣等操作	铸造合金熔炼的基础知识
	2.3 金属液参数检测	2.3.1 能在熔炼过程中进行取样和制样操作 2.3.2 能使用检测仪器、设施等检测金属液温度和其他参数	2.3.1 炉前取样操作方法 2.3.2 炉前检测仪器的使用和操作方法

（续）

职业功能	工作内容	技能要求	相关知识要求
3. 浇注	3.1 浇注前准备	3.1.1 能识别浇注的铸件及环境安全 3.1.2 能进行扒渣、挡渣 3.1.3 能进行包内温度检测	3.1.1 浇注基础知识 3.1.2 炉前除渣工艺方法 3.1.3 金属液温度检测方法
	3.2 浇注过程控制	3.2.1 能使用小型浇包浇注小型铸件（例：阀门等） 3.2.2 能根据要求控制浇注温度与浇注速度 3.2.3 能根据工艺要求点火引气	3.2.1 金属液浇注基本常识 3.2.2 浇注过程对铸件质量的影响
	3.3 松箱	3.3.1 能根据铸造工艺判断铸件和铸型的冷却阶段 3.3.2 能按铸造工艺要求在铸件凝固冷却过程中对铸型松箱	3.3.1 铸件凝固基础知识 3.3.2 铸件收缩应力基础知识
4. 砌、修炉与砌、修包	4.1 浇包及炉体砌筑	4.1.1 能在高级别人员指导下完成炉体砌筑 4.1.2 能在高级别人员指导下完成浇包砌筑	4.1.1 炉体、浇包用耐火材料基本知识 4.1.2 熔炼炉的基本结构 4.1.3 浇包的基本结构
	4.2 浇包及炉体维护	4.2.1 能对浇包进行补包等简单维修 4.2.2 能对炉体进行补炉等简单维修	4.2.1 炉体、浇包用散状耐火材料基本知识 4.2.2 浇包及炉体维护基础知识
	4.3 浇包准备	4.3.1 能对小型浇包进行打结准备 4.3.2 能对小型浇包进行烘烤准备	4.3.1 不同类型浇包使用知识 4.3.2 不同大小浇包使用知识

3.1.2 五级/初级工【铸造造型（芯）工】

职业功能	工作内容	技能要求	相关知识要求
1. 工艺分析与工装准备	1.1 工艺分析	1.1.1 能识别简单的零件图或铸件图（例：轮盘类等）以及相应工艺图 1.1.2 能识别相应的模型、模板、芯盒或设备等	1.1.1 铸造工艺符号及表示方法 1.1.2 铸造模型、模板、芯盒和其他工装知识
	1.2 工装准备	1.2.1 能根据工艺图准备相应的模型、模板、芯盒或设备等 1.2.2 能准备相应造型（制芯）工具或设备等	铸造工艺图及工装图相关知识
2. 造型与制芯	2.1 现场环境识别与安全检查	2.1.1 能识别现场安全隐患 2.1.2 能识别现场是否符合安全生产规程	2.1.1 现场消防安全规程 2.1.2 现场机械设备设施安全规程 2.1.3 现场起重设备设施安全规程

（续）

职业功能	工作内容		技能要求	相关知识要求
2. 造型与制芯	2.2 砂型铸造	选择其一	2.2.1 能识别原砂、黏结剂等常用造型、制芯材料的种类、规格、质量 2.2.2 能按工艺要求选择和配制型（芯）砂 2.2.3 能判别型（芯）砂的强度、紧实率、透气性、水分等性能指标 2.2.4 能操作普通的混砂设备 2.2.5 能对简单铸件（例：轮盘等）进行手工制造铸型和型芯，并能进行合箱 2.2.6 能操作典型造型机（例：Z271、Z145、ZB1410 等）	2.2.1 型砂的基本组成 2.2.2 原砂、膨润土、煤粉、树脂、固化剂、涂料等原辅材料的基本常识 2.2.3 型（芯）砂的基本性能指标 2.2.4 模型、芯盒和模板的结构基本知识 2.2.5 简单铸件手工造型的基本操作方法 2.2.6 常用微震式造型设备的基本结构 2.2.7 微震式机器造型的操作方法
	2.2 熔模铸造		2.2.1 能混制蜡料 2.2.2 能压蜡型，组成模组 2.2.3 能涂挂涂料、撒砂制壳 2.2.4 能脱蜡及焙烧模壳	2.2.1 蜡料的基本知识 2.2.2 模壳硬化基本知识（原理） 2.2.3 模壳焙烧炉的使用方法
	2.2 消失模铸造		2.2.1 能进行预发泡、干燥、熟化和成形发泡、干燥、熟化 2.2.2 能使用工具切割、粘制组成模组 2.2.3 能涂挂涂料、烘干 2.2.4 能振动造型、密封抽真空	2.2.1 泡沫珠粒基本知识 2.2.2 消失模涂料基本知识
	2.2 低压铸造		2.2.1 能安装、拆卸升液管、铸型及封闭炉体 2.2.2 能喷涂铸型、升液管和坩埚表面涂料 2.2.3 能按工艺要求对铸型、升液管进行预热	2.2.1 低压铸造设备基本结构知识 2.2.2 涂料的作用 2.2.3 预热的作用
	2.2 压力铸造		2.2.1 能拆卸与吊装压铸型 2.2.2 能喷涂铸型涂料 2.2.3 能操作压铸机	2.2.1 压铸脱模剂的作用 2.2.2 压铸模具基本结构知识 2.2.3 压铸机合模机构知识
	2.2 离心铸造		2.2.1 能组装和拆卸离心铸造工装 2.2.2 能操作离心铸造机	离心铸型基本结构知识
3. 合型	3.1 涂料		3.1.1 能按工艺要求分别对砂型、蜡型、塑料型或金属模型进行施涂操作 3.1.2 能对各种铸型按工艺要求刷涂后烘干	铸型涂料的作用
	3.2 合箱紧固		3.2.1 能进行铸型的合型操作 3.2.2 能按照工艺要求进行紧固和型腔检查	合型、紧固操作要点

3.1.3 五级/初级工（铸件清理工）

职业功能	工作内容	技能要求	相关知识要求
1. 工艺分析与工装准备	1.1 工艺分析	1.1.1 能读懂清砂的技术要求 1.1.2 能识别铸件本体和工艺附加物	1.1.1 铸件浇冒口表示方法 1.1.2 铸件的尺寸精度要求
	1.2 工装准备	1.2.1 能准备切割、焊接所需工装工具 1.2.2 能准备清理打磨等所需工装工具	切割、焊接、清理打磨等工具操作规程
2. 铸件清理	2.1 铸件及铸件材质识别	2.1.1 能读懂常用材质的强度、硬度、伸长率、冲击吸收能量等性能报告 2.1.2 能读懂铸件清理工艺规程 2.1.3 能读懂铸件涂漆、精整、补焊工艺规程	2.1.1 黑色金属材料的分类 2.1.2 黑色金属材料牌号、成分、组织、性能的基本常识
	2.2 清理	2.2.1 能选择使用锤打、火焰切割和锯床等手段清除小型铸件的浇冒口 2.2.2 能根据铸件工艺规程，留有合适的浇冒口余量 2.2.3 能使用砂轮机、电弧气刨、角磨机精整铸件表面和内腔 2.2.4 能操作抛丸滚筒、履带抛丸机、悬挂式抛丸机等铸件清理设备进行铸件内外表面清理	2.2.1 各种合金铸件铸型冷却时间的控制要点 2.2.2 铸型开箱落砂方法及清除浇冒口方法 2.2.3 设备清理的操作规程
	2.3 精整和表面处理	2.3.1 能根据铸件材质选择合适的焊条和设备（例：对易引起热脆性的铜合金，应采用氩弧焊补；对铸铁件，一般采用镍基焊条等） 2.3.2 能按工艺在保温桶内对焊材保温 2.3.3 能根据铸件技术要求在铸件非加工表面涂漆	2.3.1 各种铸件焊材的应用知识 2.3.2 各种铸件焊材的选择要点 2.3.3 铸件涂漆的工艺和方法
3. 铸件热处理	3.1 装炉	3.1.1 能进行铸件装炉前检查 3.1.2 能进行铸件装炉操作	常用热处理炉的型号、规格、一般构造
	3.2 控温	3.2.1 能读懂热处理工艺 3.2.2 能进行热处理炉升温、控温操作	常用热电偶的使用及维护
4. 铸件防护与包装	4.1 防护	4.1.1 能对铸件进行防锈处理 4.1.2 能对铸件进行涂漆等操作	常用浸渗、涂漆设备及辅助设施的构造、使用规则和维护保养方法
	4.2 包装入库	4.2.1 能为铸件做标识 4.2.2 能对铸件进行包装操作	包装、标识的工艺流程

3.2 四级/中级工

3.2.1 四级/中级工（熔炼浇注工）

职业功能	工作内容	技能要求	相关知识要求
1. 工艺分析与工装准备	1.1 工艺分析	1.1.1 能识读中、大型铸件（例：机床床身等）金属液的熔炼工艺及浇注工艺 1.1.2 能计算铸件的金属液重量	1.1.1 铸造工艺基础知识 1.1.2 金属材料的密度及铸件重量的计算方法

（续）

职业功能	工作内容	技能要求	相关知识要求
1. 工艺分析与工装准备	1.2 工装准备	1.2.1 能按浇注工艺准备浇注装备 1.2.2 能对大型浇包进行准备（包括安装滑板水口、塞棒） 1.2.3 能准备相应的熔化设备（熔炼炉准备）	1.2.1 铸件配炉原则 1.2.2 熔化设备使用规程
2. 铸造合金熔炼	2.1 熔化过程控制	2.1.1 能操作熔炼设备熔化金属炉料 2.1.2 能判断熔炼设备的棚料等常见故障 2.1.3 能对冲天炉、感应电炉、电弧炉熔炼进行造渣、扒渣等操作	感应电炉、电弧炉等熔炼设备的规格、基本结构、操作工艺要点与简单故障诊断知识
	2.2 金属液炉前处理	2.2.1 能进行各种铸造金属液的净化、变质孕育等操作，能完成电弧炉炼钢的三期操作 2.2.2 能完成炉前取样操作，根据炉前试样初步判断铸造金属液的质量 2.2.3 能使用测温仪测量各种金属液温度	2.2.1 铸造合金熔炼的基本原理及操作方法 2.2.2 孕育剂、球化剂、变质剂、精炼剂、除渣剂等基本常识 2.2.3 炉前检测仪器的操作方法
	2.3 金属液运输	2.3.1 能使用浇包等转运金属液 2.3.2 能按金属液量及浇包大小控制温降	浇注设备（工具）基础知识
3. 浇注	3.1 浇注前准备	3.1.1 能识别浇注铸型及周围环境安全 3.1.2 能根据浇注铸型准备相应的工具	生产工艺及现场安全知识
	3.2 浇注过程控制	3.2.1 能按工艺安排多包浇注 3.2.2 能进行中、大型铸件（例：机床床身等）的浇注操作 3.2.3 能合理控制浇注温度和浇注速度 3.2.4 能在浇注过程中适时点火引气	浇注速度和浇注温度对大型铸件质量的影响
	3.3 松箱	3.3.1 能根据浇注工艺在铸件凝固冷却过程中对铸型适时松箱 3.3.2 能在铸型松箱后对铸件合理缓冷	铸件凝固、收缩应力等基础知识
4. 砌、修炉与砌、修包	4.1 浇包及炉体砌筑	4.1.1 能独立进行炉体砌筑 4.1.2 能独立进行浇包砌筑	浇包、炉体砌筑知识
	4.2 浇包及炉体维护	4.2.1 能独立进行炉体维修 4.2.2 能独立进行浇包维修	熔炼炉体和浇包的结构知识
	4.3 浇包修补	4.3.1 能对中、大型浇包进行打结和修补 4.3.2 能对中、大型浇包进行烘烤	4.3.1 浇包耐火材料砌筑知识 4.3.2 浇包基本结构知识 4.3.3 熔炼炉基本结构及耐火材料基本知识

3.2.2 四级/中级工【铸造造型（芯）工】

职业功能	工作内容	技能要求	相关知识要求
1. 工艺分析与工装准备	1.1 工艺分析	1.1.1 能识读中等复杂（例：变速箱体、机架等）零件图、铸造工艺图、工装图 1.1.2 能按工艺图核对模型和芯盒的形状、尺寸、数量	1.1.1 铸件的结构工艺性和铸造工艺性知识 1.1.2 常见几何体的分类和体积计算
	1.2 工装准备	1.2.1 能根据工艺图准备相应的模型、模板、芯盒或设备等 1.2.2 能准备相应造型（制芯）工具或设备等	铸造工艺、工装标注知识
2. 造型与制芯	2.1 现场环境识别与安全检查	2.1.1 能判断现场是否符合安全生产规程 2.1.2 能识别防燃防爆设施、起重机械和带式输送机等的完好	2.1.1 防燃防爆设施完好的识别知识 2.1.2 起重机械完好的识别知识 2.1.3 带式输送机完好的识别知识
	2.2 砂型铸造（选择其一）	2.2.1 能按铸件特点和生产条件选用型（芯）砂 2.2.2 能配制黏土、自硬树脂、水玻璃等型（芯）砂 2.2.3 能按工艺要求进行中等复杂件（例：变速箱、圆锥破碎机、机架等）的手工造型、制芯操作 2.2.4 能手工进行铸件的多箱造型操作 2.2.5 能进行机械化、自动化造型和制芯操作，并对设备进行润滑、清洁等维护和保养 2.2.6 能设置简单铸件（例：轮盘类等）的浇冒口系统	2.2.1 原砂、黏结剂及固化剂等原辅材料的基本知识 2.2.2 混砂设备基础知识 2.2.3 造型、制芯的操作知识 2.2.4 铸件的多箱造型操作方法 2.2.5 震击式造型机、射芯机等设备的基本原理及维护保养方法 2.2.6 简单铸件（例：轮盘类等）浇冒口系统的基本常识
	2.2 熔模铸造	2.2.1 能使用压蜡机进行蜡模制造 2.2.2 能焊接组装蜡模组 2.2.3 能对组装后的蜡模表面进行除油、脱脂操作 2.2.4 能配制模壳涂料 2.2.5 能进行蜡料回收操作	2.2.1 压蜡机的结构及操作要点 2.2.2 蜡模的组装工艺 2.2.3 模料的基本知识 2.2.4 模壳的挂涂料、干燥、硬化、脱蜡基本原理 2.2.5 涂料和骨料对铸件质量的影响
	2.2 消失模铸造	2.2.1 能合理选用泡沫珠粒、发泡成形 2.2.2 能按工艺要求切割、粘制并组成模组 2.2.3 能按工艺配制涂料 2.2.4 能按工艺涂刷和干燥模组 2.2.5 能按工艺振动造型	2.2.1 泡沫珠粒预发、熟化基本知识 2.2.2 消失模涂料涂敷基本知识 2.2.3 振动造型机、真空泵操作要点
	2.2 低压铸造	2.2.1 能检验升液管、炉体的密封性能 2.2.2 能按工艺要求进行浇注操作	2.2.1 低压铸造设备的基本工作原理 2.2.2 低压铸造设备的操作要点

（续）

职业功能	工作内容		技能要求	相关知识要求
2. 造型与制芯	2.2 压力铸造	选择其一	2.2.1 能根据铸件要求选择和安装压室，并进行润滑 2.2.2 能进行压铸铸型的安装和调试	2.2.1 润滑剂的种类与作用 2.2.2 压铸型温度对铸件质量的影响 2.2.3 压铸机的基本结构及工作原理
	2.2 离心铸造		2.2.1 能混制和喷涂离心铸型涂料 2.2.2 能混制和捣制离心铸型端盖 2.2.3 能根据不同离心铸件选择浇注系统形式	2.2.1 离心铸型涂料的作用 2.2.2 离心铸型端盖的作用 2.2.3 不同离心铸造浇注系统形式的特点
3. 合型	3.1 涂料		3.1.1 能按工艺要求对施涂后的铸型进行干燥处理 3.1.2 能按工艺要求对铸型进行修补	铸型涂料的选择
	3.2 合箱紧固		3.2.1 能按工艺要求检查型腔，清除落砂等异物 3.2.2 能按工艺要求进行铸型的合箱和紧固操作	合箱定位、紧固的方法

3.2.3　四级/中级工（铸件清理工）

职业功能	工作内容	技能要求	相关知识要求
1. 工艺分析与工装准备	1.1 工艺分析	1.1.1 能区分铸件不同部位清砂技术要求 1.1.2 能按技术要求判断铸件表面质量是否符合要求	1.1.1 铸件浇冒口切割余量符号及表示方法 1.1.2 铸件的精度等级、表面粗糙度，表面涂敷要求
	1.2 工装准备	1.2.1 能合理选择切割、补焊、清理打磨等所需工装工具 1.2.2 能合理选择涂漆、浸渗、酸洗、钝化等所需工装工具	1.2.1 铸件的切割、补焊、清理打磨等工具操作要点 1.2.2 铸件的涂漆、浸渗、酸洗、钝化等工装工具操作要点
2. 铸件清理	2.1 铸件及铸件材质识别	2.1.1 能读懂铸件清理工艺卡片 2.1.2 能读懂铸件补焊、浸渗、涂漆、校正、精整等工艺规程 2.1.3 能读懂铸件酸洗、钝化等工艺规程	2.1.1 金属材料的分类 2.1.2 金属材料物理性能、化学性能、力学性能的基本常识 2.1.3 金属材料的工艺性能 2.1.4 铸件防腐涂料的工艺性能
	2.2 清理	2.2.1 能根据铸件的材质和冒口的大小，选择锤打、火焰切割和锯床等清理手段，合理去除铸铁、铸钢、铝合金和铜合金等大、中型铸件的浇冒口，合理去除大型合金钢铸件的冒口 2.2.2 能根据铸件工艺规程，留有合适的浇冒口余量 2.2.3 能用砂轮机、电弧气刨、角磨机精整铸件表面和内腔的飞边、毛刺、粘砂，并将浇冒口打磨平齐	2.2.1 铸型开箱落砂方法及冷却时间的控制要点 2.2.2 去除铸件浇冒口的铸件温度要求 2.2.3 清除浇冒口方法

（续）

职业功能	工作内容	技能要求	相关知识要求
2. 铸件清理	2.3 精整和表面处理	2.3.1 能按工艺要求施焊，并保证焊缝质量 2.3.2 能按工艺对铸件预热（例：高锰钢大件在补焊前能预热到 300～500℃，铸铁件补焊环境温度较低时，能对铸件预热） 2.3.3 能真空浸渗铸件 2.3.4 能根据铸件技术要求进行酸洗、钝化	2.3.1 铸件补焊工艺和方法 2.3.2 铸件真空浸渗工艺 2.3.3 校正和精整方法 2.3.4 铸件的酸洗、钝化工艺
3. 铸件热处理	3.1 装炉	3.1.1 能根据铸件特点合理配炉 3.1.2 能根据铸件特点在炉内合理位置摆放	3.1.1 铸件装炉的基本常识 3.1.2 防止氧化、脱碳、软点和开裂的基本操作知识
	3.2 控温	3.2.1 能按工艺调整热电偶位置 3.2.2 能按热处理工艺要求进行升温、控温等操作	3.2.1 热电偶位置要求 3.2.2 高温仪表的使用方法
4. 铸件防护与包装	4.1 防护	4.1.1 能有效处理铸件防锈问题 4.1.2 能有效处理铸件涂漆问题	4.1.1 浸渗、涂漆的工艺要点 4.1.2 浸渗、涂漆设备的操作规程
	4.2 包装入库	4.2.1 能按铸件特点提出合理标识和分类 4.2.2 能按工艺要求完成包装操作	4.2.1 包装、标识的基本要求 4.2.2 包装、标识设备的操作规程

3.3 三级/高级工

3.3.1 三级/高级工（熔炼浇注工）

职业功能	工作内容	技能要求	相关知识要求
1. 工艺分析与工装准备	1.1 工艺分析	1.1.1 能识读复杂零件及大型铸件（例：发动机缸体、机床床身、船用尾舵架等）熔炼及浇注工艺 1.1.2 能对熔炼及浇注工艺提出合理化改进方案	1.1.1 铸件工艺设计基础知识 1.1.2 合金熔炼知识 1.1.3 铸造浇注工艺知识
	1.2 工装准备	1.2.1 能按工艺要求准备熔炼设备 1.2.2 能按工艺要求准备炉料	1.2.1 熔炼设备操作规程 1.2.2 合金配料计算
2. 铸造合金熔炼	2.1 熔炼过程控制	2.1.1 能调整冲天炉、感应电炉、电弧炉等熔炼设备工艺参数 2.1.2 能判断常用熔炼设备的故障 2.1.3 能对电弧炉熔炼进行氧化期和还原期操作 2.1.4 能调整炉内金属液的化学成分和温度	2.1.1 熔炼设备的熔炼原理、操作方法及故障判断的基本知识 2.1.2 电弧炉氧化期和还原期的任务与操作要点 2.1.3 调整金属液化学成分和温度的基本要点

（续）

职业功能	工作内容	技能要求	相关知识要求
2. 铸造合金熔炼	2.2 金属液质量控制与调整	2.2.1 能根据金属液质量预判铸件缺陷，能提出配料和熔炼方面的改进措施 2.2.2 能判断各种合金的细化、孕育、变质效果 2.2.3 能根据炉前检验结果，对各合金成分进行调整	2.2.1 金属冶炼基本知识 2.2.2 碳（C）、硅（Si）、锰（Mn）、磷（P）、硫（S）等常见元素对铸造合金组织、力学性能的影响 2.2.3 球铁孕育、球化处理工艺基础知识 2.2.4 铝合金变质、精炼处理工艺方面的知识
3. 浇注	3.1 浇注过程控制	3.1.1 能组织实施大型铸件（例：机床床身、轧机机架等）的多包浇注操作 3.1.2 能处理大型浇包浇注、多包浇注实施过程中的问题	浇注过程控制
	3.2 浇注质量分析	3.2.1 能及时分析处理浇注过程中出现的问题 3.2.2 能解决由浇注原因引起的冷隔等铸件质量问题	浇注过程与铸件质量之间的关系
4. 砌、修炉与砌、修包	4.1 浇包及炉体砌筑	4.1.1 能组织实施浇包和炉体砌筑 4.1.2 能根据浇包使用情况进行改良 4.1.3 能修砌复杂类型的浇包	4.1.1 烘包和烘炉基本知识 4.1.2 耐火材料基本知识
	4.2 浇包及炉体维护	4.2.1 能组织实施浇包和炉体的维护、维修 4.2.2 能根据熔炼情况调整炉体结构参数	浇包和炉体维护知识
	4.3 浇包修补	4.3.1 能组织对中、大型浇包进行打结和修补 4.3.2 能组织对中、大型浇包进行烘烤	浇包打结基础知识

3.3.2　三级/高级工【铸造造型（芯）工】

职业功能	工作内容	技能要求	相关知识要求
1. 工艺分析与工装准备	1.1 工艺分析	1.1.1 能识读复杂（例：发动机缸体、床身、船用尾舵架等）零件图及工艺图 1.1.2 能通过工艺分析，设置中等复杂铸件（例：箱体、机架类等）和大型铸件（例：床身、齿轮等）的浇注位置、分型面及浇冒口系统、补贴、冷铁等	1.1.1 铸件工艺设计理论基础 1.1.2 铸造工艺文件的内容 1.1.3 浇注系统、补缩系统设计原理
	1.2 工装准备	1.2.1 能进行复杂件的造型工具和工装准备 1.2.2 能进行连续式混砂设备的调试	1.2.1 手工、机械化、自动化造型制芯的知识及生产线工作基本原理、操作方法和工艺特点 1.2.2 连续式混砂设备原理

（续）

职业功能	工作内容		技能要求	相关知识要求
2. 造型与制芯	2.1 现场环境识别与安全检查		2.1.1 能识别造型和浇注现场是否符合安全生产规程 2.1.2 能提出并实施符合造型和浇注安全生产规程的措施	2.1.1 造型制芯现场安全生产规范 2.1.2 浇注现场安全生产规范
	2.2 砂型铸造	选择其一	2.2.1 能根据各类型（芯）砂性能要求，调整型（芯）砂配比 2.2.2 能根据各类型（芯）砂性能要求和季节，调整型（芯）砂固化剂配比 2.2.3 能根据铸件缺陷分析型（芯）砂不合格的原因，并提出改进措施 2.2.4 能采用自硬树脂砂、酯硬化水玻璃砂等进行大型复杂铸件（例：床身、船用尾舵架等）的造型、制芯 2.2.5 能对手工、机械化、自动化造型与制芯所产生的质量问题进行分析，并提出解决方案	2.2.1 各类型（芯）砂的组成及配比对其性能的影响 2.2.2 自硬树脂砂基础知识 2.2.3 自硬树脂砂、酯硬化水玻璃砂硬化特性 2.2.4 大型复杂铸件造型、制芯的操作方法 2.2.5 铸件的浇冒系统、补贴、冷铁等选择设计方法
	2.2 熔模铸造		2.2.1 能配制蜡料 2.2.2 能配制硅溶胶黏结剂涂料 2.2.3 能进行硅溶胶模壳硬化操作 2.2.4 能进行大型、薄壁、较复杂蜡模的各种异型直浇口棒（模头）组焊操作 2.2.5 能修理模壳缺陷 2.2.6 能操作撒砂机、制壳生产线等制壳设备	2.2.1 蜡料的种类与特性 2.2.2 硅溶胶黏结剂涂料知识 2.2.3 硅溶胶模壳硬化原理 2.2.4 浇注系统的作用 2.2.5 模壳质量对铸件质量的影响 2.2.6 制壳设备的基本结构与原理
	2.2 消失模铸造		2.2.1 能设计和粘制消失模组浇冒口 2.2.2 能按工艺要求配制涂料 2.2.3 能解决造型过程故障（例：漏气、披缝等） 2.2.4 能根据铸件特点调整真空机运行参数	2.2.1 振动造型机、真空泵结构原理 2.2.2 振动造型机、真空泵运行故障原因
	2.2 低压铸造		2.2.1 能判断低压铸造设备故障位置 2.2.2 能对低压铸造设备进行简单的维护、维修 2.2.3 能按操作规程熟练处置低压浇注过程中出现的紧急情况（例：跑火等）	2.2.1 低压铸造设备的维护和保养知识 2.2.2 低压铸造设备的常见故障原因
	2.2 压力铸造		2.2.1 能根据压铸件质量问题调整压铸机运行参数，以符合压铸工艺要求 2.2.2 能判断冷、热室压铸机故障	2.2.1 压铸铸型的基本结构及工作原理 2.2.2 压铸工艺参数对压铸件质量的影响 2.2.3 冷、热室压铸机的基本知识及故障原因

（续）

职业功能	工作内容		技能要求	相关知识要求
2. 造型与制芯	2.2 离心铸造	选择其一	2.2.1 能进行离心铸型端盖结构设计 2.2.2 能根据离心铸件化学成分及尺寸选择重力倍数	2.2.1 离心铸型端盖结构知识 2.2.2 确定重力倍数的原则及计算公式
3. 合型	3.1 涂料		3.1.1 能识别砂型、蜡型、塑料型或金属模型的涂料质量 3.1.2 能按工艺对铸型（芯）进行修补	3.1.1 铸型涂料的性能 3.1.2 铸型涂料的涂覆工艺
	3.2 合箱紧固		3.2.1 能按工艺要求下芯、合箱，并清除落砂等异物 3.2.2 能按工艺要求进行铸型紧固、压铁等操作	3.2.1 铸型合箱的操作要点 3.2.2 铸型紧固的操作要点

3.4　二级/技师

职业功能	工作内容		技能要求	相关知识要求
1. 工艺分析与工装准备	1.1 工艺分析		1.1.1 能对铸件结构进行工艺性分析 1.1.2 能编制一般铸件（例：箱体、阀门等）的铸造工艺文件 1.1.3 能对铸件工艺补正量等各种参数、浇注系统、补缩系统存在的问题提出改进意见 1.1.4 能根据工艺要求、产品批量估算材料消耗定额	1.1.1 铸件结构工艺性知识 1.1.2 铸造工艺文件的编制方法 1.1.3 金属凝固理论知识 1.1.4 金属学及热处理知识
	1.2 工装准备		1.2.1 能发现造型、制芯工装设备存在的问题 1.2.2 能对造型、制芯关键设备进行维护和保养	1.2.1 水玻璃砂再生设备原理 1.2.2 自硬树脂砂再生设备原理
2. 造型与制芯	2.1 现场环境识别与安全检查		2.1.1 能预防现场安全隐患 2.1.2 能提出和实施符合安全生产规程的措施	现场安全生产防护知识
	2.2 砂型铸造	选择其一	2.2.1　能设置生产线混砂系统的工艺参数 2.2.2 能编制自硬砂混制（型、芯砂）工艺 2.2.3 能分析浇注系统、冒口、冷铁与铸件缺陷之间的关系，并提出改进措施 2.2.4 能提出造型、制芯工艺和装备的改进方案	2.2.1 型（芯）砂性能及对铸件质量的影响 2.2.2 自硬树脂砂的硬化原理及工艺参数知识 2.2.3 浇注系统、冒口、冷铁与铸件缺陷之间的关系

（续）

职业功能	工作内容		技能要求	相关知识要求
2. 造型与制芯	2.2 熔模铸造	选择其一	2.2.1 能根据熔模铸件出现的气孔、缩孔等质量问题提出浇冒口改进方案 2.2.2 能根据铸件质量要求提出涂料和骨料改进意见 2.2.3 能对蜡模进行校形 2.2.4 能根据蜡模尺寸、形状、复杂程度制定储存与摆放方案	2.2.1 浇注系统对铸件质量的影响 2.2.2 熔模铸造涂料和骨料知识 2.2.3 影响铸件形状和尺寸的因素
	2.2 消失模铸造		2.2.1 能根据消失模铸件出现的质量问题提出工艺改进措施 2.2.2 能排除造型机运行故障 2.2.3 能排除真空机运行故障	振动造型机、真空泵运行故障原因及排除方法
	2.2 低压铸造		2.2.1 能根据工艺要求和液面高度设定及调整低压铸造机工作参数 2.2.2 能根据铸件充型过程中出现的质量问题，提出工艺改进措施 2.2.3 能排除低压铸造设备的运行故障	2.2.1 浇注温度、速度及压力对铸件质量的影响 2.2.2 低压铸造设备运行故障的原因及排除方法
	2.2 压力铸造		2.2.1 能根据压铸件出现的气孔、冷隔等质量问题提出改进措施 2.2.2 能根据压铸件出现的尺寸、变形等质量问题提出改进措施 2.2.3 能诊断压铸机的故障	2.2.1 浇注与排气系统对压铸件质量的影响 2.2.2 抽芯机构、顶出机构的结构与原理
	2.2 离心铸造		2.2.1 能进行离心铸型结构设计 2.2.2 能提出离心铸造偏析的防止方法 2.2.3 能排除离心铸造铸机的故障	2.2.1 离心铸型结构知识 2.2.2 离心铸件的凝固特点 2.2.3 离心铸造设备的工作原理知识
3. 铸造合金熔炼	3.1 熔炼过程控制		3.1.1 能通过调整炉料配比达到铸件所要求的化学成分 3.1.2 能分析合金冶金质量对铸件缺陷的影响，并提出改进措施 3.1.3 能排除熔炼设备的常见故障	3.1.1 Fe-C 相图的基本知识 3.1.2 非铁合金相图知识 3.1.3 金属液冶金质量与铸件质量的关系 3.1.4 熔炼设备故障排除的基本知识
	3.2 金属液质量控制		3.2.1 能识别铸铁、铸钢、铝合金等相关金属液的温度和化学成分 3.2.2 能采取球化、孕育、变质、精炼等熔炼合金的相关工艺，保证金属液化学成分及杂质含量	铸件成形知识
4. 质量控制	4.1 缺陷分析		能运用综合分析的方法，对铸件产生的缺陷原因提出改进铸件质量的措施	全面综合分析铸件质量的方法

（续）

职业功能	工作内容	技能要求	相关知识要求
4. 质量控制	4.2 质量检验	4.2.1 能根据铸件质量要求确定检测方法 4.2.2 能应用质量管理方法解决铸件质量问题	4.2.1 铸件质量管理的基本知识 4.2.2 质量管理常用工具与 PDCA 循环知识 4.2.3 渗透探伤、便携式表面硬度检测等检测方法的基本知识 4.2.4 铸件缺陷与生产过程工艺控制点
5. 培训与管理	5.1 培训与指导	5.1.1 能对三级/高级工及以下级别人员进行专业技能培训 5.1.2 能指导三级/高级工及以下级别人员进行实际操作	5.1.1 基础理论知识培训要点及方法 5.1.2 实际操作指导要点及方法
	5.2 生产管理	5.2.1 能对生产过程管理提出合理化建议 5.2.2 能对本企业清洁生产及安全生产提出改进意见	5.2.1 铸造生产管理基本知识 5.2.2 清洁、安全生产制度知识

3.5 一级/高级技师

职业功能	工作内容		技能要求	相关知识要求
1. 工艺分析与工装准备	1.1 工艺分析		1.1.1 能编制复杂铸件（例：发动机缸体、缸盖等）的铸造工艺 1.1.2 能应用铸造新技术、新材料、新工艺 1.1.3 能基于 CAE 分析结果，提出铸造工艺优化方案 1.1.4 能应用 3D 打印等先进快速成形铸造技术	1.1.1 铸造工艺设计知识 1.1.2 铸造 CAD/CAE，现代技术+互联网等知识 1.1.3 计算机绘图知识 1.1.4 3D 打印等先进快速成形铸造技术
	1.2 工装准备		1.2.1 能设计重要铸件造型、制芯的关键工装模具 1.2.2 能对树脂砂混砂机、冷芯盒射芯机、壳型机等自动化程度较高的设备进行调试、模具安装、样件试制	1.2.1 黏土湿型砂高压造型生产线工装、设备特点 1.2.2 三乙胺法冷芯盒制芯设备及废气处理知识
2. 造型与制芯	2.1 现场环境识别与安全检查		2.1.1 能识别现场是否符合安全生产规程 2.1.2 能提出和实施符合安全生产规程的措施 2.1.3 能纠正现场安全隐患	2.1.1 现场安全生产规程 2.1.2 现场安全生产防护知识
	2.2 砂型铸造	选择其一	2.2.1 能应用和推广造型、制芯新工艺与新材料 2.2.2 能调试、验收造型与制芯设备	2.2.1 金属液过滤净化、发热冒口、激冷等先进技术知识 2.2.2 造型与制芯设备的调试、保养知识

（续）

职业功能	工作内容		技能要求	相关知识要求
2. 造型与制芯	2.2 熔模铸造	选择其一	2.2.1 能进行工艺分析，绘制工艺图 2.2.2 能分析和处理黏结剂、涂料的质量问题 2.2.3 能解决水玻璃、硅溶胶模壳制备中的关键技术问题 2.2.4 能设计压蜡型	2.2.1 熔模铸件工艺设计知识 2.2.2 蜡料、涂料对铸件质量的影响 2.2.3 压蜡型设计知识
	2.2 消失模铸造		2.2.1 能进行复杂件工艺分析及设计 2.2.2 能分析和处理涂料的质量问题 2.2.3 能分析和处理消失模铸件的质量问题	2.2.1 消失模铸造浇注系统、补缩系统、排气系统的设计 2.2.2 消失模涂料特点，涂料与铸件质量的关系
	2.2 低压铸造		2.2.1 能初步设计低压铸造的浇注系统、溢流排气和冷却系统，并能根据设计给出工艺参数 2.2.2 能解决低压铸造产品的质量问题 2.2.3 能对低压铸造设备提出改进方案 2.2.4 能调试、验收低压铸造设备	2.2.1 低压铸造浇注系统的设计 2.2.2 低压铸造设备的结构及工作原理
	2.2 压力铸造		2.2.1 能设计压铸型浇注系统和溢流、排气系统 2.2.2 能进行压铸型的结构设计 2.2.3 能根据不同铸件设置压铸机的工艺参数 2.2.4 能调试、验收压铸机	2.2.1 压铸型浇注系统和溢流系统设计 2.2.2 压铸模具结构设计 2.2.3 工艺参数对压铸件质量的影响 2.2.4 压铸机的液压系统
	2.2 离心铸造		2.2.1 能进行离心浇注参数设计 2.2.2 能解决离心铸件质量缺陷问题	2.2.1 离心铸造原理 2.2.2 离心铸件质量缺陷的影响因素
3. 铸造合金熔炼	3.1 熔炼过程控制		3.1.1 能掌握铸钢、铸铁和铝、镁、铜、锌、钛等有色合金的熔炼方法，对炉前处理过程提出控制和改进方案 3.1.2 能提出新产品铸造合金试制技术方案	铸造合金熔炼新技术
	3.2 金属液质量控制		3.2.1 能识别因金属液质量不合格导致铸件出现的缺陷类型 3.2.2 能解决因金属液质量不合格导致铸件出现的质量问题	合金（金属）液各化学成分作用、炉前处理工艺对铸件内在质量的影响
4. 质量控制	4.1 缺陷分析		4.1.1 能分析铸件产品在使用过程中失效的原因 4.1.2 能提出解决铸件缺陷的技术方案 4.1.3 能制定改善铸件质量的攻关计划	4.1.1 铸件产品失效的形式及分析方法 4.1.2 铸件缺陷分析

（续）

职业功能	工作内容	技能要求	相关知识要求
4. 质量控制	4.2 质量检验	4.2.1 能运用统计技术对铸件质量检测数据进行分析 4.2.2 能编制铸件质量控制计划和提出整改措施 4.2.3 能收集质量检测数据，结合质量检测经验编写质量分析报告	4.2.1 质量检测数据的统计技术及提高质量的方法 4.2.2 质量检测报告的编写方法
5. 培训与管理	5.1 培训与指导	5.1.1 能编写专业技术理论培训讲义 5.1.2 能对二级/技师及以下级别人员进行专业技术理论培训	培训讲义的编写要点和方法
	5.2 生产管理	5.2.1 能运用先进的生产知识，对减少生产中的无效劳动和资源浪费及改善环境提出合理化建议 5.2.2 能提出精益生产过程控制建议	现代先进的精益生产知识

4. 权重表

4.1　理论知识权重表

4.1.1　熔炼浇注工

项　目		五级/初级工（%）	四级/中级工（%）	三级/高级工（%）	二级/技师（%）	一级/高级技师（%）
基本要求	职业道德	5	5	5	5	5
	基础知识	10	10	10	5	5
相关知识要求	工艺分析与工装准备	15	15	15	10	10
	造型与制芯	—	—	—	10	10
	铸造合金熔炼	40	40	40	40	40
	浇注	20	20	20	—	—
	砌、修炉与砌、修包	10	10	10	—	—
	质量控制	—	—	—	15	15
	培训与管理	—	—	—	15	15
合计		100	100	100	100	100

4.1.2　铸造造型（芯）工

项　目		五级/初级工（%）	四级/中级工（%）	三级/高级工（%）	二级/技师（%）	一级/高级技师（%）
基本要求	职业道德	5	5	5	5	5
	基础知识	10	10	10	5	5
相关知识要求	工艺分析与工装准备	15	15	15	10	10
	造型与制芯	50	50	50	40	40
	铸造合金熔炼	—	—	—	10	10

（续）

项　目		五级/初级工（%）	四级/中级工（%）	三级/高级工（%）	二级/技师（%）	一级/高级技师（%）
相关知识要求	合型	20	20	20	—	—
	质量控制	—	—	—	15	15
	培训与管理	—	—	—	15	15
合计		100	100	100	100	100

4.1.3　铸件清理工

项　目		五级/初级工（%）	四级/中级工（%）	三级/高级工（%）	二级/技师（%）	一级/高级技师（%）
基本要求	职业道德	5	5	—	—	—
	基础知识	15	15	—	—	—
相关知识要求	工艺分析与工装准备	10	10	—	—	—
	铸件清理	50	50	—	—	—
	铸件热处理	10	10	—	—	—
	铸件防护与包装	10	10	—	—	—
合计		100	100	—	—	—

4.2　技能要求权重表
4.2.1　熔炼浇注工

项　目		五级/初级工（%）	四级/中级工（%）	三级/高级工（%）	二级/技师（%）	一级/高级技师（%）
技能要求	工艺分析与工装准备	20	20	20	10	10
	造型与制芯	—	—	—	15	15
	铸造合金熔炼	50	50	50	45	45
	浇注	20	20	20	—	—
	砌、修炉与砌、修包	10	10	10	—	—
	质量控制	—	—	—	15	15
	培训与管理	—	—	—	15	15
合计		100	100	100	100	100

4.2.2　铸造造型（芯）工

项　目		五级/初级工（%）	四级/中级工（%）	三级/高级工（%）	二级/技师（%）	一级/高级技师（%）
技能要求	工艺分析与工装准备	20	20	20	10	10
	造型与制芯	60	60	60	45	45
	铸造合金熔炼	—	—	—	15	15
	合型	20	20	20	—	—
	质量控制	—	—	—	15	15
	培训与管理	—	—	—	15	15
合计		100	100	100	100	100

4.2.3　铸件清理工

项　目		五级/初级工（%）	四级/中级工（%）	三级/高级工（%）	二级/技师（%）	一级/高级技师（%）
技能要求	工艺分析与工装准备	20	20	—	—	—
	铸件清理	60	60	—	—	—
	铸件热处理	10	10	—	—	—
	铸件防护与包装	10	10	—	—	—
合　计		100	100	—	—	—

参 考 文 献

[1]　姜不居 . 铸造手册：第 6 卷　特种铸造 ［M］. 3 版 . 北京：机械工业出版社，2011.

[2]　林柏年 . 特种铸造 ［M］. 2 版 . 杭州：浙江大学出版社，2004.

[3]　张伯明 . 离心铸造 ［M］. 北京：机械工业出版社，2004.

[4]　董秀琦 . 低压及差压铸造理论与实践 ［M］. 北京：机械工业出版社，2003.

[5]　姜不居 . 熔模精密铸造 ［M］. 北京：机械工业出版社，2004.

[6]　戴圣龙 . 铸造手册：第 3 卷　铸造非铁合金 ［M］. 3 版 . 北京：机械工业出版社，2011.

[7]　张锡平，阎双景，吕志刚，等 . 熔模铸造用硅溶胶黏结剂综述 ［J］. 特种铸造及有色合金，2002（2）.

[8]　杨兵兵，范志康 . 硅酸乙酯-水玻璃复合型壳在精密铸造中的应用 ［J］. 铸造技术，2006（10）.

[9]　黄天佑，黄乃瑜，吕志刚 . 消失模铸造技术 ［M］. 北京：机械工业出版社，2004.

[10]　陈宗民，姜学波，类成玲 . 特种铸造与先进铸造技术 ［M］. 北京：化学工业出版社，2008.

[11]　陈琦，彭兆弟 . 铸造合金配料速查手册 ［M］. 2 版 . 北京：机械工业出版社，2012.

[12]　陈维平，李元元 . 特种铸造 ［M］. 北京：机械工业出版社，2018.

[13]　姜耀林，邵中魁 . 3D 打印在快速熔模精密铸造技术中的应用 ［J］. 机电工程，2017（1）：48-51.